KB266956

무궁화포럼은 2024년 7월 유용원 의원이 대한민국의 핵잠재력 확보를 목표로 창립한 초당적 정책연구모임입니다. 현재 여야 국회의원 33명이 정파와 이념을 초월하여 참여하고 있으며, 출범 이후 총 8차례의 정책 토론회를 통해 실효성 있는 안보 대안을 제시해왔습니다. 특히 한·미 원자력협정의 조기 개정과 에너지 안보를 위한 우라늄 농축 및 재처리 권한 확보를 핵심 의제로 다루고 있습니다.

또한 국가 핵심 전략 자산인 '한국형 핵추진 잠수함(K-SSN)' 도입을 위한 정책적·입법적 기반 마련에 주력하고 있습니다. 범국가적 역량을 결집하여 핵추진 잠수함 사업을 국책 사업으로 추진하고 국내 독자 건조를 실현하기 위한 다각적인 활동을 전개합니다. 무궁화포럼은 냉철한 전략과 실천적인 정책 활동을 통해 대한민국이 안보와 에너지 주권을 동시에 갖춘 강국으로 나아가는 데 앞장서고 있습니다.

한국형 핵추진 잠수함

무궁화포럼총서 ❶

한국형 핵추진 잠수함

문·근·식 지음

South Korean Nuclear-powered Submarine

K-SSN

국내 최고 잠수함 전문가 문근식 박사가 쓴
한국형 핵추진 잠수함 건조를 위한
반세기 도전의 역사와 향후 10년 로드맵

이재명 대통령의 용단으로 마침내 '핵추진 잠수함'의 길이 열렸다. 우리 군의 오랜 염원이 역사의 수면 위로 당당히 부상하는 순간, 온몸에 형언할 수 없는 전율이 일었다. 국민께서도 이 역사적 전환을 함께 체감하며 아낌없는 성원을 보내주고 계시는 만큼, 국방부장관으로서 막중한 책임감을 느낀다.

국토의 삼면이 바다인 반도국가 대한민국에게 바다는 곧 운명이다. 우리 민족의 기운이 강성할 때는 바다는 번영의 통로였지만, 허약할 때는 위협이 몰려오는 시련의 공간이었다. 해양을 통제하지 못하는 순간, 우리 민족의 안보와 주권은 동시에 흔들렸다.

그렇기에 핵추진 잠수함 건조는 그 운명을 회피하지 않고 정면으로 마주하겠다는 결단이다. 단순히 하나의 전략자산이 추가되는 문제가 아니다. 강대국의 틈바구니 속에서도 위축되지 않고, 반도의 지정학적 운명을 스스로 개척해나가겠다는 분명한 선언이자 상징이다. 대한민국 자주국방의 역사에 일대 획을 긋는 전환점이라 할 수 있다.

그간 대한민국은 핵추진 잠수함 건조 추진을 위해 오랜 시간 음으로 양으로 고군분투해왔다. 그 과정 속에서 열망과 의지, 축적된 노력이 차곡차곡 쌓여왔다. 핵추진 잠수함에 대한 국가적 논의 또한 그러한 역사적 축적의 결과물이다.

이 담대한 여정의 고비마다 문근식이 있었다. 대한민국 잠수함 발전사의 주역인 그의 행보는 우리 군 잠수함의 성장사와 그 궤를 같이한다. 대한민국 잠수함의 크기가 곧 문근식의 생각의 크기에서 비롯되었다고 말할 수 있을 정도다.

저자 문근식은 군인으로서, 연구자로서, 저술가로서 보폭을 넓혀왔고, 이제는 국민께 군사와 안보를 친숙하게 풀어내는 안보 해설자로서 국방에 기여하고 있다. 평생을 물 아래의 세계를 탐구해온 그의 집요함과 지속성은 핵추진 잠수함의 강점과도 닮아 있다. 이 책은 문근식의 역사와 전문성, 그리고 강군 건설의 의지가 집약된 기록이다.

다가올 미래, 우리의 손과 기술로 탄생할 '심해의 수호자'가 조국의 바다를 굳건히 지켜낼 모습을 떠올린다. 이 선택의 무게와 의미를 또렷이 이해하고 싶은 사람, 대한민국 자주국방의 역사와 함께한 많은 분들께 이 책을 권한다. 그 길을 가장 오래, 가장 깊이 걸어온 대한민국 잠수함 분야의 최고 권위자인 문근식이 그 길을 친절히 안내할 것이다.

2026년 새해

국방부장관 **안규백**

14년 전인 2012년 가을 무렵이었다. 문근식 해군 대령이 전역을 앞두고 《국방일보》에 「문근식의 Submarine World」를 연재한다는 소식을 들었을 때만 해도, 솔직히 말해 나는 반신반의했다. 오랫동안 군에만 몸 담았던 분이 과연 얼마나 글을 잘 쓸 수 있을까 하는 선입견이 있었다. 하지만 두 번째 칼럼부터 이를 내가 운영하던 국내 최대 군사전문 웹사이트 '유용원의 군사세계'에 공유하자마자 상황은 완전히 달라졌다. 매주 3만~5만 건에 달하는 기록적인 조회수가 이어졌고, 독자들의 반응은 폭발적이었다. 그때 나는 비로소 생각을 고쳐먹었다. 이 분은 단순히 글을 잘 쓰는 군인이 아니라, '자신이 몸으로 겪은 세계를 언어로 설명할 줄 아는 사람'이라는 확신이 들었다.

그 이후 '해군 예비역 대령 문근식'의 행보는 더욱 놀라웠다. 전역한 지 5년도 채 되지 않아 두 권의 잠수함 전문서를 출간해 교보문고 전문

서적 베스트셀러에 올랐고, 얼마 지나지 않아 신문과 방송을 통해 잠수함과 해군을 국민에게 가장 생생하게 전달하는 전문가로 자리 잡았다. 전역 후 박사학위를 취득하고 마침내 대학원 교수로 변신하는 과정을 지켜보며, 나는 속으로 여러 번 감탄했다. 내가 군사전문기자로 30여 년간 국방부만 담당하며 20명의 국방장관과 1,000명이 넘는 장군들을 겪었지만, 이처럼 짧은 시간 안에 권위 있는 '잠수함 전문가', '군사 전문가'로 변신하고, 말과 글에 모두 능한 예비역 장교는 처음 보았다.

그러나 문근식 교수를 단순히 '글 잘 쓰는 전직 군인'으로만 이해한다면 그의 본질을 놓치는 것이라고 본다. 내가 그를 오래 지켜보며 느낀 핵심은 따로 있다. 그는 언제나 '지금 당장은 말하기 어려운 문제'를 먼저 고민해온 사람이었다. 특히 그가 현역 시절 관여했던 이른바 '362사업단'으로 상징되는 초기 핵추진 잠수함 검토 작업은, 지금 공개된 논의와는 전혀 다른 차원의 이야기였다. 기술·작전·외교·비확산이라는 민감한 요소들이 뒤엉킨 이 사업은 제한된 인원만 접근할 수 있었고, 대부분의 기록은 공식 문서로 남기기조차 어려운 상황이었다.

문 교수는 그 과정에서 디젤 잠수함 운용의 현실적 한계와, 한반도 주변 해역에서 요구되는 '시간'과 '지속성'의 문제를 누구보다 먼저 체감한 인물이다. 그래서 오래전부터 한국형 핵추진 잠수함의 필요성을 설파하며 우리도 핵추진 잠수함을 보유해야 한다고 강력하게 주장해왔다. 오랜 현장 경험을 가진 국내 최고 잠수함 전문가로서 한국형 핵추진 잠수함 건조 사업을 검토하면서 그가 겪은 좌절과 정책적으로 봉인된 논의의 축적 위에서 형성된 문제의식은 한국형 핵추진 잠수함을 향한 그의 열정에 더욱더 불을 붙였다.

전역 이후 그가 선택한 길은 침묵이 아니라 군 안팎을 향한 전도사 역할이었다. 직접 말할 수 없는 부분은 제도와 구조의 언어로 풀어냈고, 기술의 문제는 전략의 문제로 확장해 설명했다. 디젤 잠수함에서 핵추진 잠수함에 이르기까지, 때로는 흥미롭게 때로는 진중하게 풀어내며, 나와는 공동 세미나 등을 통해 국민들에게 핵추진 잠수함의 필요성을 설파하기도 했다.

이 책은 디젤 잠수함에 대한 설명을 시작으로 디젤 잠수함의 구조적 한계를 설명하고, 그 한계를 극복할 수 있는 대안인 핵추진 잠수함에 대해서 자세하게 설명한다. 한국형 핵추진 잠수함은 어떤 모습이어야 하는지, 한국형 핵추진 잠수함 건조를 둘러싼 기술 및 외교 과제는 어떤 것들이 있는지에 대해서도 자세하게 다룬다. 아울러 성공적인 한국형 핵추진 잠수함 건조와 운용 및 관리를 위해 핵추진 잠수함 보유국의 핵추진 잠수함 운용 및 관리체계와 핵추진 잠수함 보유 현황 등 우리가 참고할 만한 중요한 정보도 담았다.

오늘날 대한민국이 직면한 안보 현실은 냉혹하다. 북한의 SLBM 위협은 일시적 현상이 아니라 구조로 굳어졌고, 주변국들은 수중에서의 지속 감시와 추적 능력을 국가 전략의 핵심으로 삼고 있다. 이러한 환경에서 핵추진 잠수함은 선택의 문제가 아니라, 억제 구조를 완성하기 위한 하나의 조건에 가깝다. 문 교수는 이 점을 기술이 아니라 '시간과 신뢰,

그리고 책임'의 언어로 설명해왔다.

　국방위 소속 국회의원으로서, 그리고 오랜 시간 안보 현안을 지켜본 사람으로서 이 책의 출간을 진심으로 환영한다. 이 책은 단순한 잠수함 해설서가 아니라, 한 군인이 현장에서 품었던 질문이 어떻게 정책 담론으로 확장되고, 다시 국민적 이해의 언어로 정제되어왔는지를 보여주는 기록이다. 이 책이 잠수함과 해양 안보, 나아가 핵추진 잠수함을 둘러싼 논의를 감정의 문제가 아니라 구조와 책임의 문제로 바라보는 계기가 되기를 바란다.

2026년 2월

유용원

국민의힘 국방위 국회의원, (전) 조선일보 군사전문기자 문근식 교수와의 인연은 내가 국방부 대변인으로 근무하던 시절로 거슬러 올라간다. '핵추진 잠수함'이라는 주제가 지금보다 훨씬 민감하고 조심스러운 시기였다. 특히, 핵추진 잠수함은 기술의 문제가 아니라 정치와 외교, 인식의 장벽에 가로막힌 주제였다. 그럼에도 저자는 잠수함 운용 경험과 국제 사례, 전략 환경 분석을 바탕으로 이 민감한 주제가 필히 국가적 선택의 대상이 될 수밖에 없음을 일관되게 설파했다. 말 그대로 '광야에서 홀로 외치는 사람'이었다. 그러나 저자의 집념과 노력은 헛되지 않았고 결국 정책의 문을 여는 힘으로 작용했다. 문재인 정부 시기, 대통령 공약으로 공식화된 핵추진 잠수함은 제도권 정책 논의의 장에 올라섰고, 이후 한국형 핵추진 잠수함은 전략적 선택의 문제로 전환되기 시작했다. 비록 문재인 정부에서 실현되지는 못했지만, 현재 핵추진 잠수함 건조 결정은 올곧이 저자의 열정과 일관성 덕분이기도 했다.

제22대 국회에 첫 등원한 이후 국회 국방위원회 민주당 간사로서 저자와 함께 핵추진 잠수함 추진을 국회와 당의 정책 의제로 끌어올리는데 힘을 보탰다. 나아가 이재명 대통령의 국방·안보 공약에 한국형 핵추진 잠수함 구상이 반영되는 데 관여했고, 2025년 한미정상회담에서 합의된 핵추진 잠수함의 성공적 추진을 위해 노력하고 있다. 그런 의미에서 한국형 핵추진 잠수함은 문근식 교수와 내가 서로 다른 위치에서, 같은 방향을 바라보며 함께 이어온 긴 여정의 결과물이기도 하다.

문근식 교수가 이번에 펴낸 『한국형 핵추진 잠수함』은 바로 그 여정을 체계적으로 정리한 책이다. 이 책은 핵추진 잠수함을 단순한 무기체계나 기술 개발의 문제로 다루는 데 그치지 않는다. 왜 한국이 이 전력을 필요로 하게 되었는지, 확보할 경우 무엇이 달라지는지, 그리고 성공을 위해 어떤 국가적 준비가 필요한지를 전략·제도·산업의 언어로 풀어내고 있다. 무엇보다 핵추진 잠수함이 주변국을 상대로 한 억제 구조를 어떻게 바꾸는지, 평시부터 위기 관리의 안정성을 어떻게 높이는지를 구체적으로 설명하면서 감정적 찬반을 넘어선 현실적 판단의 기준을 제시한다.

또한 이 책의 중요한 특징은 핵추진 잠수함의 성공 여부가 기술 완성도만이 아니라, 이를 뒷받침하는 국가관리체계에 달려 있음을 분명히 한다는 점이다.

저자는 범정부 차원의 통합 관리 구조, 대통령 책임 원칙, 그리고 이를 실제로 작동시키는 PMO^{Project Management Office}의 역할과 운영 원칙을 비교적 구체적인 가이드라인으로 제시한다. 이 책은 향후 국회와 정부가 이 사업을 검토하고 설계하는 과정에서 매우 유용한 정책적 참고서가 될 것이다.

끝으로 『한국형 핵추진 잠수함』은 하나의 질문으로 귀결된다. 한국은 해양 안보와 전략적 자율성을 어떤 수준까지 책임질 것인가 하는 질문이다. 이 책은 그 질문에 대해 감정이나 구호가 아니라, 구조와 제도의 언어로 답한다. 정책결정자와 입법자, 그리고 국가안보의 미래를 고민하는 모든 이들에게 이 책을 권하는 이유가 바로 여기에 있다.

2026년 2월

부승찬

더불어민주당 국회의원

국회 국방위원회 민주당 간사

(전) 국방부 대변인

2012년 12월, 35년의 해군 생활을 마치고 잠수함에서 내려올 때만 해도 내가 다시 잠수함 이야기를 이렇게 오래, 이렇게 깊게 붙들게 될 줄은 미처 알지 못했다. 그러나 전역을 해도 잠수함은 나를 놓아주지 않았다.《국방일보》의 「문근식의 잠수함 세계」 연재는 계속되었고, 독자와 언론은 나를 '잠수함 전문가'라 부르기 시작했다. 잠수함은 한 번 발을 들이면 쉽게 빠져나올 수 없다는 말이 있다. 나는 그 말이 농담이 아니라는 사실을, 전역 이후의 삶으로 증명하고 있었다.

2013년과 2016년, 나는 두 권의 책을 세상에 내놓았다. 『문근식의 잠수함 세계』와 『왜 핵추진 잠수함인가』였다. 첫 번째 책은 다섯 차례 재인쇄를 거쳐 국방부 지정 간부용 진중문고로 선정되기도 했다. 두 번째 책은 금기시되던 핵추진 잠수함이라는 주제를 정면으로 다룬 문제작이었다. 강연과 칼럼, 방송을 거듭할수록 질문은 더 깊어졌고, 독자들의 요구는 더 구체적이 되었다. 그 질문들에 답하기 위해 나는 다시 공부했고, 결국 박사과정에 도전했다. 박사학위 논문의 주제 역시 "잠수함의 전략적 유용성과 북한 위협 대응방안"이었다. 평생 붙잡아온 질문을 학술로 정리한 셈이었다.

그러던 어느 순간, 나는 스스로에게 질문하게 되었다.

"이제는 다시 써야 할 때가 아닌가."

특히 2025년 북한의 핵추진 잠수함 건조 장면 공개, 그리고 같은 해 10월 이재명 대통령의 공식적인 핵추진 잠수함 건조 선언 이후, 상황은 완전히 달라졌다. 출판사로부터『왜 핵추진 잠수함인가』개정증보판 요청이 들어왔을 때, 나는 이미 오래된 원고와 자료를 다시 펼쳐 들고 있었다. 그러나 개정은 곧 다른 방향으로 흘러갔다. 보태야 할 문장은 너무 많았고, 지워야 할 전제 또한 너무 많았다. 나는 곧 깨달았다. 이것은 개정이 아니라, 새로운 책이어야 한다는 사실을.

그 무렵, 나는 오래전의 한 장면으로 되돌아갔다.

대전 해군본부 조함단 외곽, 오래된 회의동. 겨울의 차가운 공기와 철문이 열릴 때의 금속성 울림, 그리고 책상 앞에 앉아 있던 열네 명의 동료들.

"오늘부터 여러분은 한국형 핵추진 잠수함의 ROC와 개념설계를 시작합니다."

그 한 문장이 떨어지는 순간, 방 안의 공기는 무겁게 가라앉았다. 그 방은 공식적으로 존재하지 않는 공간이었고, 우리가 하려던 일은 기록될 수 없는 기록이었다. 그러나 바로 그곳에서 대한민국 핵추진 잠수함 개발사는 되돌릴 수 없는 첫 페이지를 넘기고 있었다.

그때 우리에게 부족했던 것은 기술 그 자체가 아니었다. 원자로와 열수력, 소음 저감과 방사선 차폐 기술은 이미 각 기관에서 개별적으로 연구되고 있었다. 문제는 그것들이 하나의 '잠수함'이라는 공학적 완전체로 결합되지 못했다는 점, 그리고 무엇보다 핵연료를 어떻게 국제적 오해 없이 확보할 것인가라는 정치적·외교적 난제였다. KAERI에서 받았던 비밀 교육 중 한 강사의 말은 지금도 또렷하다.

"원전은 움직이지 않습니다. 그러나 잠수함은 움직이며, 동시에 숨어야 합니다. 그래서 잠수함용 원자로는 훨씬 어렵습니다."

이 말은 기술 설명을 넘어, 우리가 무엇을 감당하려 하는지를 깨닫게 하는 일종의 서약과도 같았다. 그러나 결국 국제적 민감성과 IAEA 관련 보도 속에서 사업은 중단되었고, 우리는 그 방을 떠나야 했다. 이상하게도 나는 그날 패배감을 느끼지 않았다. 마음속에는 오히려 하나의 확신이 남아 있었다.

"한국은 할 수 있다. 다만 아직 때가 아닐 뿐이다."

그 확신은 20년 동안 꺼지지 않는 불씨로 남아 있었다.

그리고 마침내 2025년, 그 불씨는 다시 타올랐다. 경주 APEC 정상회의에서 이재명 대통령이 미국 트럼프 대통령에게 공식적으로 말했다.

"핵추진 잠수함의 연료를 공급받을 수 있도록 트럼프 대통령이 결단해달라."

그 말을 듣는 순간, 나는 20년 전 그 방의 공기와 먼지, 책상 위에 빼곡한 국내외 핵추진 잠수함 관련 서적과 자료들, 떨리던 손끝까지 한꺼번에 떠올랐다. 그 무게를 나는 너무도 잘 알고 있었다. 그날 이후 독자들의 질문이 다시 쏟아졌고, 나는 책상 위에 옛 원고를 펼쳐둔 채 다시 펜을 들었다.

이 책은 과거를 정리하기 위한 책이 아니다. 실패를 변명하기 위한 책도 아니다. 이 책은 한 나라가 반세기 동안 '할 수 없었던 일'을 마침내 '할 수 있는 일'로 바꾸어가는 과정의 기록이다. 동시에, 그 전환이 가능해진 지금, 앞으로의 10년을 어떻게 준비해야 하는가를 묻는 책이다.

이 책의 앞부분은 잠수함이 어떻게 전쟁의 문법을 바꾸어왔는지, 그리고 왜 디젤 잠수함의 한계를 넘어 핵추진 잠수함으로 갈 수밖에 없었는지를 다룬다. 이어지는 장에서는 한국이 처한 안보·전략·산업 환경 속에서 어떤 핵추진 잠수함이 필요한지, 그리고 우리가 실제로 그것을 만들 수 있는 능력과 조건을 갖추었는지를 점검한다. 후반부에서는 핵연료와 국제 규범, 외교와 관리체계라는 가장 어려운 문제를 정면으로 다루고, 핵추진 잠수함이 억제·동맹·해양전략, 나아가 국가의 구조 자체를 어떻게 바꾸는지를 살펴본다.

마지막으로, 나는 이 책을 통해 한국 잠수함부대가 오랜 세월 축적해온 말과 정신을 기록으로 남기고 싶다.

잠수함부대의 전투구호, "One Shot, One Kill, One Sink."

그리고 안전구호, "잠수함은 100번 잠항하면 100번 부상해야 한다."

이 두 문장은 단순한 구호가 아니다. 이는 수많은 잠항과 부상, 긴장과 침묵, 그리고 무사귀환의 경험 속에서 만들어진 한국 잠수함부대 승조원들의 집단적 지혜이자 지적 유산이다. 나는 이 말들이 앞으로도 어떠한 변화 속에서도 훼손되지 않고, 대한민국 잠수함 승조원들의 정신적 자산으로 영원히 간직되기를 바란다.

끝으로, 이 길을 가능하게 해준 분들께 감사를 전하고 싶다. 나를 잠수함부대로 이끌어주고 잠수함 장교로서의 길을 열어주신 장보고함 초대 함장 안병구 제독(예), 그리고 아무것도 없던 시절 잠수함부대에서 부족한 나에게 모든 것을 처음부터 만들어가게 하고 가장 많은 일을 맡기고 믿어주셨던 초대 잠수함 전단장 김혁수 제독(예)께 깊이 감사드린다. 이 책은 그 가르침에 대한 뒤늦은 보고서이자, 한 잠수함 장교의 감사의 기록이기도 하다.

2026년 2월

문근식

한양대학교 공공정책대학원 특임교수

(전) 해본 핵추진잠수함사업단장

(전) 잠수함 함장 · 전대장

CONTENTS

---

305 CHAPTER 8 핵추진 잠수함은 무엇을 바꾸는가

왜 우리는 핵추진 잠수함이 필요한가

21세기 세계 안보 질서는 눈에 보이지 않는 수면 아래에서 조용하지만 격렬한 변화를 맞이하고 있다. 과거에는 국가의 운명을 가르는 전쟁의 핵심 영역이 지상과 공중이었다면, 이제는 '바다 수심 300미터 아래', 즉 잠수함이 활동하는 영역으로 바뀌었다. 대륙과 대륙을 잇는 해상교통로, 전 세계 에너지·물류 공급망의 95%가 지나는 바다, 그리고 누구도 감시할 수 없는 심해 공간을 장악하는 자가 현재는 물론 미래의 전략 주도권을 쥘 수 있기 때문이다. 이 경쟁의 중심에 있는 것이 바로 핵추진 잠수함이다.

핵추진 잠수함은 강력한 공격 무기체계인 동시에 전쟁이 일어나지 않도록 만드는 가장 결정적인 억제 자산이다. 그것은 국가의 생존과 전략을 지탱하는 보이지 않는 방패다. 핵추진 잠수함을 보유한 국가는 상대에게 다음과 같은 질문을 암묵적으로 던진다. "당신이 전쟁을 개시할 경우, 핵추진 잠수함을 보유한 우리의 막강한 보복 능력을 과연 감당할 수 있겠는가?" 이 질문에 상대가 답하지 못하는 순간, 전쟁은 멈추고 억제가 작동한다. 이것이 핵추진 잠수함의 본질적 존재 이유다.

북한은 이미 잠수함발사탄도미사일SLBM 실전배치를 선언하고 전략핵잠SSBN을 공개했다. 중국은 항공모함과 핵추진 잠수함을 결합한 원양함대의 완성과 태평양 진출을 목표로 하고 있으며, 일본은 최신 디젤 잠수함과 경항모를 결합한 새로운 해양작전 체제로 전환하고 있다. 이러한 환경 속에서 한국만이 재래식 잠수함이라는 한계에 갇혀 있다면, 억제력의 균형은 무너지고 한반도 안보는 구조적으로 위험에 놓이게 된다. 따라서 핵추진 잠수함 확보는 선택이 아니라 필수이며, 미래 세대의 생존을 위한 책임 있는 결단이다.

●

핵추진 잠수함은 왜 '게임 체인저'인가

디젤 잠수함은 기술이 아무리 발전했더라도 구조적인 한계를 가진다. 배터리를 충전하기 위해 일정 주기마다 수면 가까이 올라와야 하고, 속력과 작전 지속 시간에도 제약이 따른다. 깊은 바다에서 장기간 은밀하게 작전을 수행하기에는 근본적인 한계가 있다.

이에 비해 핵추진 잠수함은 기존 디젤 잠수함과는 전혀 다른 차원의 능력을 갖는다. 원자로를 동력으로 사용하기 때문에 연료와 충전에 얽매이지 않고 속도·지속성·작전 범위 측면에서 디젤 잠수함을 능가한다.

● **무제한에 가까운 잠항 능력:** 핵추진 잠수함은 원자로를 동력으로

사용하므로 연료나 배터리 충전을 위해 부상할 필요가 없다. 이 때문에 수주에서 수개월까지 장기간 잠항 상태로 작전을 지속할 수 있다.

- **고속·장기 작전 능력:** 필요할 경우 고속으로 이동하면서도 장시간 작전을 계속할 수 있어, 상대의 전략핵잠^{SSBN}을 추적·감시하고 아군 항공모함 전단 방호작전이 가능하다. 이는 디젤 잠수함이 할 수 없는 작전 영역이다.

- **원양 작전 능력:** 핵추진 잠수함은 한국 주변 해역을 넘어 인도·태평양 전역에서 독자적인 작전을 수행할 수 있다. 원거리 해역에서도 지속적인 감시와 대응이 가능해, 해군의 전략적 활동 반경을 획기적으로 넓혀준다.

- **은밀성과 기습 능력:** 핵추진 잠수함은 장기간 부상하지 않고 깊은 바다에서 고속으로 이동할 수 있어 탐지될 가능성이 극히 낮다. 적은 언제, 어디에 잠수함이 있는지 알기 어렵고, 이 은밀성은 기습 효과를 극대화한다. 이러한 특성은 적으로 하여금 함부로 도발하거나 전쟁을 시작하지 못하게 만드는 강력한 전략적 억제력으로 작용한다.

핵추진 잠수함은 전쟁을 하기 위해 존재하는 무기가 아니라, 전쟁이 시작되지 못하게 만드는 것을 본질로 하는 전략 자산이다. 앞서 살펴본 무제한 잠항, 고속·장기 작전, 원양 작전, 그리고 탁월한 은밀성은 모두 하나의 목적을 향한다. 적이 우리를 함부로 공격할 수 없게 만드는 것, 즉 억제^{deterrence}다. 이러한 이유로 핵추진 잠수함은 현대 해전에서 '게임 체인저'로 불린다.

적의 입장에서 핵추진 잠수함은 가장 두려운 존재다. 깊은 바다 어딘가에 숨어 있는 핵추진 잠수함의 정확한 위치와 활동을 파악하기는 거의 불가능하기 때문이다. 이는 곧, 전쟁이 발생하더라도 상대가 우리의 해군 전력과 보복 능력을 한 번에 제거할 수 없다는 뜻이다. 언제 어디서 반격이 날아올지 모르는 상황에서는 어떤 국가도 쉽게 도발이나 선제 공격을 감행할 수 없다.

이처럼 핵추진 잠수함은 실제로 미사일을 발사하지 않아도, 존재 자체만으로 상대의 계산을 바꾸고 전쟁의 문턱을 높이는 무기체계다. 그래서 핵추진 잠수함은 흔히 "바다의 핵무기"라고 불린다. 그것은 파괴력이 아니라, 보이지 않는 보복 능력이 만들어내는 억제력 때문이다.

●

왜 지금인가

대한민국은 세계 10위 경제 규모, 6위 해군력, 세계 1위 조선산업 역량을 가진 선진 해양국이다. 그럼에도 불구하고 우리나라는 핵추진 잠수함이라는 전략 자산을 보유하지 못하고 있다. 선진 해양국 가운데 핵추진 잠수함이 없는 나라는 거의 없다. 게다가 주변국들은 이미 핵추진 잠수함 시대로 진입했다.

북한은 잠수함발사탄도미사일SLBM 실전화와 핵추진 잠수함 공개를 통해 해상 핵전력 강화를 본격화하고 있으며, 러시아와의 기술 협력 가능성까지 거론되고 있다. 중국은 094·095형 핵추진 잠수함을 대량 건조하는 동시에 3척의 항공모함 전력과 결합해 원양 작전 능력을 빠르게 확대하고 있다. 일본은 최신형 디젤 잠수함 전력과 경항모 체제를 구축하며 수중전 우위를 둘러싼 경쟁에 적극 나서고 있다. 러시아 역시 야센급 핵추진 잠수함을 중심으로 수중 및 해상에서 전략적 영향력을 지속적으로 확대해가고 있다.

한국이 핵추진 잠수함을 확보하지 못한다면, 한반도 주변 해역의 전략적 균형은 돌이킬 수 없이 붕괴될 수 있다. 억제력은 상대가 두려워하지 않으면 작동하지 않는다. 이제 우리는 단순히 디젤 잠수함을 더 많이 확보할 것이 아니라 적의 도발을 억제하는 질적으로 다른 차원의 플랫폼, 즉 핵추진 잠수함을 보유해야 한다.

●

한·미 정상 합의로 다시 시작된 한국형 핵추진 잠수함 개발

한국의 핵추진 잠수함 개발 논의는 어제오늘의 이야기가 아니다. 1970년대 박정희 대통령 시절의 'Y-프로젝트'로부터 시작해, 2000년대 초 국가 차원의 실질적 연구조직이 구성되는 단계까지 이어졌다. 그러나 국제정치적 제약, 국내 관료조직의 보수성, 예산 확보의 어려움 등으로 인해 중단되었다.

그러나 2025년, 한·미 정상회담에서 극적으로 이루어진 한국 핵추진 잠수함 건조 승인과 핵추진 잠수함용 핵연료 공급 합의는 그 역사적 흐름을 완전히 바꾸어놓았다. 이를 통해 국제정치의 현실 속에서 불가능해 보이던 길이 열림으로써 중단되었던 핵추진 잠수함 개발 논의는 이제 행동 단계로 전환되었다. 핵 추진 잠수함 개발은 대한민국의 전략적 선택이자 더 이상 미룰 수 없는 국가적 과제다. 한·미 정상 간 합의는 도전의 끝이 아니라 시작이다. 이제 필요한 것은 실행력, 외교력, 기술력, 국가적 통합 역량이다.

●

핵추진 잠수함의 '결정적 관문'은 핵연료

핵추진 잠수함은 원자로와 선체 기술만으로 완성되지 않는다. 핵연료를 어떻게 확보·관리할 것인가가 마지막이자 가장 중요한 관문이다. 특히 잠수함용 핵연료 문제는 단순한 '연료 조달'의 차원의 문제가 아니다. 이는 한·미 원자력협정(이른바 123협정 체계)과 국제원자력기구(IAEA) 포괄적 안전조치협정(INFCIRC/153) 제14조(Paragraph 14) 적용 문제와 직결되는 사안으로, 외교·법률·기술·규제 요소가 복합적으로 얽힌 고도의 종합 설계 과제다. 즉, 핵연료 문제를 풀지 못하면 사업은 기술이 아니라 제도와 신뢰에서 멈춘다.

따라서 필요한 것은 '개별 부처의 협의'가 아니라, 국가 차원의 통합 관리체계다. 대통령실 직속의 PMO^{Project Management Office}를 중심으로, 다부처 공동 예산 구조와 민·관·군·산·학·연의 공동관리 체계를 갖춰야 한다. 핵연료 조달 – 가공 – 수송 – 보관 – 원자로 장전 – 운용 – 회수에 이르는 전 주기를 한 체계로 묶지 않으면, 어느 한 지점에서 규제·외교·예산 병목이 발생해 사업이 지연될 가능성이 크다.

또한 핵추진 잠수함 사업은 조선 기술과 원자로 기술에 더해 신소재, 디지털 항법, AI 기반 전투체계, 국방·외교 전략이 결합된 국가 종합 프로젝트다. 이런 성격 때문에 핵추진 잠수함 사업은 전력 증강을 넘어, 관련 산업생태계를 끌어올리고 기술 축적을 확장하는 '국가 대전환 프로젝트'로도 기능한다.

●

핵추진 잠수함을 몇 척 확보할 것인가: 4척인가, 6척인가

핵추진 잠수함 사업은 핵추진 잠수함 보유 자체가 목표가 될 수 없다. 핵심은 순환 운용(로테이션)이 가능한 전력 규모를 갖추고 상시 안정적으로 운용하는 데 있다.

4척 체계는 최소한의 억제력(존재 기반 억제)은 만들 수 있다. 그러나 정비·훈련·승조원 순환을 감안하면 상시 전개 가능한 함정 수가 제한되어, 지속적 감시·추적 임무를 '상시'로 유지하기에는 부족할 수 있다.

현실적으로 지속적인 순환 운용이 가능하려면 최소 6척 체계는 되어야 한다. 6척 체계에서 핵추진 잠수함 전력은 3개 층으로 순환 운용된다. 먼저 2척은 정비와 훈련 단계에 배치되어 원자로 점검, 선체 정비, 승조원 숙련도 회복을 담당하며 다음 작전 투입을 준비한다. 동시에 다른 2척은 대기·준비 전력으로서 유사시 즉시 작전 해역으로 전개할 수 있는 상태를 유지한다. 그리고 나머지 2척은 상시 작전 전력으로 배치되어, 한반도 주변과 주요 해역에서 지속적인 초계·감시·추적 임무를 수행한다.

이러한 순환 운용 구조 하에서는 어느 한 척의 가동 중단이나 정비로 인해 공백이 생기더라도 전체 작전 능력은 크게 흔들리지 않으며, 핵추진 잠수함 전력이 단발적 전력이 아니라 지속적인 억제력과 상시 대응 능력을 갖춘 전력으로 기능하게 된다.

6척 체계가 갖춰지면, 한반도 주변 해역에서 지속적인 수중 감시와 핵·미사일 위협에 대한 추적·차단 임무를 보다 안정적으로 수행할 수 있다.

결국 핵추진 잠수함의 적정 수량 결정 문제는 예산의 문제를 넘어, 작전 지속성·가동률·순환 운용 구조·억제 효과까지 함께 계산해야 하는 '전략 과학'의 문제다. 따라서 "몇 척을 보유할 것인가"를 결정할 때는 "얼마나 오래, 얼마나 안정적으로 작전 상태를 유지할 것인가"가 기준이 되어야 한다.

●

핵추진 잠수함이 재편하는
한국의 안보와 산업

핵추진 잠수함이 확보되면 대한민국의 안보와 국가 전략은 질적으로 다른 단계로 진입한다. 이는 단순히 전력이 하나 추가되는 것이 아니라, 전쟁 억제의 구조 자체가 완성되는 전환을 의미한다. 상시 작전이 가능한 핵추진 잠수함은 언제 어디서든 보복과 차단이 가능하다는 신호를 상대에게 보내며, 적의 도발 계산을 근본적으로 바꾼다.

특히 북한이 SLBM과 잠수함 전력을 통해 핵 위협을 다층화하려는 상황에서, 핵추진 잠수함은 그 구조를 역으로 무력화하는 핵심 수단이 된다. 북한의 잠수함 전력은 은밀성을 기반으로 위협을 형성하지만, 더 은밀하고 더 오래 바다에 머물 수 있는 핵추진 잠수함이 이를 지속적으로 추적·감시할 경우 북한의 해상 핵전력은 실질적인 자유를 잃게 된다.

동시에 핵추진 잠수함은 한·미 동맹을 새로운 차원으로 끌어올린다. 한국은 더 이상 동맹에만 의존하는 수혜자가 아니라, 인도·태평양 해양 안보를 함께 떠받치는 전략 파트너로 자리 잡게 된다. 이는 미국뿐 아니라 일본, 호주, 캐나다, 유럽 해군과의 다자 해양 안보 협력을 확대하는 기반이 된다.

이 변화는 안보에만 그치지 않는다. 핵추진 잠수함은 조선, 원자력, 에너지, 해양, 소재, AI·디지털 기술이 결합된 고난도 산업의 집합체로서, 대한민국 산업 생태계 전반을 한 단계 끌어올리는 촉매가 된다. 고부가 가치 선박, 원자로 기술, 에너지 시스템, 해양 엔지니어링이 동시에 성장하는 구조가 형성된다.

결국 핵추진 잠수함은 단순한 무기체계가 아니라, 대한민국이 어떤 국가가 될 것인지를 보여주는 전략적 선언이자, 미래 경제와 기술 성장을 견인하는 국가 플랫폼이다.

●

미래 세대에게 남겨야 할 유산

국가의 안전은 미래 세대가 가장 먼저 누려야 할 가장 기본적인 권리다.

국가안보가 흔들리면 경제도, 교육도, 자유도 제대로 유지될 수 없다. 핵추진 잠수함은 단기적 군비 확장이 아니라, 다음 세대가 평화와 번영 속에서 살아갈 수 있도록 하기 위한 가장 현실적이고 실질적인 투자다. 그것은 위협을 억제하고 위기를 기회로 바꾸는 국가적 선택이다.

지금은 한국이 핵추진 잠수함을 확보할 수 있는 정치적·기술적·산업적 조건이 동시에 성숙한 거의 유일한 시점이다. 이 기회를 놓치면, 국제 규범과 기술 환경이 바뀌면서 같은 선택지를 다시 얻기 어려워질 수 있다. 행동하면 미래가 열리고, 주저하면 기회는 사라진다. 이는 단순한 구호가 아니라, 국가 전략의 냉정한 현실이다.

●

맺으며

이 책은 핵추진 잠수함 사업을 단순한 '무기체계' 획득 사업이 아니라, 국가전략·외교·산업·안보·기술혁신이 결합된 종합 국가 프로젝트로 바라본다. 대한민국이 왜 핵추진 잠수함을 보유해야 하는지, 그것을 어떻게 확보할 수 있는지, 그리고 확보했을 때 무엇을 얻게 되는지를 체계적으로 분석했다. 아울러 그 여정에 놓인 장애 요인과 기회 요인도 냉정하게 짚어보았다.

핵추진 잠수함은 대한민국의 운명과 미래를 지키는 보이지 않는 방패이자, 한반도 평화와 전쟁 억제의 최후의 보루다. 그리고 지금 우리는 그 역사적 문 앞에 서 있다. 결단의 시간은 이미 도래했다.

CHAPTER 1

수중으로 내려간 해전의 시작

- 디젤 잠수함에서 핵추진 잠수함까지 -

핵추진 잠수함은 어느 날 갑자기 등장한 무기체계가 아니다. 그것은 "잠수함은 얼마나 오래 숨어 있을 수 있는가"라는 아주 오래된 질문을 끝까지 밀어붙여 얻은 결과물이다. 이 질문은 핵추진 잠수함 이전, 디젤-전기추진 잠수함(이하 디젤 잠수함)의 역사 속에서 이미 수없이 제기되어왔다.

오늘날 디젤 잠수함을 이야기할 때 흔히 빠지는 오류가 있다. 디젤 잠수함을 '구식 잠수함', '한계가 분명한 전력', '핵추진 잠수함 이전의 미완성 단계'로만 보는 시각이다. 그러나 이러한 시각은 역사와 기술의 발전 과정, 그리고 해군의 실제 운용 경험에 비춰볼 때 옳지 않다. 디젤 잠수함은 한 시대의 주역이었으며, 전쟁의 양상을 근본적으로 바꾸어놓은 결정적 전력이었다. 오히려 핵추진 잠수함은 디젤 잠수함이 실패했기 때문에 등장한 것이 아니라, 디젤 잠수함이 너무나 성공했기 때문에 그 한계를 끝까지 밀어붙여 얻은 결과물이라고 보는 편이 더 정확하다.

잠수함이 처음 등장했을 때, 바다는 수면 위에서만 싸우는 공간이었다. 전함과 순양함, 구축함이 포와 장갑으로 힘을 겨루던 시절, 바다 아래는 전장의 범주에 포함되지 않았다. 그러나 디젤 잠수함의 등장으로 인해 해전의 승패를 가르는 기준이 근본적으로 바뀌었다. 물속에 숨어 있어 시각적으로 보이지 않고 소리로만 존재 여부를 알 수 있는 잠수함이 등장하면서 먼저 발견하는 쪽이 아니라 끝까지 들키지 않는 쪽이 승리하게 된 것이다. 이러한 변화는 단순히 무기체계 하나가 추가된 것에 그치지 않고 해군 전체의 사고방식을 바꾸어놓았다.

제1차 세계대전에서 디젤 잠수함은 그 존재 자체로 세계를 충격에 빠뜨렸다. 수면 위의 압도적인 해군력은 보이지 않는 수중의 위협 앞에서

43

무력해졌다. 상선은 더 이상 안전하지 않았고, 해상교통로는 전선이 되었다. 제2차 세계대전에서는 이 경향이 극대화되었다. 대서양과 태평양에서 디젤 잠수함은 해전의 주역으로 떠올랐고, 동시에 이에 대응하기 위한 새로운 대잠전ASW, Anti-Submarine Warfare 체계도 함께 발전했다. 이 시기는 디젤 잠수함이 가장 빛났던 시기이자, 그 한계가 가장 적나라하게 드러난 시기이기도 했다.

문제는 성능이 아니라 시간이었다. 디젤 잠수함은 충분히 강력했고, 충분히 은밀했지만, 바닷속에서 충분히 오래 머무를 수는 없었다. 배터리가 소모되고, 공기가 한계에 달하면, 언젠가는 수면 위로 올라와야 했다. 스노클은 하나의 해법이었지만 근본적인 해결책은 아니었다. 디젤 잠수함은 여전히 '언젠가는 반드시 수면 위로 부상할 수밖에 없는 존재'였고, 수면 위로 부상하는 순간 취약해질 수밖에 없었다. 이것이 디젤 잠수함이 지닌 근본적인 한계였다.

이 한계를 극복하기 위한 노력으로 등장한 것이 AIPAir-Independent Propulsion(공기불요 추진체계)였다. AIP는 디젤 잠수함의 잠항 지속성을 크게 늘렸고, 은밀성 또한 획기적으로 개선했다. 그러나 AIP 역시 디젤 잠수함의 본질을 바꾸지는 못했다. 연료와 공기, 출력과 속도, 지속성과 기동성 사이에 존재하는 근본적인 트레이드오프(하나를 선택하면 다른 하나를 희생해야 하는 상충관계)는 여전히 남아 있었다. 디젤 잠수함은 '더 오래 버티는 잠수함'이 될 수는 있었지만, '언제나 그 자리에 있는 잠수함'이 되지는 못했다.

전쟁의 양상은 이보다 빠르게 변하고 있었다. 해전은 더 이상 단기간의 충돌이나 국지적 교전에 머물지 않았다. 전쟁은 시작되기 전에 억제되어야 했고, 억제는 눈에 보이는 전력이 아니라, 눈에 보이지 않지만 항상 존재하는 전력에 의해 유지되기 시작했다. 이 지점에서 디젤 잠수함은 새로운 질문에 직면했다. "싸울 수 있는가"가 아니라, "전쟁을 막을 수 있는가"라는 질문이었다.

제1장에서는 핵추진 잠수함을 설명하기에 앞서 디젤 잠수함을 먼저 살펴보겠다. 그래야만 왜 더 이상 디젤 잠수함만으로는 충분하지 않는지, 그리고 왜 해군이 핵추진 잠수함이라는 선택지 앞에 서게 되었는지를 이해할 수 있다. 디젤 잠수함의 한계를 극복하기 위한 기술적·전략적 고민은 결국 핵추진 잠수함이라는 결론으로 귀결되었다. 제1장은 핵추진 잠수함을 설명하기 위한 출발점이다. 디젤 잠수함의 성공과 한계, 그 축적된 경험 위에서만 핵추진 잠수함을 확보하려는 노력은 비로소 설득력을 갖게 된다.

●

디젤 잠수함은 해전을 어떻게 바꾸었는가

디젤 잠수함의 역사는 단순한 군사 기술의 진보가 아니라, 인류가 수면 아래라는 '보이지 않는 전장'을 본격적으로 개척해나가는 과정이었다. 고대에서 중세에 이르기까지 해양은 무역과 교역의 중심지였으나, 바닷속 세계는 인류가 감히 손댈 수 없는 미지의 공간으로 남아 있었다. 그러나 19세기 후반부터 유럽과 미국에서 과학기술이 비약적으로 발전하면서 바다는 더 이상 수평선 위에만 한정된 공간이 아니라 수평선 아래까지 확장되는 새로운 전략 영역으로 인식되기 시작했다.

John Philip Holland

아일랜드 출신의 미국 잠수함 설계자 존 필립 홀랜드(1841~1914). '현대 잠수함의 아버지'로 불리는 그는 수상에서는 내연기관을, 수중에서는 전기 추진을 사용하는 개념을 체계화하고 이를 실제 잠수함으로 구현해냈다. 〈사진 출처: WIKIMEDIA COMMONS | Public Domain〉

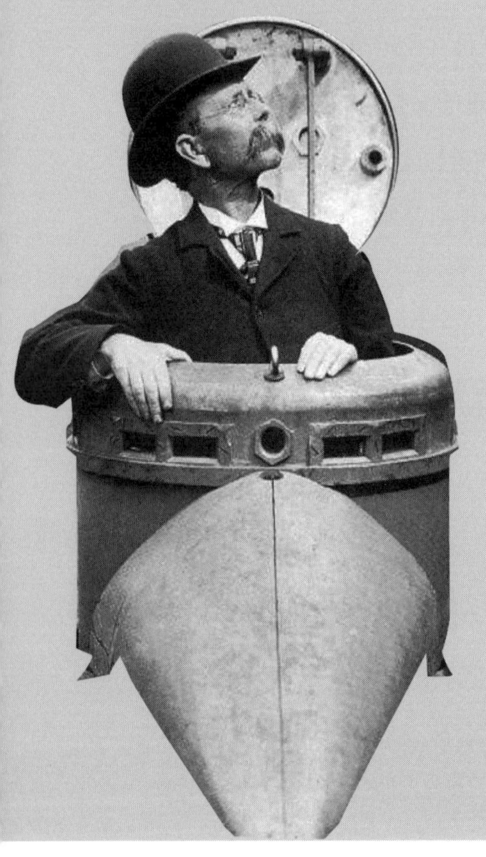

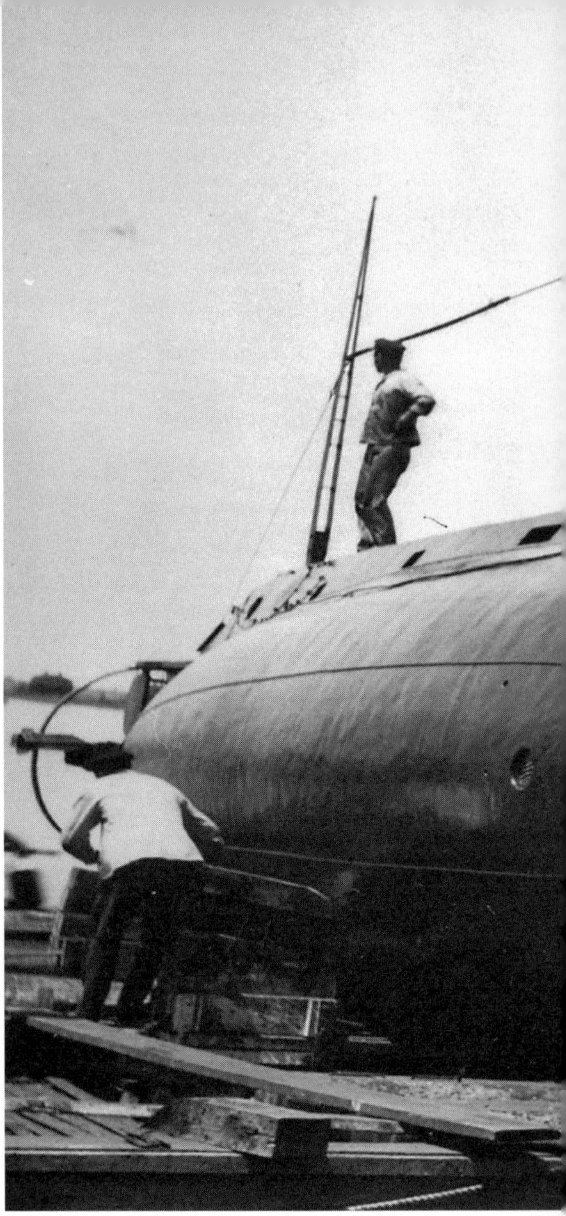

초기 디젤 잠수함은 어떻게 등장했는가

이러한 변화의 결정적 전환점이 된 것이 바로 1900년 미국 해군이 채택해 세계 최초로 실전 배치한 잠수함 'USS 홀랜드Holland(SS-1)'였다. 이 잠수함은 아일랜드 출신 미국 잠수함 설계자 존 필립 홀랜드John Philip

USS Holland

1890년대에 존 필립 홀랜드가 설계한 USS 홀랜드는 미 해군이 최초로 공식 채택한 잠수함으로, 잠수함이 실험적 장비를 넘어 정규 해군 전력으로 편입되는 전환점을 마련했다. 홀랜드의 설계 사상은 이후 디젤–전기 잠수함의 기본 구조로 계승되며, 20세기 잠수함 발전의 출발점이 되었다. 〈사진 출처: WIKIMEDIA COMMONS | Public Domain〉

Holland가 설계한 혁신적인 잠수함으로, 오늘날 디젤 잠수함의 기본 구조를 사실상 완성한 결정적 모델로 평가된다.

홀랜드급 잠수함은 수상에서는 가솔린 엔진으로, 잠항 시에는 전기 모터로 추진하는 이중 추진dual propulsion 개념을 처음으로 군사적으로 구현했다. 이 개념은 잠수함의 작전반경과 잠항 지속성을 크게 확장시키고, 잠수함이 해군 전력의 한 축으로 도약할 수 있는 기반을 마련했다.

USS 홀랜드가 등장하기 전까지 잠수함은 각국 해군에게 실험적 장비에 가까운 존재였다. 내연기관의 안정성 부족, 잠항·부상 제어의 불안정, 무기체계 미비 등으로 실전 적용 가능성이 낮았기 때문이다. 그러나 홀랜드급 잠수함은 소형 잠수함임에도 불구하고 수중에서 안정적 조종이 가능한 선체 형상, 압축공기식 잠수·부상 시스템, 자체 추진 어뢰 탑재, 수중·수상 전환이 가능한 엔진 구조를 갖추면서 세계 각국 해군의 시각을 완전히 바꾸어놓았다.

1900년 4월 11일, 미국 해군은 홀랜드 잠수함을 공식적으로 구매함으로써 세계 최초의 현대식 잠수함을 해군 전력에 편입한 국가가 되었다. 이는 단순히 무기체계 도입을 넘어, 해군 전략에서 '수중 공간의 군사적 활용'을 본격화하는 새로운 패러다임으로의 전환을 의미했다. 이후 미국 해군뿐 아니라 일본, 러시아, 영국, 프랑스 등 주요 해군 강국들이 경쟁적으로 잠수함 개발에 뛰어들면서 잠수함 기술은 급속히 진화했다.

홀랜드급 잠수함이 채택한 디젤-전기 추진 개념은 훗날 제1차 세계대전에서 독일 유보트^{U-boat}를 통해 그 파괴력을 유감없이 입증하며 해상 전략의 중심을 단숨에 잠수함으로 이동시켰다. 유보트는 홀랜드급 잠수함이 남긴 기술적 유산을 계승하면서 대서양 전역에서 연합국의 해상 보급망을 위협했고, 이로 인해 잠수함은 더 이상 보조 전력이 아니라 전쟁 양상을 좌우하는 핵심 전력으로 자리 잡게 되었다.

더 나아가 홀랜드급 잠수함의 성공은 잠수함 설계 철학에 중요한 기준점을 남겼다. 수상과 수중에서 모두 효율적으로 운용 가능한 이중 추진체계, 은밀한 접근을 위한 저소음·저피탐 설계, 장거리 작전을 고려한 연료와 배터리의 이중 운용 구조, 그리고 정밀한 부력·트림 제어 시스템이 그 핵심이다. 이러한 요소들은 오늘날 한국, 일본, 독일의 최신 디젤 잠수함에도 그대로 이어지고 있다.

디젤 잠수함은 홀랜드급 잠수함에서 시작하여 유보트를 거쳐 현대의 AIP·리튬전지 기반 잠수함으로 진화했다. 이러한 진화의 흐름은 오늘날 한국형 3,000톤급 잠수함 장보고-III Batch-I, Batch-II로 이어지고 있는데, 이는 디젤 잠수함이 단순히 핵추진 잠수함으로 가기 전의 과도기적 잠수함이 아니라 핵추진 잠수함과는 다른 역할을 담당하는 독자적 전략 플랫폼임을 분명하게 보여준다.

<h3 style="text-align:center">제1차 세계대전과
실험적 무기를 넘어 핵심 해양 전력으로 도약한 디젤 잠수함</h3>

제1차 세계대전은 잠수함이 실험적 무기를 넘어 해양 전략의 핵심 전력으로 도약한 역사적 전환점이었다. 특히 독일 유보트는 이전까지 어느 국가도 경험해본 적 없는 '보이지 않는 적'의 공포를 전 세계에 각인시켰다. 전쟁 발발 초기부터 독일 해군은 제한된 수상함 전력의 약점을 보완하기 위해 잠수함을 전략적 무기로 적극 활용했고, 이 잠수함들은 곧 전쟁 양상을 근본적으로 바꾸는 충격적인 결과를 낳았다.

독일 잠수함 U-21이 그 대표적인 사례였다. 제1차 세계대전 초기부터 이미 잠수함 전력의 위력을 실전에서 증명한 U-21은 1914년 9월 5일, 북해에서 영국 순양함 HMS 패스파인더Pathfinder를 어뢰 한 발로 격침

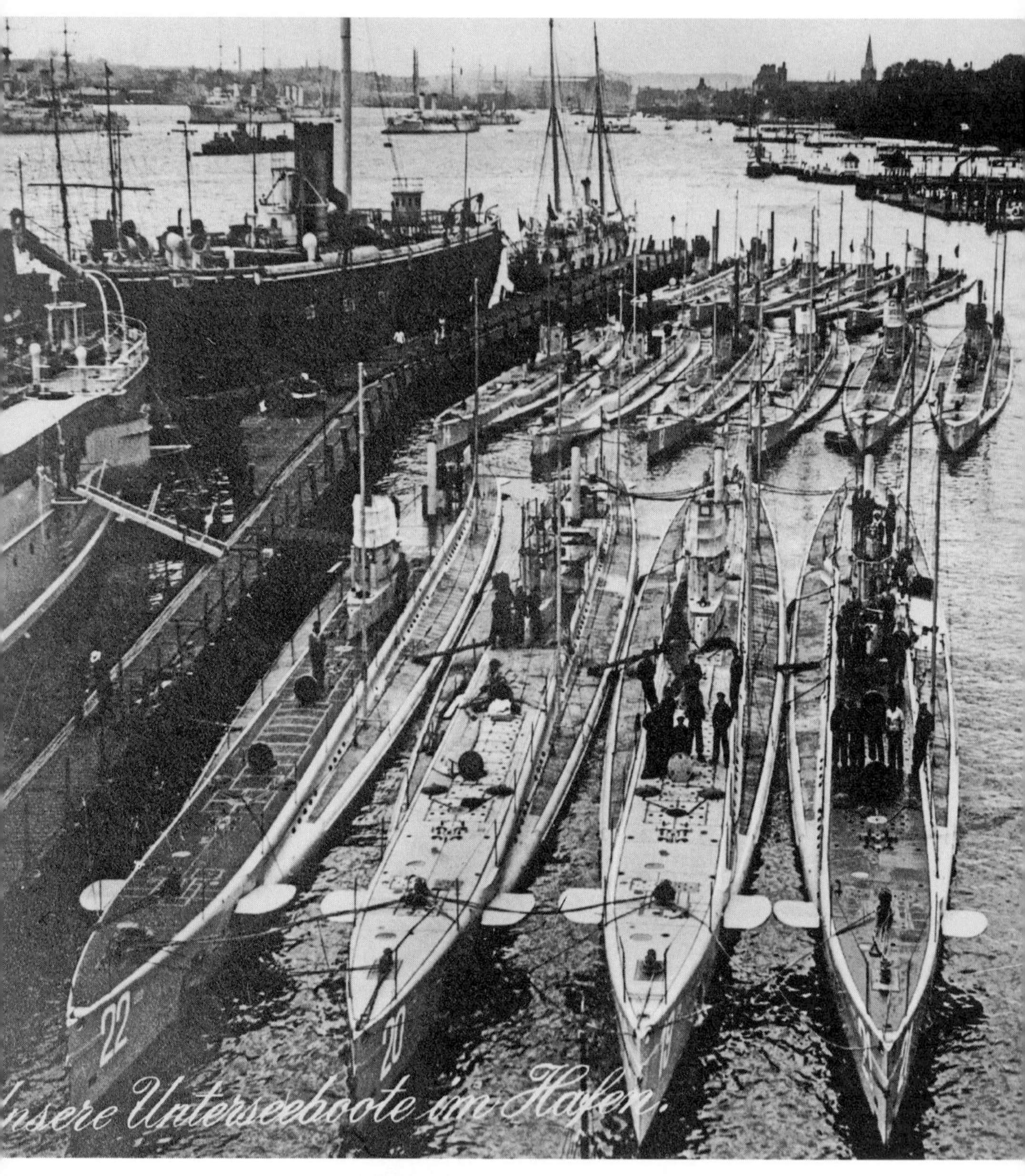

제1차 세계대전 당시 독일 유보트는 이전까지 어느 국가도 경험해본 적 없는 '보이지 않는 적'의 공포를 전 세계에 각인시켰다. 전쟁 발발 초기부터 독일 해군은 제한된 수상함 전력의 약점을 보완하기 위해 잠수함을 전략적 무기로 적극 활용했고, 이 잠수함들은 곧 전쟁 양상을 근본적으로 바꾸는 충격적인 결과를 낳았다. 위 사진은 1914년 2월 17일, 슐레스비히-홀슈타인(Schleswig-Holstein)주 킬(Kiel) 항구에 정박해 있는 독일 유보트들의 모습이다. 〈사진 출처: WIKIMEDIA COMMONS | Public Domain〉

시켰다. 이 전투는 세계 최초로 잠수함이 발사한 자체 추진식 어뢰로 적 군함을 침몰시킨 사례로 기록되었고, 잠수함이 단순한 보조 전력이 아니라 결정적 공격 무기가 될 수 있음을 처음으로 각인시킨 사건이었다.

패스파인더의 침몰은 단순히 순양함 한 척의 손실을 넘어, 북해 제해권을 장악하고 있다고 믿고 있던 영국 해군의 자신감에 균열을 일으켰다. 당시 영국은 잠수함을 탐지할 기술을 갖추지 못했고, 잠수함 위협에 대응할 전술 교리도 거의 부재한 상태였다. 그 결과, U-21의 첫 전과는 영국 해군 전체에 커다란 심리적 충격을 안겨주어, '보이지 않는 적'에 대한 공포가 확산되었다.

북해에서 이름을 알리기 시작한 U-21은 이후 전장을 지중해 갈리폴리 전선으로 옮겨 또 한 번 역사적 전환점을 만들어냈다. 1915년 5월 25일, 함장 오토 헤르싱Otto Hersing이 지휘하는 U-21은 갈리폴리 반도 상륙작전을 지원하던 영국 고속 장갑순양함 HMS 트라이엄프Triumph를 기습해 침몰시켰다. 이 공격은 연합군에게 큰 충격을 안겨주었고, 영국 해군은 작전 해역에서의 전함 운용 자체를 재고하지 않을 수 없었다.

U-21의 공세는 여기서 멈추지 않았다. 불과 이틀 뒤인 5월 27일, U-21은 또 다른 영국 전함 HMS 머제스틱Majestic을 어뢰 공격으로 격침했다. 트라이엄프와 머제스틱은 당시 영국이 갈리폴리 전선에서 상륙군을 지원하는 핵심 화력 자산이었기 때문에, 두 척의 잇따른 상실은 갈리폴리 전선 전체의 작전 구도를 뒤흔드는 전환점이 되었다.

이 일련의 U-21 공격 이후 영국 해군은 독일 잠수함의 위협을 회피하기 위해 전함을 전면 철수시키는 결정을 내렸다. 이는 곧 연합군 지상군이 의존하던 해상 화력이 크게 약화됨을 의미했다. 그 결과, 갈리폴리 전선 작전 계획은 근본부터 흔들렸고, 이로 인해 전역戰域 차원의 전략적 균형이 독일군 쪽으로 기울었다.

U-21의 연속 전과는 당시로서는 상상하기 어려운 군사적 파급력을 보여주었다. 대형 전함이 잠수함의 기습에 취약하다는 사실은 패스파인더 격침 때 이미 예고되었지만, 갈리폴리 전선에서는 그 취약성이 실제 작전 실패로 이어졌다. 잠수함이 단순한 전술적 무기가 아니라 전쟁의 방향을 바꾸는 전략적 결정자가 될 수 있다는 점을 세계가 처음으로 목격한 셈이다. 그 결과, 각국 해군의 사고방식은 근본적으로 바뀌기 시작했다. 잠수함이 등장하기 전의 해전은 대형 전함과 대형 함대 간의 결전을 중심으로 전개되었다. 그러나 잠수함이 등장하면서 해전의 중심축은 잠수함 운용 능력과 대잠전 능력으로 이동했다. U-21의 사례는 잠수함 운용 능력과 대잠전 능력이 국가 해양 전략을 결정하는 핵심 요소임을 보여주었다. 이후 영국은 전함·순양함보다 대잠전 전력과 호송체계convoy system 구축을 더 중시하게 되었고, 이는 제2차 세계대전까지 이어지는 새로운 해전 교리의 출발점이 되었다.

1914년 9월 22일에 일어난 독일 잠수함 U-9의 전과는 이러한 충격을 한층 더 극대화했다. 함장 오토 베디겐Otto Weddigen이 지휘한 U-9은 북해를 초계하던 영국 순양함 HMS 아부키르Aboukir를 어뢰 공격으로 침몰시켰다. 이어 이를 구조하기 위해 접근한 HMS 호그Hogue와 HMS 크레시Cressy마저 연속 어뢰 공격으로 격침시켰다. 단 한 척의 잠수함이 1시간 남짓한 시간에 영국 순양함 3척을 침몰시킨 이 사건은 영국 해군은 물론 전 세계 해군 전략가들에게 커다란 충격을 안겨주었다.

U-9의 기습이 성공적으로 끝난 순간, 기존 해군 전략의 전제는 근본

1914년 9월 22일 오토 베디겐(왼쪽 상단 인물)이 지휘한 독일 잠수함 U-9에 의해 격침당하는 영국 해군 장갑순양함 HMS 아부키르(왼쪽)와 HMS 호그(오른쪽)의 모습이다. 〈사진 출처: WIKIMEDIA COMMONS | Public Domain〉

부터 흔들리기 시작했다. 그동안 해전의 주력으로 자리 잡은 대형 순양함 중심의 전략이 잠수함 공격 앞에서는 무용지물이 될 수 있다는 사실이 드러난 것이다. 견고한 장갑과 거대한 화력을 자랑하던 순양함이라도 바다 밑에서 은밀하게 접근하는 잠수함의 기습에는 속수무책으로 무너질 수 있음이 여실히 증명되었다. 당시 수상함 전력은 적 잠수함의 정확한 위치를 탐지할 수 있는 기술을 거의 갖추지 못했기 때문에, U-9의 공격은 문자 그대로 '어둠 속에서 날아든 보이지 않는 창'과도 같았다.

이 사건은 해상 제해권 개념을 다시 정의하는 계기가 되었다. 이전까지 바다를 지배한다는 것은 더 크고 강한 수상 전력을 확보하는 것과 거의 동의어였지만, U-9의 활약 이후 이러한 인식은 설득력을 잃기 시작했다. 해양에서의 우위는 더 이상 수상함의 수나 함포의 구경만으로 설명할 수 없게 되었고, 보이지 않는 수중 공간을 통제하는 능력, 즉 잠수함을 운용하고 이에 대비하는 역량이 새로운 핵심 요소로 떠오르게 되었다. 영국 언론은 이 사건을 "바다 위의 전투 질서를 완전히 무너뜨린 날"이라고 규정하며 충격을 표현했다. 실제로 영국 해군은 이후 기존 해군 운용 교리를 전면 재검토했고, 잠수함을 탐지·차단하기 위한 대잠작전 개념과 호송체계 정립을 최우선 과제로 삼기 시작했다. U-9이 가한 일격은 단순한 전술적 승리를 넘어 해전 규칙과 해군 전략 전체를 뒤흔든 역사적 전환점이었다.

초기 독일 유보트, 특히 U-9과 U-21이 보여준 일련의 전과는 세계 해군 전략을 근본적으로 재편하는 계기가 되었다. 이들의 활약은 기존 수상함 중심 해군 구조가 잠수함이라는 새로운 비대칭 전력 앞에서 얼마나 취약한지를 여실히 보여주었고, 해전 개념 자체를 다시 정의하게 만들었다. 연합군의 상선과 군수 수송선이 연이어 침몰하면서 산업화 시대 전쟁의 생명줄인 해상 보급선이 잠수함 공격에 얼마나 취약한지 전 세계가 처음으로 직면하게 되었기 때문이다.

이 과정에서 호송체계의 도입은 가장 극적인 변화였다. 19세기 이후 영국 해군은 강력한 제해권을 배경으로 상선들이 흩어져 독자 항해를 하는 방식을 고수해왔다. 그러나 유보트가 대서양과 북해에서 무차별적으로 수송선을 침몰시키자, 무방비 상태로 항해하던 상선들은 잇따라 표적이 되었다. 결국 영국은 오랜 반대를 철회하고 군함이 상선을 보호하는 호송체계를 채택할 수밖에 없었다. 이는 단순한 운용상의 변화가 아니라, 해군 강국 영국이 잠수함 위협 앞에서 수세적인 방어 전략을 공식적으로 채택했음을 상징적으로 보여주는 것이었다.

한국형 핵추진 잠수함

초기 음향탐지기(ASDIC). 수중 음파를 이용해 잠수함의 위치를 탐지하는 장비로, 제1차 세계대전 말기부터 대잠전의 핵심 장비로 자리 잡았다. 〈사진 출처: WIKIMEDIA COMMONS | CC BY-SA 3.0〉

잠수함의 위협은 대잠전 기술 발전도 폭발적으로 촉진했다. 전쟁 초기에 수상함은 잠수함 위치를 탐지할 기술이 거의 없어, 사실상 눈을 가린 채 공격을 당하는 것과 다름없는 상황이었다. 이러한 약점은 전쟁이 지속되면서 서서히 개선되었다. 지그재그 항해법, 수상함의 음향탐지기 ASDIC(초기형 소나SONAR) 개발, 폭뢰Depth Charge의 실전배치 등은 모두 유보

CHAPTER 1 수중으로 내려간 해전의 시작

트에 대응하기 위해 등장한 새로운 대잠 기술과 전술이었다. 이러한 발전은 제2차 세계대전에서 대잠전 능력이 해군 작전의 핵심 요소 중 하나로 자리 잡는 토대를 마련했다.

해상교통로^{SLOC, Sea Lines of Communication}는 국가 생존과 전쟁 지속 능력을 좌우하는 핵심 요소다. 산업화와 총력전 시대의 전쟁은 막대한 물류를 필요로 했고, 그 물류의 대부분은 해상을 통해 수송되었다. 수송선이 끊기면 군대의 작전 능력뿐만 아니라 국가 경제 자체가 마비될 수밖에 없었다. 독일이 무제한 잠수함 작전^{Unrestricted Submarine Warfare}을 시행한 것도 이 점을 겨냥한 것이었다. 실제로 독일의 무제한 잠수함 작전으로 인해 영국의 식량·군수품 공급은 치명적 타격을 입었다. 독일의 무제한 잠수함 작전은 해상교통로 통제를 군사전략의 핵심으로 끌어올린 결정적 사건이었다. 잠수함을 활용한 해상교통로 통제 개념은 오늘날에도 해군 작전의 기본 원칙으로 남아 있다.

제1차 세계대전이 끝난 뒤 각국 해군은 잠수함이 더 이상 보조적인 정찰 자산이나 특수임무용 함정이 아니라 함대의 중심을 구성할 수 있는 독립적인 전략 전력이라는 공통된 결론에 이르렀다. 독일은 베르사유 조약^{Treaty of Versailles}으로 잠수함 건조가 금지되었음에도 불구하고 기술자를 타국에 파견해 잠수함 설계와 운용에 관한 기술적 노하우를 지속적으로 축적했고, 영국·프랑스·미국·일본 등 주요 강대국은 앞다투어 새로운 잠수함 개발에 착수했다.

U-9과 U-21의 활약은 해군력의 패러다임을 수상함 중심의 전통적 사고에서 벗어나 잠수함을 핵심 변수로 고려하는 방향으로 전환시키는 결정적 계기가 되었다. 보이지 않는 잠수함의 위협을 탐지하고 이에 대

응하는 능력이 해군력 수준을 평가하는 새로운 기준이 되었고, 잠수함과 대잠전 전력의 비중은 이후 100년 동안 계속 확대되었다. 당시 유보트의 수는 많지 않았지만, 그들이 만들어낸 충격은 전 세계를 뒤흔들 만큼 강력했고, 현대 해군 교리 형성의 중요한 출발점이 되었다.

잠수함이 제1차 세계대전에서 남긴 가장 본질적인 충격은 단순히 전투의 승패를 좌우했다는 점이 아니라, '전쟁 지속 능력' 자체를 붕괴시킬 수 있다는 것을 현실로 입증했다는 점이다. 잠수함은 수상함과 달리 특정 해역을 장악할 필요가 없었다. 바다 밑에 숨어 있다가 상선과 군수물자를 실은 수송선을 차례로 격침시키는 것만으로도 적국의 전쟁 수행 체계를 마비시킬 수 있었다. 이는 전함이나 순양함, 심지어 항공 전력으로도 당시에는 구현하기 어려운, 잠수함만이 할 수 있는 고유한 능력이었다.

특히 독일이 1917년 전면적으로 시행한 무제한 잠수함 작전은 영국의 국가적 기반을 뒤흔들어놓았다. 독일 유보트는 대서양과 북해에서 무차별적으로 상선을 공격했다. 영국으로 유입되는 식량, 석탄, 철광석, 탄약을 실은 상선의 손실이 급증하면서 영국 사회는 실질적인 경제 붕괴 위협에 직면했다. 당시 영국은 식량의 약 60%를 수입에 의존하고 있었기 때문에 유보트의 공격은 단순한 군사적 타격이 아니라 국민 생존을 위협하는 요인이 되었다. 빵과 설탕이 배급제로 전환될 정도였고, 영국 내부에서는 "유보트가 영국을 굴복시키는 최초의 무기가 될 것"이라는 비관적인 평가까지 나왔다.

유보트의 파괴력은 국제정치적으로도 거대한 파급 효과를 낳았다. 독일은 영국을 고립시키기 위해 공격 범위를 미국 상선까지 확대했고, 이

는 결국 미국의 참전 결정을 이끄는 결정적 요인이 되었다. 미국은 독일의 유보트 공격을 국제법 위반이자 중립국에 대한 도발로 간주했다. 여기에 더해 독일 외무장관 아르투어 짐머만Arthur Zimmermann이 멕시코에 보낸 비밀 전보를 영국이 암호 해독해 폭로한 '짐머만 전보 사건'이 터지면서 미국 내 여론은 크게 들끓었다. 이 전보에는 미국의 참전을 가정해 멕시코에 대미 전쟁을 제안하고 독일 승리 시 멕시코가 미국 남부 영토를 되찾는 것을 지원하겠다는 내용이 담겨 있었다. 이 사건은 미국의 제1차 세계대전 참전에 결정적인 영향을 미쳤다. 이처럼 제1차 세계대전 당시 잠수함은 군함을 침몰시키는 무기체계를 넘어, 미국의 참전 결정을 촉발한 전략적 방아쇠 역할을 했던 것이다.

결과적으로 잠수함은 제1차 세계대전을 거치면서 전술무기를 넘어

한국형 핵추진 잠수함

▲ 제1차 세계대전 당시 무제한 잠수함 작전에 참여 중인 독일 유보트. 독일은 무제한 잠수함 작전을 통해 상선을 공격함으로써 연합국의 해상보급로를 봉쇄하려 했다. 〈사진 출처: WIKIMEDIA COMMONS | Public Domain〉

▼ 1915년 5월 15일 독일 유보트 공격으로 침몰 중인 여객선 루시타니아호. 1915년 5월 1일 뉴욕을 출발해 대서양을 횡단 중이던 루시타니아호는 5월 7일 오후 아일랜드 남부 해안에서 독일 유보트에 의해 격침되어 미국인 128명을 포함한 1,198명이 사망했다. 이 사건은 미국 내 반독 정서를 불러일으켜 미국이 제1차 세계대전에 참전하는 계기가 되었다. 〈사진 출처: WIKIMEDIA COMMONS | Public Domain〉

군사는 물론 정치·경제·외교 전반에 영향을 미치는 전략무기로 자리 잡았다. 적국의 해상교통로를 장악하거나 차단하는 능력은 전쟁의 승패를 좌우하는 핵심 요인으로 부상했고, 해군력의 중심 개념도 '해전에서 이기는 법'에서 '전쟁을 지속 불가능하게 만드는 법'으로 재정립되었다. 유보트가 불러일으킨 이러한 변화는 이후 20세기 해군 전략 형성에 결정적 영향을 미쳤다.

제2차 세계대전과 디젤 잠수함의 전성기

제2차 세계대전은 잠수함의 전략적 가치를 전 세계가 다시 한 번 뼈저리게 체감한 전쟁이었다. 독일 유보트는 제1차 세계대전의 성공 경험을 바탕으로 더 정교한 작전 개념과 기술을 갖추었고, 대서양 전투[Battle of the Atlantic]에서 연합군의 생명줄인 해상 보급로를 차단하기 위해 치열한 전투를 벌였다. 초기에는 이른바 '이리떼 전술[Wolfpack]'을 통해 호송단을 집요하게 공격하며 영국의 생존 자체를 위협했다. 1942년 한때 독일은 "영국을 굶겨 무릎 꿇릴 수 있다"고 자신할 정도로 잠수함 전력에 확신을 갖고 있었다. 실제로 영국의 식량·연료 재고는 위험 수위까지 떨어졌고, 대서양 보급선 손실률이 상승하면서 연합군 내부에서도 위기의식이 고조되었다.

그러나 제1차 세계대전 때와 달리, 연합군은 비교적 신속하게 대잠전 체계를 발전시켜 위기를 극복해나갔다. 호송체계를 완전히 표준화하고, 장거리 초계기와 호위항모를 적극 활용했으며, 초기 소나인 ASDIC과 레이더를 실전 배치하는 한편, 독일의 에니그마[Enigma] 암호를 해독하는 등 전략적·기술적 측면에서 대잠전 능력을 크게 향상시켰다. 대서양

1941년 10월 대서양 전투 중 대형 함대 호위 임무를 수행 중인 영국 구축함 장교들이 함교에서 독일 유보트를 예리하게 감시하고 있다. 독일 유보트는 대서양 전투에서 연합군의 생명줄인 해상 보급로를 차단하기 위해 치열한 전투를 벌였다. 초기에는 이른바 '이리떼 전술'을 통해 호송단을 집요하게 공격하며 영국의 생존 자체를 위협했다. 〈사진 출처: WIKIMEDIA COMMONS | Public Domain〉

전투 후반부로 갈수록 전세는 점차 연합군에게 유리하게 기울었고, 유보트는 더 이상 연합군의 물류 흐름을 결정적으로 차단할 힘을 발휘하지 못했다. 그럼에도 불구하고 대서양 전투는 잠수함이 전쟁의 전체 전략적 구도를 뒤흔들 수 있다는 사실을 다시 한 번 증명한 대표적인 사례로 남았다.

한편 태평양에서는 미국 잠수함대가 독일 유보트와는 또 다른 방식으로 잠수함의 전략적 파괴력을 보여주었다. 미국은 전쟁 초기부터 일본 해군 주력을 정면에서 상대하기보다는 잠수함을 이용해 일본의 해상 교통망을 완전히 붕괴시키는 전략적 봉쇄에 집중했다. 가토Gato급과 발라오Balao급으로 대표되는 미국 잠수함들은 일본 선박을 집요하게 추적하며 상선, 유조선, 군수지원선을 체계적으로 격침시켰다. 그 결과, 일본은 전쟁 말기 상선대의 85% 이상을 잃었고, 석유 수입로가 차단되면서 전투기 훈련조차 제대로 수행하지 못하는 상황에 직면했다. 일본 본토는 연료, 철광석, 식량, 산업 원자재 부족으로 사실상 경제 기능이 마비되었고, 일본 군부는 "잠수함이 일본의 전쟁을 질식시켰다"고 인정할 수밖에 없었다.

이처럼 잠수함은 전통적인 함대 결전 중심의 해전 개념을 넘어, 국가의 산업과 경제 기반을 직접 타격하는 새로운 형태의 전략무기로 진화했다. 해상교통로를 차단하고 보급망을 붕괴시키는 잠수함은 단순한 전술적 승리를 넘어, 국가 전체의 전쟁 수행 능력을 무너뜨리는 결정적 요소가 되었다. 제2차 세계대전 이후 미국, 영국, 소련, 독일, 일본 등 주요 해양 강국은 잠수함 전력을 국가 전략의 핵심 축으로 삼았고, 잠수함 설계·운용·대잠전 능력은 해군력 수준을 평가하는 가장 중요한 기준으로 자리 잡았다.

결국 제2차 세계대전은 잠수함이 단순히 '전투에 강한 함정'을 넘어 전쟁의 방향을 결정하고 국가의 운명을 좌우하는 전략 플랫폼임을 명확히 증명한 전쟁이었다. 이후 잠수함은 각국 해군 전략의 핵심 전력으

한국형 핵추진 잠수함

로 자리 잡았고, 디젤 잠수함의 한계를 뛰어넘는 장거리 작전·전략 타격 능력을 갖춘 핵추진 잠수함의 시대가 본격적으로 열리게 되었다.

디젤 잠수함이 직면한 잠항과 생존의 한계

초기 디젤 잠수함은 디젤 엔진과 축전지를 결합한 매우 혁신적인 구조였지만, 현대 기준에서 보면 분명한 제약을 가진 체계였다. 수상에서는 디젤 엔진으로 항해하며 동시에 배터리를 충전하고, 수중항해 시에는 축전지 전력으로 모터를 구동하는 방식은 당시 기술 수준에서 가장 현실적인 대안이었다. 이러한 구조는 상대적으로 단순하고 유지·보수가 용이해, 각국 해군이 잠수함 운용 개념을 정착시키는 데 중요한 역할을 했다.

그러나 이러한 설계는 본질적으로 공기 의존성이라는 기술적 한계를 피할 수 없다. 디젤 엔진은 공기 없이는 작동할 수 없기 때문에, 디젤 잠수함의 잠항 지속 시간은 길어야 몇 시간에서 수십 시간 수준에 불과했다. 이후에는 반드시 배터리 충전을 위해 수면 위로 부상하거나, 최소한 스노클 마스트를 수면 위로 올리고 외부 공기를 흡입해야 했다. 이렇게 수면 위로 부상하거나 스노클 마스트를 수면 위로 올리면 적의 탐지망에 노출될 위험이 크다.

실제로 수면 위로 부상하거나 스노클 마스트를 수면 위로 올려 외부 공기를 흡입하는 동안 많은 잠수함이 적에게 노출되어 공격을 받았다. 레이더 기술이 발전하면서 스노클 마스트는 수십 킬로미터 밖에서도 탐지되었고, 항공기와 구축함의 레이더·광학 장비·적외선 센서까지 더해지면서 잠수함의 취약성은 더욱 커졌다. 아무리 은밀하게 접근하더

제2차 세계대전 당시 영국 디젤 잠수함의 엔진실. 디젤 엔진은 공기 없이는 작동할 수 없기 때문에, 디젤 잠수함의 잠항 지속 시간은 길어야 몇 시간에서 수십 시간 수준에 불과했다. 그래서 디젤 잠수함은 배터리 충전을 위해 반드시 수면 위로 부상하거나, 최소한 스노클을 수면 위로 전개하여 외부 공기를 흡입해야 했다. 그러나 수면 위로 부상하거나 스노클을 수면 위로 전개하면 적의 탐지망에 노출될 위험이 크다. 이처럼 일정 주기마다 부상하지 않으면 생존할 수 없다는 점에서 디젤 잠수함은 구조적으로 작전 지속성과 생존성에 근본적인 제약을 안고 있었다. 〈사진 출처: WIKIMEDIA COMMONS | Public Domain〉

라도 일정 주기마다 부상하지 않으면 생존할 수 없다는 점에서 디젤 잠수함은 구조적으로 작전 지속성과 생존성에 근본적인 제약을 안고 있었다.

이러한 특성 때문에 디젤 잠수함은 '완전한 수중 플랫폼'이라기보다는 '부분적 수중 플랫폼'에 가까웠다. 디젤 잠수함은 전투 개시 전에는

한국형 핵추진 잠수함

은밀성을 유지할 수 있었지만, 장기 작전이나 광역 작전을 개시하면 한계가 분명히 드러났다. 특히 대양 작전에서는 부상 주기가 짧아질수록 위험이 기하급수적으로 증가했고, 이는 디젤 잠수함이 수행할 수 있는 전략 임무의 범위를 크게 제한했다. 그 결과, 디젤 잠수함은 전술적 측면에서 어느 정도 성공적이었지만, 전략적 운용 차원에서 요구되는 지속적인 은밀성과 장기 작전 능력은 여전히 미완에 머물러 있었다.

이러한 한계들은 이후 잠수함 기술 발전의 방향성을 결정하는 중요한 이정표가 되었다. 더 깊이, 더 오랫동안 잠항하고, 더 은밀하게 작전할 수 있는 새로운 추진체계가 요구되었고, 이러한 요구는 결국 핵추진 잠수함의 탄생으로 이어졌고, 수중전의 패러다임을 근본적으로 바꾸는 계기가 되었다.

AIP 잠수함은 디젤 잠수함의 '공기 의존성'을 완화한 기술적 대안

1990년대 이후 잠수함 기술 발전에서 가장 혁신적인 변화 가운데 하나는 AIP^{Air Independent Propulsion}(공기불요추진) 체계의 본격적인 도입이었다. AIP는 기존 디젤 잠수함이 가진 가장 큰 약점인 '공기 의존성'을 구조적으로 완화하기 위한 기술적 돌파구였다. AIP는 디젤 엔진을 사용할 수 없는 잠항 상태에서 배터리만으로 유지되던 잠항 시간을 획기적으로 연장함으로써 단순한 성능 향상을 넘어 디젤 잠수함의 운용 개념 자체를 변화시킨 기술적 진화였다.

첫 번째 실질적인 AIP 성공 사례는 스웨덴의 스털링 엔진^{Stirling Engine} 기반 AIP였다. 스털링 엔진은 외연기관으로, 연소 과정이 밀폐된 내부에서 이루어지기 때문에 산소 공급 문제를 크게 줄일 수 있었다. 스웨덴

은 이 기술을 고틀란드급^{Gotland-class} 잠수함에 적용하며 세계 최초의 실전적 AIP 잠수함 시대를 열었다. 스털링 엔진은 구조가 단순하고 신뢰성이 높아 장기간 잠항 운용에 적합했으며, 특히 저속 은밀 항해에서 뛰어난 성능을 보였다. 고틀란드급 잠수함은 미 해군 훈련에서 LA급 핵추진 잠수함을 따돌릴 만큼 탐지가 어려운 잠수함으로 평가되었고, 이는 AIP 기술의 군사적 가치를 극적으로 입증한 사례였다.

한편 독일은 스털링 방식 대신 연료전지^{Fuel Cell} 기반 AIP를 선택했다. 연료전지는 수소와 산소의 전기화학 반응으로 전력을 생산하는 방식으로, 소음이 거의 없고 효율이 매우 높다. 독일의 212급·214급 잠수함은 이 연료전지를 장착해 수주 단위 장기 잠항을 실현했다. 한국 해군이 보유한 214급(KSS-II) 잠수함 역시 이 시스템을 탑재해 부상 없이 수천

스웨덴의 디젤·전기 추진 공격형 잠수함 HSwMS 고틀란드가 2005년 샌디에이고 함대 주간 (Fleet Week San Diego)의 일환으로 열린 '해상 및 항공 퍼레이드' 중 샌디에이고 항구를 통과하고 있다. HSwMS 고틀란드는 스털링 기반 AIP 체계를 장착한 세계 최초의 실전 배치 AIP 잠수함이다. 낮은 소음과 긴 잠항 지속 시간 덕분에 높은 은밀성을 확보한 HSwMS 고틀란드는 미 해군 훈련에서 LA급 핵추진 잠수함을 따돌릴 만큼 탐지가 어려운 잠수함으로 평가되었고, 이는 AIP 기술의 군사적 가치를 극적으로 입증한 사례였다. 〈사진 출처: WIKIMEDIA COMMONS | Public Domain〉

km를 항해하며 세계적 수준의 은밀성과 생존 능력을 입증했다. 연료전지 AIP는 오늘날 디젤 잠수함이 활용할 수 있는 가장 진보된 잠항 연장 기술로 평가된다.

프랑스는 또 다른 접근법으로 MESMA^{Multi-Energy System} 증기 터빈 AIP 체계를 개발했다. 이는 에탄올과 산소를 연소한 고온가스로 터빈을 돌려 전력을 생산하는 방식으로, 스털링 방식보다 출력이 높고 연료전지보다 구조가 단순하다는 장점이 있었다. MESMA는 스코르펜^{Scorpène}급 잠수함에 적용되며 일정한 성과를 거두었지만, 시스템 유지 부담과 고온 열배출 문제 등으로 널리 확산되지는 못했다. 그럼에도 불구하고 MESMA는 AIP 기술의 다변화를 통해 디젤 잠수함 잠항 성능 향상에 중요한 기여를 했다.

이처럼 AIP는 디젤 잠수함이 수주 이상 연속 잠항하는 것을 가능하게 하며 은밀성과 생존성을 획기적으로 향상시켰다. 과거에는 매일, 혹은 하루에도 몇 차례씩 수면 가까이 올라와 스노클을 했던 잠수함이 이제는 장기간 수중에서 스노클을 하지 않고 은밀히 기동할 수 있게 된 것이다. 이는 전술적 운용 범위를 넓히고, 적의 탐지를 회피하며, 복합 작전을 수행할 수 있게 해주는 중요한 변화였다.

그러나 AIP가 잠수함 기술의 패러다임을 완전히 바꾸었다고 보기는 어렵다. AIP는 어디까지나 저속 장기 잠항용 보조 추진체계에 가깝기 때문이다. 고속으로 기동하려면 여전히 배터리를 사용해야 하며, 고출력 기동이 요구될 경우 AIP만으로는 그 요구를 충족하기 어렵다. 또한 AIP 운용 중에도 산소나 산화제가 필요하므로 완전한 무산소 환경에서 영구적으로 작동할 수 있는 시스템은 아니다. 수주 단위로 잠항 시간이 늘어난 것은 사실이지만, 작전 기간 전체를 보면 축전지 충전을 위해 수면 가까이 올라와서 스노클 마스트를 올려야 하고, 싣고 나간 액화산소와 수소가 다 고갈되면 재보급을 위해 기지 복귀가 불가피하다.

더 나아가 AIP 잠수함은 원양 장거리 작전을 수행하는 데 구조적 한계를 가진다. 연료 저장 용량과 AIP 모듈 크기의 제한으로 인해 태평양·인도양 같은 대양을 장기간 횡단하는 임무에는 적합하지 않다. AIP는 디젤 잠수함의 성능을 획기적으로 향상시켰음에도 불구하고, 디젤 잠수함이 가진 출력 한계·공기 의존성·기동성 제한이라는 본질적 약점을 근본적으로 해결하지는 못했다.

사실 AIP 체계가 개발되기 전인 1954에 핵추진 잠수함이 먼저 개발되었지만, 핵추진 잠수함은 국제 규정상 핵확산 통제 체계 때문에 미국을 비롯한 일부 강대국들만 개발·운용할 수 있었고, 중소 해군국들은 원해도 보유할 수 없었다. 이런 상황에서 중소 해군국들이 차선책으로 선택한 잠수함 추진 체계가 바로 AIP 체계다.

●

디젤 잠수함은 왜 새로운 전쟁 환경에 흔들렸는가

디젤 엔진 추진체계의 근본적 제약

디젤 잠수함은 여전히 연안 방어, 기습 공격, 특수전 작전 등에서 핵심 전력으로 활약하고 있다. 조용하고 비용 효율적이며, 복잡한 수중 지형과 얕은 해역을 활용한 비대칭 기동 능력은 전 세계 각국 해군이 공통적으로 인정하는 디젤 잠수함의 장점이다. 한국 해군이 그동안 디젤 잠수함을 주력으로 운용해온 이유 역시 이러한 전술적 효용성에 있다. 특히 한반도 주변처럼 수심 변화가 심하고 수온약층thermal layer의 영향으로 음향 탐지가 어려운 해역에서는 디젤 잠수함의 은밀성이 더욱 빛을 발한다. 상대 해상교통로 차단, 해군기지 접근 저지, 상륙 저지 작전 등 국지적·전술적 임무에서는 지금도 디젤 잠수함이 '가성비 최고의 전력'이라는 평가를 받는다.

그러나 21세기 해양전은 전략 억제, 원양 작전, SLBM 탑재 잠수함 추적, 전략자산 보호 등으로 그 작전 범위와 성격이 크게 확대되고 있다. 이 과정에서 디젤 잠수함의 역할이 본질적으로 특정 영역에 제한될 수밖에 없다는 점도 점점 분명해지고 있다. 가장 큰 한계는 지속적인 고속 기동이 불가능하다는 점이다. 디젤 잠수함은 기동 시 배터리 전력에 의존하기 때문에, 고속 항해를 유지할 경우 제한된 에너지가 빠르게 소모되어 작전 지속 능력이 급격히 저하된다. 이로 인해 원양에서 수백~수천 km 떨어진 해역까지 장기간 작전하거나, 고속으로 기동하며 핵무기를 탑재한 적의 전략핵잠^{SSBN}을 추적하는 임무는 구조적으로 수행하기 어렵다.

잠항 지속성의 한계도 분명하다. AIP 체계가 도입되었다고 해도 이는 저속·은밀 침투에 특화된 기술일 뿐, 고속 작전이나 전구 차원의 기동에는 적합하지 않다. 반면, 핵추진 잠수함은 수주 동안 부상할 필요 없이 작전을 지속할 수 있으며, 작전 구역을 고속으로 이동하면서 적의 전략자산을 추적하거나 아군 항모전단과 전략수송선을 장기간 호위할 수 있다. 이러한 속력·지속성·기동성의 차이는 곧 수행 가능한 전략 임무의 범위 차이로 직결된다.

주변국의 전력 환경을 살펴보면 디젤 잠수함의 구조적 한계는 더욱 뚜렷해진다. 중국은 다수의 공격형 핵추진 잠수함(SSN)을 실전 배치하며 태평양과 인도양으로 작전 범위를 확대하고 있고, 일본은 최신 디젤 잠수함을 기반으로 사실상 핵추진 잠수함에 근접한 고성능 수중 전력을 구축하고 있다. 북한 역시 SLBM 운용 능력을 확보하며 '해상 2차 타격 능력'을 실험하는 단계에 이르렀다. 이러한 환경에서 디젤 잠수함 전력만으로 전략적 균형을 유지하기는 점점 더 어려워지고 있다. 이는 디젤 잠수함의 성능이나 품질의 문제라기보다, 현대 해양전의 작전 요구 수준과 디젤 잠수함의 설계·운용 구조 사이에 발생하는 구조적 격차에서 비롯된 것이다.

이처럼 디젤 잠수함은 '전술적 강점'과 '전략적 한계'가 공존하는 전력이다. 한국이 구축해온 디젤 잠수함 전력은 한반도 주변 전술 환경에서 탁월한 효과를 발휘해왔고, 앞으로도 중요한 역할을 수행할 것이다. 그러나 장기 지속 수중 작전, 원해 작전을 수행하기에는 본질적인 한계를 벗어날 수 없다. 미래 해양전은 더 넓은 전장, 더 빠른 기동, 더 은밀한 작전 능력을 요구하고 있다, 이러한 작전 환경에서 디젤 잠수함은 전략적 플랫폼의 중심이 되기 어렵다. 다시 말해, 디젤 잠수함은 여전히 필요하지만, 그것만으로는 충분하지 않다. 한국의 입장에서 핵추진 잠수함이 필요한 것은 바로 이 때문이다.

디젤 잠수함은 오랜 기간 해군 전력의 핵심 구성 요소로 운용되어왔으며, 특히 연안 및 근해 작전에서 우수한 전술적 성능을 입증해왔다. 디젤 잠수함은 조용하고 운용 비용이 비교적 낮으며, 복잡한 해역에서 비대칭 전력으로 활용하기에 적합하다는 장점을 지닌 전력이다. 그러나 구조적·기술적 한계로 인해 전략 임무 수행 플랫폼으로 기능하는 데 본질적인 제약을 안고 있다. 이 한계는 단순한 기술 수준이나 설계상의 문제에서 비롯된 것이 아니라, 디젤 엔진 기반 추진체계가 지닌 근본적 속성에서 기인한다. 앞선 논의를 바탕으로 디젤 잠수함이 전략 플랫폼으로서 역할을 수행하기 어려운 이유를 네 가지 핵심 한계로 나누어 살펴보겠다.

작전 지속성과 작전반경의 문제

속력의 절대적 한계

디젤 잠수함의 가장 근본적인 제약은 고속 운항 능력과 그 지속성에서 드러난다. 디젤 엔진은 잠항 상태에서는 사용할 수 없기 때문에, 수중에서는 배터리나 AIP 체계에 의존할 수밖에 없다. 문제는 배터리 전력이 제한적인 데다가 고속을 유지하면 전력이 빠르게 소모되어, 고속 운항을 장시간 유지하기 어렵다는 것이다.

일반적인 납축전지 기반 디젤 잠수함은 전속Full Speed 상태를 약 1시간 정도만 유지할 수 있다. 최신 리튬이온 배터리를 탑재한 잠수함이라 하더라도 2~3시간이 한계다. 따라서 고속 기동이 필요한 상황에서 디젤 잠수함은 짧은 순간의 돌파나 회피 기동은 가능하지만, 장기간에 걸쳐 고속을 유지해야 하는 전략 작전에는 구조적으로 적합하지 않다.

이러한 한계는 실제 작전에서 치명적인 제약으로 나타난다. 예를 들어, 적의 전략핵잠SSBN을 감시하고 일정 거리에서 지속적으로 추적하려면 안정적인 고속 유지 능력이 필수적이다. SLBM을 탑재한 전략핵잠은 한 번의 기동만으로도 전략 환경을 크게 변화시킬 수 있기 때문이다. 그러나 디젤 잠수함은 고속 추적을 시도할 경우 배터리 전력을 빠르게 소진하게 되어, 얼마 지나지 않아 속도를 줄이거나 수면 위로 부상해 충전을 해야 하는 상황에 직면한다. 이처럼 추적이 가장 결정적인 순간에 작전 지속 능력이 급격히 저하되는 구조적 한계가 발생한다.

반면, 핵추진 잠수함은 원자로가 지속적으로 대량의 출력을 제공하기 때문에 수중에서 속력을 유지하는 데 사실상 제한이 없다. 핵추진 잠수함은 수일에서 수주 동안 고속 항해가 가능하다. 이는 단순히 속력의 차원을 넘어, 적의 전략자산을 추적·통제하고 억제하는 능력에서 큰 격차를 만들어 수중 전장에서 전략적 우위를 차지하는 데 크게 기여한다.

작전반경과 작전 지속 능력의 제약

디젤 잠수함의 두 번째 근본적 제약은 작전반경과 작전 지속 능력의 한계다. 디젤 잠수함은 그 특성상 주기적으로 연료 보급, 배터리 충전, 공기(산소) 공급, 그리고 식량 및 각종 보급품 보충이 필요하다. 이로 인해 기지로부터 멀리 떨어진 해역에서 장기간 자율적으로 작전하는 데 구조적인 제약이 따른다.

한국 해군의 디젤 잠수함은 동해와 서해, 동중국해와 같은 한반도 인접 해역에서는 충분한 전술적 효과를 발휘할 수 있다. 그러나 인도양, 남태평양, 말라카 해협, 대만해협, 호주 북방 해역 등 장거리 원양 지역에서는 현실적으로 지속적인 운용이 어렵다. 중간 기지 없이 장기간 활동하려면 연료와 보급 능력, 장기 잠항 능력이 안정적으로 뒷받침되어야 하지만, 디젤 잠수함은 설계 구조상 이러한 요구를 충족하기 힘들다.

원양에서의 잠수함 운용은 단순한 장비 성능의 문제가 아니라 국가 전략과 직결된 문제다. 한국의 해상 교역 의존도는 90% 이상이며, 원유·가스·전략물자의 수입은 대부분 인도양과 남중국해를 거쳐 유입된다. 이 넓은 해역에서 국가 이익을 지키고, 위기 상황에 신속하게 대응하며, 필요 시 연합전력과 함께 작전에 참여하기 위해서는 장거리·장기 지속 작전이 가능한 플랫폼이 필요하다. 그러나 디젤 잠수함은 연료·배터리·공기라는 물리적 제약 때문에 원양에서 장기간 작전을 수행하기 어렵고, 기지와 보급선에 대한 의존도 또한 높다.

디젤 잠수함은 연안 중심의 전술 작전에서는 강점을 가지지만, 선천적으로 지리적·전략적 제약을 안고 태어난 플랫폼이라서 국가 해상교역로 방어, 인도·태평양 전역에 걸친 국익 보호, 연합전력과의 글로벌 작전, 적 핵전력 추적과 같은 전략 임무 수행에는 근본적인 한계를 가질 수밖에 없다.

잠항 지속성의 한계

디젤 잠수함의 세 번째 근본적 제약은 잠항 지속성의 한계다. 디젤 잠수함은 본질적으로 '완전한 수중 플랫폼'이 아니어서, 일정 시간 잠항할 수는 있지만 배터리 충전과 공기 공급을 위해 주기적으로 수면 위로 부상해야 한다. 이는 현대 해전 환경에서 치명적 약점으로 작용하여 잠수함의 생존성과 직결된다.

스노클 운용이나 부상 과정에서 잠수함의 마스트나 함체 일부가 수면 위로 드러나면, 정찰위성, 해상초계기, 무인정찰기, 수상함 레이더, 전자·광학·적외선 센서 등 다양한 감시 자산에 탐지될 가능성이 높아지기 때문이다. 오늘날 해양 감시체계는 단일 센서가 아니라, 위성·항공기·수상함·수중 센서가 통합된 다중 네트워크 형태로 작동한다. 따라서 잠수함이 단 몇 분간 수면 근처에 머무르는 것만으로도 위치가 노출될 수 있으며, 한 번 노출되면 이후 장기간에 걸쳐 추적과 공격에 취약해진다.

AIP 기술은 이러한 한계를 일정 부분 완화해주었다. AIP를 활용하면 디젤 엔진을 사용하지 않고도 저속으로 수일 이상 잠항할 수 있기 때문이다. 그러나 AIP는 디젤 잠수함을 '핵추진 잠수함과 동급'으로 끌어올리는 기술이 아니다. AIP는 어디까지나 저속 잠항에서 효율을 극대화하는 보조 추진체계일 뿐, 고속 기동이 필요한 상황에서는 여전히 배터리와 디젤 엔진에 의존해야 한다. 따라서 일정 주기마다 부상하거나 스노클을 전개해야 하는 구조적 제약은 여전히 남아 있다.

반대로 핵추진 잠수함은 공기 공급이나 배터리 충전을 위해 수면과 접촉할 필요가 없는 플랫폼이다. 원자로는 수년에서 수십 년 동안 연속적으로 열과 전력을 공급할 수 있고, 잠수함은 승조원의 체력과 식량만 뒷받침된다면 수개월에서 1년 가까이 수중에 머물 수 있다. 이 압도적인 잠항 지속성은 곧 수중에서의 절대적 은밀성과 직결되며, 작전 범위·임무 수행 능력·전략적 생존성에서 디젤 잠수함이 근본적으로 따라갈 수 없는 격차를 만들어낸다.

억제와 위기관리 수단으로서의 한계

디젤 잠수함의 네 번째 근본적 제약은 현대전에서 요구되는 전략 억제력을 충분히 제공할 수 없다는 점이다. 전략 억제력은 상대가 도발을 감행할 경우, 즉각적이고 확실한 대응이 뒤따를 것이라는 공포를 심어줌으로써 전쟁 자체를 예방하는 능력을 의미한다. 특히 북한을 비롯한 한반도 주변국인 중국과 러시아가 SLBM을 탑재한 전략핵잠SSBN을 운용하고 이를 강화하고 있는 전략 환경을 고려할 때, 한국이 안정적인 억제력을 유지하기 위해서는 중단 없이 지속되는 감시·추적 체계가 필수적이다.

그러나 디젤 잠수함은 속력, 잠항 지속성, 작전반경의 물리적 한계 때문에 적의 전략핵잠을 24시간 연속 추적할 수 없다. SLBM은 한 번의 발사만으로도 국가의 운명을 위태롭게 만들 수 있는 무기체계이기 때문에, 이를 억제하기 위해서는 평시부터 적 전략자산의 움직임을 추적하고 필요 시 수중에서 따라붙을 수 있는 플랫폼이 필요하다. 이러한 임무는 장기간 잠항이 가능하고, 고속 기동이 가능하며, 전 세계 어느 해역으로도 신속히 전개할 수 있는 핵추진 잠수함만이 수행할 수 있다.

전략 억제력의 핵심은 '어디에 있는지 알 수 없는 전력'이 존재한다는 사실 자체가 상대에게 공포와 불확실성을 심어주는 데 있다. 디젤 잠수함은 작전반경과 운용 환경이 제한적이고, 완전한 잠항 지속성을 유지하기도 어렵기 때문에 이러한 전략적 효과를 충분히 구현하기 어렵다.

요약하면, 디젤 잠수함은 여전히 연안·근해 전술 작전에서는 매우 유용한 전력이지만, 속력·작전반경·잠항 지속성·전략 억제력 측면에서는 태생적인 한계를 지니고 있다. 이러한 한계는 디젤 잠수함이 핵추진 잠수함을 완전히 대체할 수 없는 이유이자, 양자가 서로 다른 역할을 수행해야 하는 구조적 배경을 설명해준다.

디젤 잠수함은 실패한 무기가 아니다. 디젤 잠수함은 한 시대의 전쟁을 가장 효과적으로 수행한 전력이었고, 해전의 규칙을 바꾼 주역이었다. 은밀성, 기습성, 비용 대비 효율이라는 측면에서 디젤 잠수함은 지금 이 순간에도 여전히 유효한 무기체계다. 많은 국가가 디젤 잠수함을 계속 운용하고 있으며, 특정 해역과 임무에서는 여전히 최적의 선택이기도 하다. 디젤 잠수함의 가치는 결코 사라지지 않았다.

그러나 오늘날 해전은 전쟁을 수행하는 것보다 억제력을 통해 상대의 행동을 통제하여 전쟁 발발 자체를 방지하는 것이 더 중요해졌다. 디젤 잠수함은 앞에서 말한 여러 제약으로 인해 상대에게 억제력을 충분히 발휘하기 어렵다. 잠수함 전력은 단순히 얼마나 빨리 투입할 수 있는

가보다, 얼마나 오래 그 자리에 머물 수 있는가가 더 중요해졌다. 즉, 잠수함 전력의 가치는 '출동 능력'이 아니라 '상시성'과 '지속성'으로 평가되며, 이러한 변화가 핵추진 잠수함의 필요성을 부각시키고 있다.

디젤 잠수함은 이러한 변화 앞에서 구조적 한계에 직면했다. 아무리 성능을 개선하고, AIP를 도입하고, 배터리를 고도화해도 해결되지 않는 문제가 있었다. 언젠가는 반드시 수면 위로 부상해야 하고, 보급을 받아야 하며, 작전반경과 지속 시간에 명확한 물리적 한계가 존재한다는 사실이다. 이러한 한계는 기술로 보완할 수 있는 결함이 아니라, 추진체계의 본질에서 비롯된 근본적인 한계였다.

바로 이 지점에서 핵추진 잠수함이 등장한다. 핵추진 잠수함은 디젤 잠수함을 대체하기 위해 나온 무기가 아니며, 디젤 잠수함의 부족한 점을 보완하는 '상위 버전'도 아니다. '얼마나 빠른가'를 넘어, '얼마나 오래, 얼마나 멀리, 얼마나 조용히 존재할 수 있는가'라는 질문에 대한 답으로 탄생한 것이 핵추진 잠수함이다. 핵추진 잠수함은 단순한 속도의 혁명을 넘어, 시간의 혁명을 불러일으킨 무기체계다.

디젤 잠수함이 충분히 성공했기에, 그 성공이 요구한 다음 단계가 있었고, 그 다음 단계에 도달하기 위해서는 전혀 다른 추진 개념이 필요했다. 핵추진 잠수함은 디젤 잠수함의 연장선이 아니라, 디젤 잠수함을 한계 너머로까지 밀어붙인 질문이 도달한 결론이었다.

이제 다음 장에서는 원자력이라는 에너지가 어떻게 바다 아래 시간의 개념을 바꾸었는지, 그리고 그 변화가 해군과 전쟁, 억제의 구조를 어떻게 재편했는지를 살펴볼 것이다. 핵추진 잠수함 이야기는 단순한 기술의 문제가 아니라, 전쟁 방식의 변화와도 관련이 있기 때문이다.

핵추진 잠수함의 탄생과 전장 환경의 변화

- 디젤 잠수함의 한계를 극복한 순간,
핵추진 잠수함은 마침내 '시간'을 갖게 되었다 -

잠수함 승조원에게 비상경보훈련은 단순한 절차가 아니다. 그것은 몸과 신경, 사고방식이 잠수함이라는 무기체계에 완전히 동화되는 과정이며, '현실의 한계'를 몸으로 확인하는 경험이기도 하다. 축전지의 잔량, 산소의 소모, 충전을 위해 반드시 올라가야 하는 수면 부근의 위험은, 디젤 잠수함이 아무리 은밀한 무기체계라 해도 결코 자유롭지 못한 존재임을 끊임없이 상기시킨다.

스노클 마스트를 올리는 순간, 잠수함은 가장 취약해진다. 작은 노출 하나가 항공기, 수상함, 전자감시망에 포착될 수 있는 시대에, 디젤 잠수함은 그 짧은 시간 동안 생존과 탐지 사이의 아슬아슬한 경계에 놓인다. 그래서 디젤 잠수함의 작전은 언제나 제한적이다. 숨을 쉬기 위해 수면 위로 올라갔다가, 적에게 들키기 전에 다시 수중으로 내려가야 하는 일을 주기적으로 반복해야 한다. 이러한 상황에서 잠수함 승조원들은 저절로 다음과 같은 질문을 하게 된다.

"언제쯤 우리는 공기와 충전 걱정 없이, 물속에서 작전에만 집중할 수 있는 잠수함을 갖게 될까?"

이 질문은 단순한 기술적 호기심에서 비롯된 것이 아니라, 디젤 잠수함을 운용해본 승조원이라면 누구나 한 번쯤 묻게 되는, 잠수함이라는 무기체계의 본질에 대한 물음이다. 진정한 의미의 잠수함이라면 수면 위로 부상할 필요 없이 물속에서 작전에만 집중할 수 있는 잠수함이어야 한다. 이 질문은 지금 우리에게는 그런 잠수함이 필요하다는 깨달음에서 비롯된 것이다.

제2장의 첫 번째 주제인 "왜 핵추진 잠수함이 필요한가"라는 물음은 바로 이 질문과 맞닿아 있다. 따라서 이것을 설명하기 위해서는 먼저 디

젤 잠수함 운용 경험에서 나온 구조적 질문들을 살펴볼 필요가 있다. 제2차 세계대전 말기 등장한 고속 수중함 개념은 왜 근본적인 한계를 가질 수밖에 없었는지를 짚어보고, 더 나아가 그 한계를 넘어설 수 있는 해답을 어떻게 원자력에서 찾게 되었는지를 추적한다. 아울러 맨해튼 프로젝트^{Manhattan Project}라는 전혀 다른 목적의 국가 사업이 어떻게 잠수함용 원자로라는 가능성으로 이어졌는지, 그리고 핵추진 잠수함을 처음 경험한 승조원들이 "이제야 진짜 잠수함을 탔다"고 말한 이유도 함께 다룬다. 세계 최초의 핵추진 잠수함인 USS 노틸러스^{Nautilus}의 등장은 단순히 기술의 발전을 넘어 핵추진 잠수함 시대로의 전환을 상징한다.

핵추진 잠수함은 디젤 잠수함의 한계를 극복한 잠수함이라는 것을 넘어, 전쟁의 양상 자체를 바꾸어놓았다. 두 번째로 "핵추진 잠수함은 전쟁의 양상을 어떻게 바꾸어놓았는가"에 대해 살펴보겠다. 핵추진 잠수함은 원자력을 동력으로 사용함으로써 연료와 공기, 충전의 제약에서 벗어나 수중에서 독립적으로 존재할 수 있는 플랫폼이 되었고, 그 존재 자체만으로도 적의 도발을 억제하는 전략적 효과를 낳았다.

이를 설명하기 위해 먼저 핵추진 잠수함의 기본 원리와 디젤 잠수함과의 구조적 차이를 짚은 뒤, 핵추진 잠수함이 가능하게 한 새로운 수중 작전의 세계를 살펴보겠다. 장기간 연속 잠항, 원해에서의 지속적 추적, 고난도 정보 정찰·차단 작전은 디젤 잠수함으로는 '시도 자체가 어려웠던' 임무들이다. 실제 전쟁과 위기 관리 사례를 통해, 핵추진 잠수함이 어떻게 전장의 시간표를 바꾸고, 상대의 의사결정 구조에 영향을 미쳤는지를 검증한다. 핵추진 잠수함은 교전 능력도 중요하지만, 그 존재 자체만으로 전쟁 발발을 막는 억제력으로 작용한다는 점에서 아주 중요하다.

마지막으로 시선을 핵추진 잠수함 보유국으로 돌려, 각국이핵추진 잠수함을 어떻게 확보했는지를 자세히 살펴보겠다. 냉전기에 미국과 소련은 서로에 대한 전략적 불균형을 해소하고 핵억제를 안정화하기 위한 수단으로 핵추진 잠수함을 확보했다. 미국에게 핵추진 잠수함은 무제한 수중 항해를 통해 해군 작전의 자유를 확장하는 기술적 해답이었고, 소련에게는 미국의 우위를 상쇄하기 위한 필수적 대응 수단이었다. 이후 영국과 프랑스는 독자적 핵억제 능력과 전략적 자율성을 유지하기 위해 각기 다른 방식으로 핵추진 잠수함 운용 체계를 구축했다. 중국과 인도는 지역 안보 환경과 해양 전략의 변화 속에서 대양에서 지속적으로 생존 가능한 핵억제 수단을 확보하기 위해 핵추진 잠수함 보유국 대열에 합류했다. 이 국가들의 공통점은 하나다. 핵추진 잠수함을 전쟁의 승패에 영향을 미치는 전술 무기인 동시에 국가 전략 차원에서 전쟁 발발을 억제하는 전략 무기로 인식하고 획득했다는 것이다.

이제 한국으로 시선을 돌려보자. 2025년 10월 한미정상회담에 참석한 트럼프 미국 대통령의 한국형 핵추진 잠수함 건조 승인(사실상 동의)으로 우리도 우리도 핵추진 잠수함을 보유할 수 있는 길이 열리게 되었다. 한국에게 핵추진 잠수함은 어떤 의미를 가지는가? 그것은 단순히 새로운 함정을 추가하는 문제가 아니다. 핵추진 잠수함은 작전 시간 및 공간의 제약을 근본적으로 바꾸고, 억제 구조가 흔들리는 순간 이를 바다 아래에서 보완할 수 있는 전략적 선택지다. 그러나 이 선택은 "가질 것인가, 말 것인가"라는 단순한 이분법으로 결정될 수 없다. 핵추진 잠수함은 기술에서 출발하지만, 외교적 신뢰, 국제적 통제 체계, 그리고 수십 년에 걸친 장기 운용 개념이 함께 갖춰질 때 비로소 완성되는 무기체계이기 때문이다. 제2장은 핵추진 잠수함을 제대로 이해하기 위한 출발점이다. 디젤 잠수함의 한계를 극복한 순간, 핵추진 잠수함은 시간을 갖게 되었고, 그 시간은 전쟁의 문법을 바꾸었다. 이제 그 변화의 과정을, 차례대로 해부해보자.

●

핵추진 잠수함은 어떻게 탄생하게 되었는가

디젤 잠수함 운용 경험이 던진 질문

디젤 잠수함은 여유롭게 물 속에 잠겨 있는 것처럼 보이지만, 실제로는 공기와 전기에 의존하기 때문에 주기적으로 수면 위로 부상해야 하는 존재다. 축전지에 저장된 전기는 한정되어 있고, 디젤 엔진을 돌리려면 반드시 산소가 필요하다. 그래서 일정 시간마다 수면 가까이 부상해 스노클 마스트만 수면 위로 올린 채 디젤 엔진을 구동해 축전지를 충전해야 한다. 디젤 잠수함이 숨을 고르는 이 짧은 시간이 디젤 잠수함에게는 가장 취약한 순간이다.

스노클 중인 잠수함은 레이더에 반쯤 모습을 드러낸 사냥감처럼 잡힌다. 잠망경과 스노클 마스트, 송수신 안테나는 레이더·광학장비에 수면 위로 솟은 작은 '기둥'처럼 포착된다. 대잠초계기, 구축함, 헬기, 드론이 넘나드는 현대 전장에서 이 짧은 노출은 치명적이다.

그래서 디젤 잠수함 승조원들은 엔진이 돌아가는 동안 귀를 곤두세우고 하늘과 바다를 동시에 경계한다. 공중에서 들려오는 항공기 엔진 소리, 수평선 너머 어딘가에서 다가오는 수상함의 프로펠러 소리, 소나

SONAR, Sound Navigation and Ranging에 잡히는 미세한 변화를 놓치지 않기 위해 신경을 곤두세운다. 조금이라도 이상 징후가 감지되면 함장 또는 당직 사관의 단호한 구령이 터져 나온다.

"비~상!"

짧게는 10초, 길어야 20초 사이에 모든 승조원이 제 위치로 날아가듯 뛰어간다. 스노클 마스트를 수면 아래로 내리고, 디젤 엔진을 정지시키고, 긴급잠항으로 바닷속으로 깊이 내려간다. 축전지에 남아 있는 전력으로 다시 조용히 신속하게 전투태세를 갖춘다.

이런 상황이 반복될수록 마음속 한 구석에는 다음과 같은 질문이 자라난다.

"언제쯤 우리는 축전지 충전 걱정 없이, 그리고 연료와 공기에 구애받지 않고 바다 밑에서 작전에만 몰두할 수 있는 잠수함을 갖게 될까?"

디젤 잠수함에 한 번이라도 타본 사람이라면 누구나 이런 갈망을 품게 된다. 디젤 잠수함 승조원의 꿈은 핵추진 잠수함 승조원이 되는 것이라고 해도 과언이 아니다.

고속 수중함 개념은 왜 실패했는가

제2차 세계대전 당시 잠수함은 기본적으로 잠항 능력을 갖춘 수상함에 가까웠다. 평소에는 수상 항해를 하다가, 공격을 받거나 회피가 필요할 때만 잠항하는 개념이었다. 축전지와 전기모터 성능의 한계 때문에 수중에서 고속 기동이 가능한 시간은 매우 짧았다. 잠항한 잠수함은 곧 축전지 잔량을 걱정해야 했고, 결국 다시 수면 위로 부상해 공기를 흡입한 뒤 디젤 엔진으로 축전지를 충전해야 했다.

전쟁 말기가 되자, 독일과 일본은 이 잠수함의 구조적 한계를 뼈저리게 느꼈다. 연합군의 레이더·항공기·대잠전 기술이 발달하면서, 스노클 운용 시 노출되는 잠수함은 더 이상 '몰래 다가가는 사냥꾼'이 아니라 '색출 대상'이 되었다. 두 나라는 수중에서 장시간 고속으로 기동할 수 있는 '고속 수중함' 개발에 도전했지만, 기술·재료·전력 한계에 부딪혀 완전히 구현하지는 못했다.

그러나 하나의 아이디어는 사라지지 않았다.

"언젠가 수중에서 마음껏 달릴 수 있는 잠수함이 나타날 것이다."

이 꿈은 전쟁이 끝난 뒤에도 잠수함 기술자와 전략가들의 머릿속에 깊이 남았다. '진짜 잠수함'은 수면 위로 부상할 필요 없이 수중에서 작전에만 집중할 수 있어야 한다는 인식이 자리 잡기 시작한 것이다.

맨해튼 프로젝트와 잠수함용 원자로의 가능성

핵추진 잠수함의 탄생을 이해하려면, 제2차 세계대전 중 미국에서 진행된 맨해튼 프로젝트를 살펴볼 필요가 있다. 맨해튼 프로젝트의 1차 목표는 원자폭탄 개발이었지만, 당시 과학자와 군 수뇌부는 끝까지 '원자폭탄이 정말 작동할지' 확신하지 못했다. 막대한 예산이 투입되는 만큼, 설령 원자폭탄 개발에 실패하더라도 다른 분야에서 '본전은 건져야' 한다는 현실적인 고민이 뒤따랐다.

그 대안 중 하나로 떠오른 것이 바로 잠수함용 원자로였다. 에너지 밀도가 압도적으로 높은 원자력은, 연료 보급과 공기 공급을 위해 수면 위로 부상해야 하는 디젤 잠수함의 고질적인 한계를 해결할 수 있는 거의 유일한 후보였다. 미국은 맨해튼 프로젝트의 일부 자원과 인력을 잠수

USS 노틸러스(SSN-571)는 미국 해군이 건조한 세계 최초의 핵추진 잠수함으로, 1954년 1월 21일 진수되었다(사진). 이후 1955년 1월 17일, "Underway on nuclear power(원자력 추진으로 항해를 시작한다)"라는 역사적인 메시지와 함께 첫 출항에 나서며 핵추진 잠수함 시대의 개막을 알렸다. 〈사진 출처: WIKIMEDIA COMMONS | Public Domain〉

함용 원자로 연구에 할당하고, 리코버Hyman G. Rickover 제독을 중심으로 한 해군·과학자 팀을 구성했다.

리코버 제독은 뛰어난 기술자이자 극단적인 완벽주의자로 유명했다. 그는 단 한 번의 원자로 사고도 용납하지 않겠다는 원칙 아래, 설계·제작·시험의 모든 과정을 직접 지휘했다. 때로는 지나치게 까다롭고 고집스럽다는 비판을 받기도 했지만, 그런 집요함이 없었다면 초기 원자로를 탑재한 잠수함의 안정성은 담보되지 못했을 것이다.

수많은 실패와 수정, 예산 투입 끝에 1954년 세계 최초의 핵추진 잠수함 USS 노틸러스Nautilus가 탄생했다. 1955년 1월 17일, USS 노틸러스

CHAPTER 2 핵추진 잠수함의 탄생과 전장 환경의 변화

는 "Underway on nuclear power(원자력 추진으로 항해를 시작한다)"라는 역사적인 메시지와 함께 첫 출항에 나섰다. 이 날은 해전사에 거대한 분기점으로 기록되었다. 잠수함이 마침내 '진짜 잠수함'이 된 날이었다.

승조원이 체감한 핵추진 잠수함의 차이

핵추진 잠수함은 작전상 꼭 필요할 때가 아니면 수면 위로 올라올 이유가 없다. 공기재생장치를 통해 함내 공기를 지속적으로 재생하고, 핵연료봉 하나로 수십 년간 항해할 수 있는 추진 에너지를 얻을 수 있기 때문이다. 수면 위로 올라오는 순간 적의 레이더와 광학장비에 노출될 위험이 급격히 높아지기 때문에, 잠수함 승조원들은 수면 위로 부상하는 것을 본능적으로 싫어한다.

디젤 잠수함 승조원들은 매일 몇 차례 수면 부근으로 부상해 스노클을 수면 위로 전개해야 숨을 쉴 수 있는 반면, 핵추진 잠수함 승조원들은 그럴 필요가 없기 때문에 바닷속을 '자기 집'처럼 여기고 수면 위를 낯선 공간으로 느낀다. 그래서 많은 잠수함 승조원들은 핵추진 잠수함을 두고 이렇게 말한다.

"이게 진짜 잠수함이지."

주기적으로 수면 부근으로 부상해 스노클 마스트를 수면 위로 전개하고, 엔진을 가동해 공기를 흡입해야 하는 플랫폼은 엄밀히 말해 잠수함 승조원들이 말하는 '진짜 잠수함'이라고 부르기 어렵다. 핵추진 잠수함은 이러한 한계를 넘어, 잠수함이라는 무기체계를 비로소 그 개념대로 완성한 '진짜 잠수함'이라고 할 수 있다.

에드워드 비치 대령과 핵추진 잠수함 시대의 시작

미 해군의 에드워드 비치Edward L. Beach 대령은 디젤 잠수함 시대에서 핵추진 잠수함 시대로의 전환을 온몸으로 경험한 인물이다. 그는 제2차 세계대전 당시 디젤 잠수함 부함장 또는 항해장교로 복무하면서 태평양 전역에서 12차례 전투 임무를 수행했다. 그가 근무한 디젤 잠수함들은 적 함정 27척을 격침했고, 10여 척에 손상을 입히는 전과를 올렸다. 그 공로로 해군 십자훈장Navy Cross을 비롯한 여러 무공훈장을 수훈했다.

전후 그는 세계 최초의 핵추진 잠수함 USS 노틸러스(SSN-571)의 초대 부함장으로 근무했고, 1960년에는 핵추진 잠수함 USS 트리톤Triton의 함장으로서 잠항 항해로 세계일주를 성공시켰다. 그는 "핵추진 잠수함이 수중에서 얼마나 오래 버틸 수 있는가"라는 질문에 대한 답을 실제 항해로 입증해 보인 것이었다.

기념식에서 그가 한 연설의 내용을 요약하면 다음과 같다.

"제2차 세계대전을 마지막으로 용기 있는 장교와 승조원이 목숨을 걸고 전세를 바꾸던 전통적 해전의 시대는 끝이 났다. 이제는 수중에서 원하는 시간 동안 원하는 속도로 기동할 수 있는, 대량의 핵무기를 탑재한 핵추진 잠수함의 시대다. 이런 시대에 디젤 잠수함 간의 결투를 논하는 것은 마치 원탁의 기사나 무적함대의 전설을 회상하는 것과 다르지 않다."

비치 대령의 말이 다소 과장처럼 들릴 수 있을지 모르지만, 실제 전장에서 잠수함 승조원들이 체감한 변화는 이보다 훨씬 더 컸다. 수중에서 원하는 시간 동안 원하는 속도로 기동할 수 있고, 대량의 핵무기를 탑재할 수 있는 핵추진 잠수함의 시대에 디젤 잠수함과 핵추진 잠수함의 대

미 해군 에드워드 비치 대령은 제2차 세계대전 당시 디젤 잠수함 부함장 혹은 항해장교로 복무하며 태평양 전역에서 12차례 전투 임무를 수행했다. 그가 근무한 디젤 잠수함들은 전쟁 기간 동안 적 함정 27척을 격침하고 다수의 함정을 손상시키는 전과를 올렸다. 이러한 공로로 그는 해군 십자훈장을 포함한 여러 무공훈장을 수훈했다. 전후 그는 세계 최초의 핵추진 잠수함 USS 노틸러스(SSN-571)의 초대 부함장으로 근무했고, 1960년에는 핵추진 잠수함 USS 트리톤(Triton)의 함장으로서 잠항 항해로 세계일주를 성공시킴으로써 핵추진 잠수함 역사에서 빼놓을 수 없는 인물로 꼽힌다. 위 사진은 1960년 2월 17일, USS 트리톤에서 함장인 에드워드 비치가 승조원들에게 세계 최초 잠항 항해 세계일주 작전인 '샌드브래스트 작전(Operation Sandblast)'을 발표하는 모습이다. 〈사진 출처: WIKIMEDIA COMMONS | Public Domain〉

결은 불을 보듯 뻔하다. 이것이 우리가 핵추진 잠수함을 반드시 보유해야 하는 이유다.

핵추진 잠수함 보유국은 왜 늘어났는가

USS 노틸러스의 성공 이후 세계는 빠르게 '핵추진 잠수함의 시대'로 전환되었다. 미국과 소련은 물론, 영국·프랑스 중국 등 5대 핵강국이 모두 핵추진 잠수함 개발에 뛰어들었다. 영국은 1990년대 초 기존 디젤 잠수함을 모두 캐나다에 매각했고, 프랑스도 2009년까지 디젤 잠수함을 말레이시아 등에 매각하거나 폐기하고 현재는 핵추진 잠수함 전력만 운용한다.

핵무기 보유국이 아니면서도 핵추진 잠수함 개발에 나선 국가도 등장했다. 인도는 러시아로부터 임대한 아쿨라Akula급 핵추진 잠수함을 통해 운용 경험을 축적한 뒤, 자체 개발한 아리한트Arihant급 전략 핵추진 잠수함(이하 전략핵잠으로 표기)을 실전 배치했다. 브라질은 자국 우라늄 농축 기술과 해군 조선 능력을 결합해 핵추진 잠수함 개발에 나섰다.

이처럼 각국이 핵추진 잠수함을 보유하려고 하는 이유는, 단순히 핵추진 잠수함이 원하는 시간 동안 잠항을 지속할 수 있고, 원하는 속도로 기동할 수 있기 때문만은 아니다. 핵추진 잠수함은 평시에는 보이지 않는 전쟁 억제력을 제공하고, 위기 시에는 신속하게 전력을 투사하고, 전시에는 지상·해상·수중을 아우르는 종합 타격 및 정찰을 위한 플랫폼 역할을 수행한다. 따라서 핵추진 잠수함을 보유한다는 것은 단순히 군사력 일부를 획득하는 차원을 넘어, 국가 전략의 작동 방식을 한 단계 끌어올리는 것이다.

핵추진 잠수함은 디젤 잠수함과는 완전히 다른 기술적 기반과 작전 개념 위에서 설계된 플랫폼이다. 디젤 잠수함이 외부 공기 공급과 제한된 용량의 배터리에 의존하는 반면, 핵추진 잠수함은 연료 교체 없이 수십 년 동안 원자로를 통해 에너지를 자체적으로 생산하며 수중에서 독립적으로 작전할 수 있다. 이러한 구조적 차이는 단순한 성능 격차를 넘어, 잠수함의 임무 범위와 전략적 의미를 결정한다.

USS George Washington(SSBN-598)

Delta−II Class(SSBN)

HMS Vanguard(SSBN)

Le Téméraire(SSBN)

USS 노틸러스의 성공 이후 세계는 빠르게 '핵추진 잠수함의 시대'로 전환되었다. 미국과 소련은 물론, 영국·프랑스 중국 등 5대 핵강국이 모두 핵추진 잠수함 개발에 뛰어들었다. 영국은 1990년대 초 기존 디젤 잠수함을 모두 캐나다에 매각했고, 프랑스도 2009년까지 디젤 잠수함을 말레이시아 등에 매각하거나 폐기하고 현재는 핵추진 잠수함 전력만 운용한다. ❶ 탄도미사일을 발사할 수 있는 세계 최초의 전략핵잠 미국의 USS 조지 워싱턴(George Washington)(SSBN-598). 〈사진 출처: WIKIMEDIA COMMONS | Public Domain〉 ❷ 러시아의 델타-2(Delta-II)급 전략핵잠. 〈사진 출처: WIKIMEDIA COMMONS | Public Domain〉 ❸ 영국의 HMS 뱅가드(Vanguard) 전략핵잠. 〈사진 출처: WIKIMEDIA COMMONS | OGL v1.0〉 ❹ 프랑스의 르 테메레르(Le Téméraire) 전략핵잠. 〈사진 출처: WIKIMEDIA COMMONS | CC BY-SA 2.0 fr〉 ❺ 인도 최초의 국산 전략핵잠 INS 아리한트(Arihant). 〈사진 출처: WIKIMEDIA COMMONS | Public Domain〉 ❻ 중국의 091형 핵추진 공격잠수함(SSN). 〈사진 출처: WIKIMEDIA COMMONS | Public Domain〉

핵추진 잠수함은 핵분열을 기반으로 하는 해군용 원자로를 동력원으로 사용한다. 이 원자로는 막대한 열에너지를 지속적으로 생산하며, 그 에너지는 추진뿐 아니라 전력, 센서, 전투체계, 지휘통제, 승조원 생존 지원 체계에 이르기까지 함정 운용의 전 영역을 떠받친다. 다시 말해,

CHAPTER 2 핵추진 잠수함의 탄생과 전장 환경의 변화

미국의 USS 샘 레이번(Sam Rayburn) 전략핵잠(SSBN-635)의 UGM-27 폴라리스 탄도미사일 (Polaris ballistic missile) 해치. 〈사진 출처:WIKIMEDIA COMMONS | Public Domain〉

핵추진 잠수함은 단순히 '오래 잠수할 수 있는 배'가 아니라, 수중에서 몇 달 이상 자율적으로 작전을 수행할 수 있는 이동식 전략기지에 가까운 존재다.

다음 절에서는 핵추진 잠수함이 어떤 원리로 추진되는지, 그리고 전

한국형 핵추진 잠수함

쟁의 양상을 어떻게 바꾸었는지를 살펴보고자 한다.

●

핵추진 잠수함은 어떤 원리로 추진되는가

핵추진 잠수함 원자로의 역할과 중요성

핵추진 잠수함 원자로는 잠수함을 단순한 연안 방어 수단에서 장기·자율적 전략 자산으로 전환시킨 핵심 요소다. 디젤 잠수함은 배터리 충전을 위해 주기적으로 부상해야 하므로 잠항 기간이 수일~수주로 제한되고, 그만큼 생존성이 떨어진다. 반면, 핵추진 잠수함은 연료 재공급 없이 수개월에서 수십 년까지 연속 잠항이 가능해 사실상 작전 범위의 제약이 없고, 기항 및 보급 부담도 없어 작전 효율성이 높다. 또한 고출력을 기반으로 한 고속 기동과 첨단 센서·무기 운용이 가능하다. 장기 잠항과 높은 생존성 덕분에 전략적 자율성과 은밀성도 뛰어나다. 이러한 이유로 미국, 러시아, 중국, 영국, 프랑스, 인도 등 주요 해양국은 핵추진 잠수함을 핵심 전력으로 운용하고 있으며, 이는 해군 전략의 판을 바꾼 기술적·전략적 혁신으로 평가된다.

가압경수로(PWR) 기본 개념

가압경수로PWR, Pressurized Water Reactor는 가압된 경수, 즉 일반 물을 감속재이자 냉각재로 사용하는 원자로로, 현재 전 세계에서 가장 널리 사용되는 표준 원자로 유형이다. 상업용 가압경수로는 대규모 전력 생산을 목적으로 하기 때문에 설계 시 효율성과 경제성을 고려하는 과정에서 장비

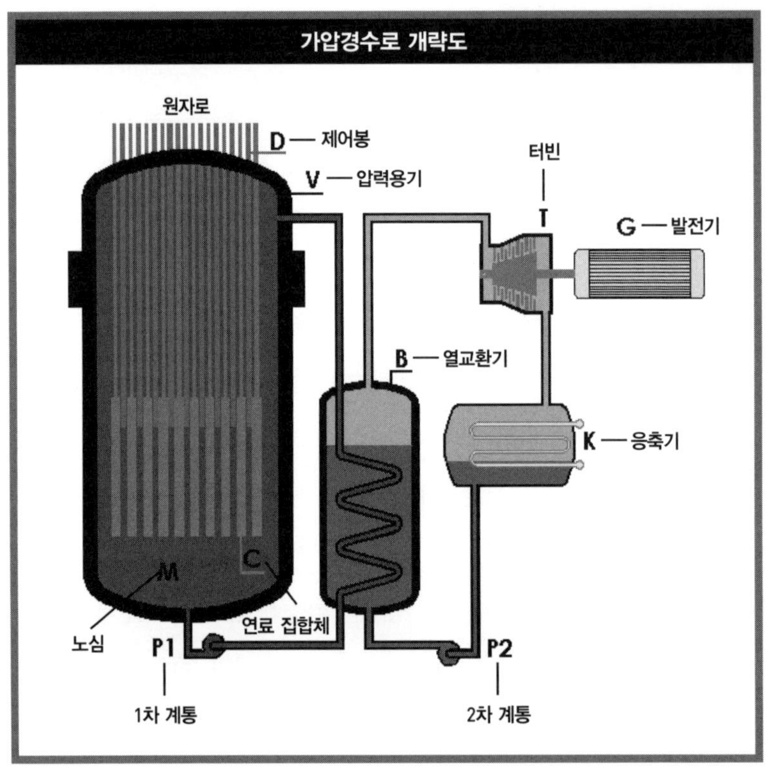

〈그림 출처:WIKIMEDIA COMMONS | CC BY-SA 3.0〉

가 대형화된다. 반면, 군용 가압경수로, 특히 핵추진 잠수함에 적용되는 가압경수로는 설계 시 고출력과 고신뢰성을 핵심 목표로 하며, 극도로 제한된 선체 공간과 전투 환경을 고려하는 과정에서 장비가 소형화된다. 핵추진 잠수함용 가압경수로는 진동과 충격, 급격한 출력 변화에도 안정적으로 작동해야 하며, 장기간 정비 없이 운용할 수 있는 내구성과 신뢰성이 요구된다. 이러한 군용 가압경수로는 미국, 영국, 프랑스 해군을 중심으로 발전해왔으며, 해상 작전에서 요구되는 지속성·은밀성·안전성을 동시에 충족시키는 핵심 추진 기술로 자리 잡고 있다.

한국형 핵추진 잠수함

핵분열과 에너지 변환 과정

핵추진 잠수함의 에너지 변환 과정은 원자로 내부에서 일어나는 핵분열 반응을 출발점으로 한다. 원자로 노심에 장전된 농축 우라늄 연료봉에서는 중성자가 원자핵에 흡수되면서 핵분열이 발생하고, 그 결과 막대한 열에너지가 순간적으로 방출된다. 이 열은 곧바로 노심을 둘러싼 1차 계통의 냉각수로 전달된다. 1차 계통의 물은 높은 압력으로 유지되어 끓지 않은 상태에서도 고온을 유지하며, 원자로와 배관을 따라 순환하면서 지속적으로 열을 흡수한다.

가열된 냉각수는 증기발생기로 이동해, 방사성 물질과 직접 접촉하지 않는 2차 계통의 물에 열을 전달한다. 이때 2차 계통의 물은 고압 증기로 전환되며, 생성된 증기는 터빈으로 유입되어 터빈 날개를 고속으로 회전시킨다. 터빈의 회전은 열에너지가 기계적 에너지로 변환되는 핵심 단계로, 이 과정에서 생성된 기계적 에너지는 이후 다양한 방식으로 활용된다. 일부 회전력은 발전기를 구동해 잠수함 내부의 각종 전자장비와 센서, 무기체계를 운용하는 전기 에너지로 전환된다. 동시에 이 회전력은 감속 기어와 추진축을 거쳐 스크류에 전달되어, 잠수함을 조용하고 지속적으로 전진시키는 추진력으로 사용된다.

원자로 내부에 일어나는 핵분열 반응은 단발적 반응이 아니라, 제어봉과 출력 조절 시스템에 의해 유지되는 연속 반응이다. 소량의 핵연료만으로도 장기간 막대한 에너지를 생산할 수 있다는 점은 핵연료가 지닌 압도적인 에너지 밀도와 높은 변환 효율을 잘 보여준다. 핵분열이 시작된 순간부터 열·기계·전기 에너지로 변환되는 일련의 과정은, 잠수함이 보급이나 부상 없이도 수중에서 오랜 기간 은밀하게 작전할 수 있

〈그림 출처: 원자력추진 잠수함에 대한 이해, 대한민국 잠수함사령부〉

게 만드는 기술적 기반이 된다.

원자로의 계통별 역할과 작동 원리

핵추진 잠수함 원자로는 제한된 선체 공간과 극한의 작전 환경 속에서 도 안정적으로 작동해야 하므로, 각 부품과 계통이 고도로 집적되고 유기적으로 연결된 구조로 설계된다. 먼저 1차 계통은 원자로의 심장부로, 원자로 압력용기 내부에 핵연료와 제어봉이 배치되어 있다. 핵연료에서는 핵분열 반응이 일어나 막대한 열이 발생하며, 제어봉은 중성자 흡수를 통해 출력 조절과 비상 정지를 담당한다. 가압기는 1차 계통의 냉각수를 고압 상태로 유지해 비등을 방지하고, 냉각재 펌프는 고온·고압의 냉각수가 노심과 배관을 따라 지속적으로 순환하게 한다. 1차 계통은 방사능을 포함한 냉각수가 순환하므로 외부 환경과 완전히 격리된 폐쇄 구조로 운용된다.

2차 계통은 원자로에서 전달된 열 에너지가 실제 동력으로 전환되는 구간이다. 1차 계통에서 전달된 열은 증기발생기에서 2차 계통의 물로 전달되며, 이 물은 고압 증기로 변환된다. 생성된 증기는 터빈을 회전시켜 기계적 에너지를 만들어내고, 이 회전력은 발전기를 구동해 잠수함 전체에 필요한 전기에너지를 생산한다. 터빈을 통과한 증기는 복수기로 이동해 다시 물로 냉각·응축되며, 이후 재순환되어 연속적인 운전이 가능해진다. 2차 계통에는 방사성 물질이 존재하지 않아 승조원의 안전과 정비 측면에서 중요한 완충 역할을 한다.

3차 계통은 외부 해수를 활용한 냉각 체계로, 복수기에서 열을 제거하는 역할을 한다. 해수는 개방된 계통으로 유입되어 복수기의 열을 흡수한 뒤 다시 바다로 방류되며, 원자로 계통과는 직접 접촉하지 않는다. 이러한 3중 계통 구조는 방사능 오염 가능성을 단계적으로 차단하고, 원자로 운전 안전성을 극대화하는 핵심 설계 개념이다.

해군용 원자로는 상업용과 달리, 소형화와 고밀도 집적 설계를 통해 잠수함이라는 극도로 제한된 플랫폼에 최적화되어 있으며, 전투충격·진동·침수와 같은 극한 상황에서도 기능을 유지하도록 설계되어 있다.

⟨1차 계통 · 2차 계통 · 3차 계통의 역할과 작동 원리⟩

구분	1차 계통 (원자로 계통)	2차 계통 (증기·발전 계통)	3차 계통(해수 냉각 계통)
주요 역할	핵분열을 통한 열발생 및 1차 냉각	열을 기계·전기적 에너지로 변환	잔열 제거 및 최종 냉각
주요 구성품	원자로 압력용기, 핵연료 제어봉, 가압기, 냉각재 펌프	증기발생기, 터빈, 발전기, 복수기	해수 펌프, 해수 배관, 방열 계통
작동 원리	• 핵연료에서 핵분열 발생 → 고온 열 생성 • 제어봉으로 출력 조절·비상정지 • 고압수 순환으로 열 전달	• 증기발생기에서 열 전달 → 물이 증기로 변환 • 증기로 터빈 회전 → 발전기 구동	• 외부 해수가 복수기 열 흡수 • 열 제거 후 바다로 방류
안전상 의미	방사선 1차 차단	방사선 2차 차단	방사선 3차 차단

각 계통은 단일 고장에도 전체 안전성이 유지되도록 상호 보완적으로 구성된다. 특히 3중 냉각 구조는 사고 시 방사선 유출을 원천적으로 억제해 승조원의 생존성과 함정의 지속 운용 능력을 보장한다. 이러한 구조적 특성은 핵추진 잠수함이 수중 작전을 장기간 은밀하고 안정적으로 수행할 수 있게 해주는 기술적 토대가 된다.

제어봉, 감속재, 냉각재의 역할

핵추진 잠수함 원자로의 안전하고 효율적인 운전은 제어봉, 감속재, 냉각재의 유기적 작동에 의해 좌우된다. 제어봉은 붕소나 카드뮴과 같이 중성자를 잘 흡수하는 재료로 만들어지며, 노심에 삽입하거나 인출함으로써 핵분열 연쇄반응의 속도와 출력 수준을 정밀하게 조절한다. 감속재는 고속으로 방출된 중성자의 속도를 늦춰 추가적인 핵분열이 일어

구분	제어봉	감속재	냉각재
주요 역할	핵분열 반응 제어 · 정지	중성자 속도 저감	열 제거 · 전달
주요 물질	붕소, 카드뮴 등	경수(일반 물)	경수(1차 계통)
기능 설명	중성자 흡수로 출력 조절 및 비상정지	고속 중성자를 느리게 해 핵분열 지속 유도	노심 열을 외부로 전달해 과열 방지
안전 기능	긴급 시 즉각 삽입(SCRAM)	안정적 연쇄반응 유지	노심 냉각 유지

나도록 돕는 역할을 하며, 가압경수로에서는 일반 물인 경수가 사용된다. 냉각재는 핵분열로 발생한 열을 노심 외부로 전달해 과열을 방지하는 동시에 감속재의 기능도 겸한다. 원자로는 정상 운전 상태에서는 자동 제어 시스템에 의해 안정적으로 유지되며, 긴급 상황 발생 시에는 원자로 보호계통이 작동해 제어봉이 즉각 삽입됨으로써 긴급정지된다. 이처럼 각 요소의 상호작용은 원자로의 출력, 효율, 그리고 승조원의 안전을 결정하는 핵심 요인이다.

전기 및 추진 시스템 연계

핵추진 잠수함의 전기 및 추진 시스템은 원자로에서 시작된 에너지 흐름을 잠수함의 실제 운용 능력으로 전환하는 핵심 연결 고리다. 원자로 노심에서 핵분열이 일어나면 막대한 열이 발생하고, 이 열은 고압의 증기로 전환되어 터빈을 회전시킨다. 터빈의 회전력은 발전기로 전달되어 전기 에너지로 변환되며, 이렇게 생산된 전력은 잠수함 내부의 모든 시스템에 공급된다. 각종 센서와 전자장비, 통신체계, 무기체계는 물론 승

핵추진 잠수함 vs 디젤 잠수함 비교

항목	핵추진 잠수함	디젤 잠수함
잠항 시간	무제한	수일~수주
재충전	수십 년 불필요	주기적 스노클링 필요
작전 속도	고속 잠항 지속	저속 운항 위주
은밀성	산소 소모 없음	부상 시 피탐 위험

핵추진 잠수함의 핵심 강점

한국형 핵추진 잠수함

조원의 생명유지장치까지 하나의 전력망으로 통합 운용된다.

이 전력은 동시에 전기 추진 모터를 구동하는 동력원이 된다. 추진 모터는 감속 기어를 거쳐 프로펠러와 연결되어 잠수함을 추진하며, 연료 보급 없이 장기간 연속 운항이 가능하다. 핵연료는 수십 년간 교체 없이 사용할 수 있기 때문에, 작전 지속 시간은 사실상 연료가 아니라, 승조원의 피로와 식량 보급에 의해 제한된다. 이는 배터리 충전을 위해 주기적인 부상이 불가피한 디젤 잠수함과 근본적으로 다른 점이다.

핵추진 잠수함은 장시간 잠항이 가능할 뿐 아니라, 산소 소모나 외부 공기 흡입이 필요 없어 은밀성이 뛰어나다. 잦은 부상이 불필요해 적의 탐지 위험이 크게 줄어들며, 전기 추진 기반의 저소음 운용은 생존성을 더욱 높인다. 또한 고출력 전력을 안정적으로 공급할 수 있어, 신속한 원해 전개와 지속적 작전 수행이 가능하다. 이러한 전기 추진 시스템과 원자로 에너지 흐름의 연계는 핵추진 잠수함을 단순한 수중 함정이 아닌, 장기적·전략적 해양 전력으로 만드는 결정적 요소다.

해군용 원자로의 소형화·고밀도 집적 설계

해군용 원자로는 상업용 원자로와 달리 잠수함이라는 극도로 제한된 공간과 전투 환경을 고려해 설계된다. 선체 내부의 협소한 체적을 효율적으로 활용하기 위해 원자로와 증기발생기는 소형화·고밀도 집적 구조로 구성되며, 동일한 출력 대비 최소한의 부피로 최대 성능을 발휘하도록 설계된다. 이러한 소형화는 단순한 축소가 아니라, 배관 길이 단축과 계통 단순화를 통해 신뢰성과 유지성을 동시에 높이는 방향으로 이루어진다.

또한 해군용 원자로는 해상에서 발생할 수 있는 충격과 진동, 심지어 전투로 인한 폭발 충격이나 부분 침수 상황에서도 안전 기능을 유지해야 한다. 이를 위해 내충격·내진동 설계가 적용되며, 원자로 주요 부품과 지지 구조물은 강한 하중과 급격한 가속에도 변형이나 기능 상실이 발생하지 않도록 설계된다. 이러한 구조적 강인성은 평시 운항뿐 아니라 위기 상황에서도 원자로의 안정성을 보장하는 핵심 요소다.

운용 측면에서는 군용 자동화 시스템이 적극적으로 도입된다. 최소 인력으로도 안정적인 운전이 가능하도록 원격제어와 자동감시체계가 구축되며, 인적 오류를 줄이기 위한 자동 제어 로직이 적용된다. 동시에 전투 상황을 고려한 내폭 설계와 계통 분산 배치는 생존성을 높인다. 여기에 다중화된 비상노심냉각장치ECCS, Emergency Core Cooling System 와 화학적 제어장치가 통합된 안전 계통은 사고 발생 시 신속한 대응을 가능하게 한다. 이러한 고도의 집적화와 안전성 확보는 군용 소형 원자로 설계가 이루어낸 대표적인 공학적 성취다.

원자로 안정성 확보와 제어 방식

핵추진 잠수함의 원자로 안전성은 '단일 장치의 완벽함'이 아니라, 다층 방호와 다중 제어가 겹겹이 작동하는 구조로 확보된다. 기본 골격은 5 중 방호벽 개념이다. 첫째는 핵분열이 일어나는 연료 펠렛fuel pellet 자체로, 방사성 생성물이 연료 내부에 최대한 머물도록 설계된다. 둘째는 연료봉을 감싸는 피복재로, 연료와 냉각재를 물리적으로 분리해 누설을 억제한다. 셋째는 노심과 1차 계통을 담는 원자로 압력용기로, 고온·고압 조건을 견디며 방사성 냉각재를 완전 격리한다. 넷째는 격납용기로,

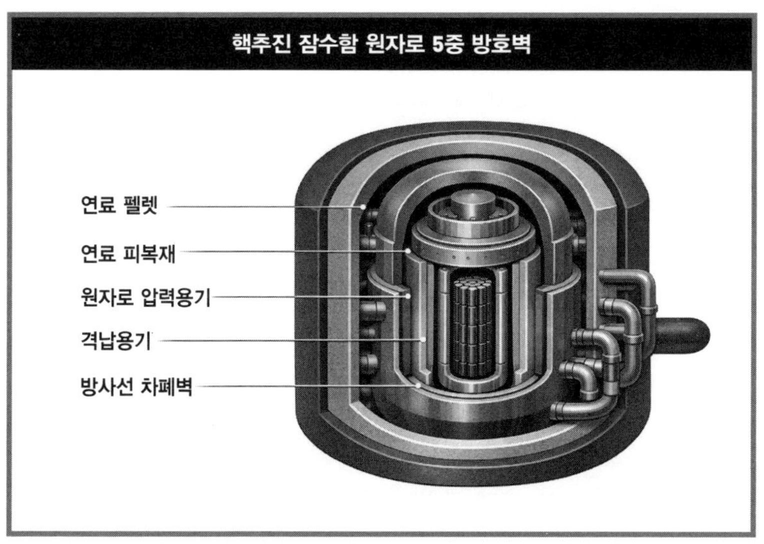

설령 1차 계통에 이상이 발생하더라도 방사성 물질이 외부로 확산되는 것을 차단하는 최후의 경계다. 다섯째는 차폐벽으로, 방사선이 승조원 구역으로 전달되지 않도록 구조적으로 차단하여 피폭을 최소화한다.

제어 방식의 핵심은 제어봉 시스템이다. 제어봉은 중성자를 흡수해 연쇄반응 속도를 조절하며, 평시에는 자동·수동 제어로 출력과 안정성을 유지한다. 비상 상황에서는 중력 삽입 방식 등 '즉각 정지' 메커니즘을 통해 전원 상실이나 급격한 이상에서도 연쇄반응을 신속히 멈출 수 있도록 설계된다. 여기에 냉각재 손실, 과열, 출력 이상, 압력·유량 변화를 감지하는 센서와 자동안전장치가 상시 감시를 수행하며, 기준치를 벗어나면 보호 계통이 자동으로 작동해 출력 저감, 계통 격리, 비상 냉각 등 단계적 대응을 수행한다.

또한 잠수함 특유의 폐쇄 환경을 고려해 격리·격납 시스템이 강화된다. 사고 징후가 포착되면 관련 구획을 신속히 차단하고, 환기·배기 경로를 통제해 오염 확산을 억제한다. 결국 잠수함 원자로의 안전은 다중 방호벽, 즉시 정지 가능한 제어봉, 자동감시·보호장치, 격리·격납체계가 복합적으로 맞물려, '한 겹이 실패해도 다음 겹이 막는' 구조로 완성된다.

잠수함용 가압경수로와 상업용 원전 가압경수로와의 비교

잠수함용 가압경수로와 상업용 원자력발전소 가압경수로는 동일한 가압경수로 계열이지만 설계 철학과 운용 개념은 근본적으로 다르다. 크기와 출력 면에서 잠수함용 가압경수로는 제한된 선체 공간에 맞춰 약 10~100MW급의 컴팩트한 일체형 구조로 설계되는 반면, 상업용 가압경수로는 경제성과 전력 생산 효율을 극대화하기 위해 수 GW급 대형 설비로 설계된다. 연료와 운전 주기 면에서도 잠수함용 가압경수로는 20% 이하의 저농축 우라늄을 사용하는 경우 10~15년, 90% 이상 고농축 우라늄을 사용할 경우 30년 이상 연료 교체 없이 장기 운용이 가능한 반면, 상업용 원자력발전소 가압경수로는 5% 이하 저농축 우라늄 연료를 사용해 1~2년 주기로 연료를 교체한다. 안전성 측면에서 군용은 진동·충격에 특화된 구조와 자립형 안전 계통을 갖추지만, 상업용은 고정 부지 기반의 다중 방호체계와 외부 전원 및 지원 인프라에 대한 의존성이 크다. 정비와 수명 관리 면에서도 군용은 최소 정비와 선체 수명 연계를, 상업용은 정기 정비와 폐기물 영구 처분을 전제로 한다.

핵추진 잠수함용 가압경수로 구조

핵추진 잠수함용 가압경수로 구조는 원자로에서 발생한 에너지가 추진력으로 전환되기까지의 전 과정을 하나의 일체형 체계로 통합한 것이 특징이다. 원자로 노심에서 핵분열이 일어나면 막대한 열이 발생하고, 이 열은 1차 냉각 계통을 순환하는 고온·고압의 냉각수에 의해 흡수된다. 1차 계통은 방사성을 포함한 폐쇄 회로로 유지되며, 가열된 냉각수는 증기발생기로 이동해 2차 계통의 물에 열 에너지를 전달한다. 이 과정에서 2차 계통의 물은 고압 증기로 전환되고, 방사능과 완전히 분리된 상태에서 터빈으로 유입된다.

고압 증기는 터빈을 회전시켜 기계적 에너지를 생성하고, 터빈과 직결된 발전기는 이를 전기 에너지로 변환한다. 생산된 전력은 잠수함의 센서, 전투체계, 통신장비, 생명유지장치 등 모든 내부 설비에 공급되며, 동시에 전기 추진 계통을 통해 추진 모터로 전달된다. 추진 모터의 회전력은 감속 기어를 거쳐 스크류, 즉 프로펠러를 회전시켜 잠수함을 지속적으로 전진시킨다.

터빈을 통과한 증기는 복수기에서 다시 물로 냉각되는데, 이때 3차 계통이 활용된다. 3차 계통은 외부 해수를 순환시켜 복수기의 열을 제거하며, 해수는 원자로 계통과 직접 접촉하지 않은 채 다시 바다로 방류된다. 이처럼 1·2·3차 냉각 계통은 방사능의 완전한 격리와 효율적 열 제거를 동시에 달성하도록 설계되어 있다. 각 계통은 기능적으로 분리되면서도 유기적으로 연계되어 있어, 소형 원자로임에도 불구하고 잠수함이 장기간 자립적으로 대양 작전을 수행할 수 있는 기술적 기반을 제공한다.

디젤 잠수함과 핵추진 잠수함은 무엇이 다른가

핵추진 잠수함이 '진짜 잠수함'이라고 불리는 이유

디젤 잠수함 승조원의 입장에서 "핵추진 잠수함이 진짜 잠수함"이라는 표현은 충분히 불편하게 들릴 수 있다. 실제로 디젤 잠수함은 제한된 조건 속에서도 놀라운 작전 성과를 거둬온 훌륭한 무기체계이며, 한국 해군의 잠수함 전력 역시 그 기반 위에서 축적되어왔다. 그러나 작전 운용 능력과 전략적 역할이라는 차원에서 냉정하게 비교해보면, 이러한 표현이 어디에서 비롯되었는지 분명하게 드러난다. 디젤 잠수함은 필연적으로 축전지가 방전되면 수면 근처로 올라와 스노클을 운용해야 한다. 이 과정에서 적의 레이더, 전자신호, 광학탐지장비에 노출될 위험이 커져, 작전 은밀성이 크게 저하된다. AIP 시스템을 탑재하면 정숙성과 잠항 지속 시간을 일정 부분 향상시킬 수 있지만, 이 역시 저속 상태에서만 유효하기 때문에, 고속 기동이나 장기 원양 작전에는 적합하지 않다. 결국 디젤 잠수함은 태생적으로 '저속 단기 임무' 중심의 구조적 한계를 벗어나기 어렵다.

반면, 핵추진 잠수함은 원자로가 항시 막대한 전력을 생산하기 때문에 연료 보급의 제약 없이 수주 이상 고속 잠항을 지속할 수 있다. 수면으로 부상할 필요가 없으니 은밀성은 비약적으로 높아지고, 작전반경은 대양 규모로 확대된다. 한 번 투입되면 적의 전략 자산을 장기간 추적 · 감시할 수 있으며, 필요 시 신속하게 치명적인 타격을 가할 수 있는 '24시간 전천후 전력'으로 기능한다. 핵추진 잠수함이 '진짜 잠수함'이라고 불리는 이유는 바로 이 때문이다.

속력과 기동력: 디젤 잠수함이 완행열차라면 핵추진 잠수함은 KTX

디젤 잠수함과 핵추진 잠수함의 속력과 기동력 차이는 철도 운행 방식에 비유하면 극명하게 드러난다. 핵추진 잠수함은 마치 서울과 부산을 몇 시간 만에 오가는 KTX와 같다. 핵추진 잠수함은 평균 20~25노트, 즉 시속 37~47km에 달하는 속력을 수주 동안 지속적으로 유지할 수 있으며, 중간에 연료 보급이나 축전지 충전을 위해 수면 가까이 올라올 필요가 없다. 출항과 동시에 곧바로 전장까지 직행할 수 있고, 작전 해역에 도착한 이후에도 고속 기동을 이어가며 넓은 전구戰區를 신속하게 커버할 수 있다. 이는 단순히 빠르다는 차원을 넘어, 작전 주도권을 선점함으로써 해양통제권을 장악하는, 이른바 '시간을 지배하는 힘'을 의미한다.

반면, 디젤 잠수함은 완행열차에 가깝다. 평균 속력은 6~8노트, 즉 시속 11~15km 수준에 불과하며, 일정 시간 잠항 후에는 연료 보급, 승조원 휴식, 축전지 충전을 위해 반드시 부상해야 한다. 따라서 디젤 잠수함은 장기 고속 기동이 사실상 불가능하다. 특히 축전지 충전을 위해 수면 가까이 올라가 스노클 마스트를 올릴 때마다 피탐 위험을 감수해야 한다. 이러한 차이는 실제 전장에서 명확히 드러난다. 포클랜드 전쟁Falklands War 당시 영국 핵추진 잠수함 HMS 컨쿼러Conqueror는 영국 본토에서 출발해 불과 2주 만에 포클랜드 인근 해역에 도달해 작전을 수행할 수 있었다. 반면, 영국 디젤 잠수함은 같은 거리를 이동하는 데 무려 5주가 걸렸고, 도착했을 때는 이미 주요 작전이 정리된 상황이어서 실질적인 전투 기여는 미미했다.

핵추진 잠수함과 디젤 잠수함의 속력 차이는 단순히 '누가 먼저 도착하느냐'의 문제가 아니다. 그것은 곧 누가 먼저 작전 주도권을 잡느냐, 누가 먼저 적을 탐지하고 위협을 제거하느냐, 누가 먼저 바다 아래 전장을 통제하느냐라는 훨씬 더 본질적인 문제와 직결된다. 바로 이 점 때문에 핵추진 잠수함은 눈에 보이지 않지만 전쟁의 판도를 좌우하는 현대 해양 작전의 '보이지 않는 패권'을 결정짓는 핵심 전력이 된 것이다.

수중 작전 지속 능력: 무제한 vs 제한적

핵추진 잠수함의 수중 체류 시간은 식량과 승조원의 체력 및 심리적 한계가 허용하는 데까지다. 핵추진 잠수함은 원자로 덕분에 연료 재보급이나 공기 흡입을 위해 주기적으로 수면 위로 부상할 필요가 없다. 반면, 디젤 잠수함은 하루 두세 차례 스노클 마스트를 수면 위로 노출해야 한다. 위성·정찰기·대잠초계기·수상함 레이더·전자신호감시체계가 촘촘히 깔린 현대 전장에서 이 짧은 노출은 치명적인 약점이 된다. 따라서 핵무기를 싣고 다니는 적의 전략핵잠을 수주~수십일간 끈질기게 추적·감시하고, 그 과정에서 피탐 위험을 최소화하며, 필요 시 고속으로 진입·탈출하는 고난도 작전을 수행하려면, 사실상 핵추진 잠수함이 필수다.

냉전기 미 해군이 소련 양키Yankee급 전략핵잠을 47일간 추적하며 소음 특성과 작전 패턴을 정밀 분석할 수 있었던 것도 핵추진 잠수함의 고속·장기 잠항 능력 덕분이었다. 디젤 잠수함이었다면, 수시간~수일 단위의 단기 추적밖에 할 수 없었을 것이다.

공격 능력과 생존성: '은밀한 저격수' vs '이동식 수중기지'

원자로 기반의 장기 잠항 추진 체계를 갖춘 핵추진 잠수함과 배터리 충전을 위해 주기적 공기 흡입이 필요한 디젤 잠수함의 추진 방식의 차이는 공격 능력과 생존성에서도 큰 격차를 만들어낸다.

이러한 격차는 잠수함이 수행할 수 있는 작전의 성격 자체를 좌우한다. 수주에서 수십일에 이르는 장기 추적·감시 임무, 특히 적의 전략잠수함을 음향 패턴까지 분석하며 그림자처럼 따라붙는 고난도 작전을 수행하기 위해서는 핵추진 잠수함의 고속·장기 잠항 능력이 사실상 필수다. 장기 추적 과정에서 적 잠수함이 속력·수심·운항 패턴을 바꾸며 기만 기동을 반복하기 때문에, 추적하는 측 역시 이에 맞춰 신속하게 대응하고, 필요 시 고속으로 접근·이탈하며 유리한 위치를 선점해야 한다. 연료 제약, 충전 의무, 수면 노출 위험을 안고 있는 디젤 잠수함은 이러한 복합 기동을 도저히 수행할 수 없으며, 이는 곧 공격 기회의 제한과 생존성 저하로 이어진다.

핵추진 잠수함은 연료와 충전 제약에서 자유롭기 때문에 장기간 고속 잠항과 지속 기동이 가능하며, 이는 공격 능력과 생존성을 동시에 강화한다. 추적·타격 상황에서 속력과 위치를 능동적으로 조절할 수 있어 공격 기회를 주도적으로 창출할 수 있고, 필요할 경우 즉각적인 고속 이탈로 위협에서 벗어날 수 있다. 또한 수면 노출 없이 장기간 작전을 유지할 수 있어 피탐 가능성이 크게 낮아지며, 이는 은밀성을 핵심으로 하는 잠수함 전술에서 결정적인 생존성 우위를 제공한다. 결국 핵추진 잠수함은 기동 자유도와 작전 지속력 덕분에 전장에서 공격 주도권을 확보하면서도 높은 생존성을 유지할 수 있는 구조적 이점을 가진다.

핵추진 잠수함이 필요한 이유는 단순히 '더 빠른 잠수함'을 확보하기 위해서가 아니다. 바다 아래에서 은밀성을 유지하며 끊김 없이 작전을 지속할 수 있는 능력, 즉 장기 잠항과 기동 자유도를 갖춘 플랫폼이 필요하기 때문이다. 이러한 능력이 있어야 한국 해군도 북한 SLBM 탑재 전략잠수함을 장기간 추적·감시하고, 필요 시 결정적인 순간에 은밀히 접근해 실질적인 억제력을 행사할 수 있다.

디젤 잠수함은 추진 에너지와 축전지 용량의 제약으로 장기간 고속 기동이나 광범위한 작전 지속에는 한계가 있다. 그러나 속력이 비교적 느린 대신 특정 해역에서 장시간 매복하며 작전을 수행하는 데에는 매우 유리하다. 이러한 특성 때문에 디젤 잠수함은 해협이나 연안, 주요 해상교통로SLOC와 같은 제한된 구역에서 은밀하게 대기하다가, 인근을 통과하는 고가치 표적을 기습적으로 타격하거나 지상 및 해상 작전을 지원하는 '은밀한 저격수'와 같은 역할을 수행한다.

이에 비해 핵추진 잠수함은 원자로를 통해 지속적으로 대량의 전력을 생산할 수 있기 때문에 작전 개념 자체가 다르다. 충분한 에너지 생산 능력은 대형 선체 설계를 가능하게 하고, 그 결과 더 많은 무장과 센서, 장거리 타격 수단을 탑재할 수 있다. 또한 장기간 잠항 상태에서 고속 기동을 유지할 수 있어 넓은 해역을 자유롭게 이동하며 작전을 수행할 수 있다. 이러한 특성 때문에 핵추진 잠수함은 단순히 은밀한 공격 플랫폼을 넘어, 대규모 무장을 기반으로 다양한 작전을 동시에 수행할 수 있는 '이동식 수중 기지'에 가까운 전력이다.

결국 디젤 잠수함이 특정 해역에서 매복하여 결정적인 한 방을 노리는 은밀한 저격수라면, 핵추진 잠수함은 광범위한 해역을 기동하며 다수의 무장을 운용하고 지속적인 작전을 수행할 수 있는 이동식 수중 기지라고 할 수 있다.

전략 보복 능력과 기동전단 방호

전략핵잠SSBN은 국가의 핵전력 중에서도 가장 마지막까지 살아남아, 보복 핵공격을 수행해야 하는 '최후의 보복자'다. 지상 기지의 미사일 사일로는 정밀타격으로 파괴될 수 있고, 공군의 폭격기는 출격 이전에 활주로가 타격되면 무력화될 수 있다. 하지만 전략핵잠은 바다라는 가장 넓고 가장 은밀한 공간 속에서 끊임없이 이동하며 위치를 숨길 수 있기 때문에, 전쟁이 발발하더라도 상대가 이를 모두 찾아내 일시에 제거한다는 것은 사실상 불가능하다. 바로 이 점 때문에 전략핵잠은 "보복 핵전력의 최후 보루"로 불린다. 설령 상대가 파괴적인 선제 핵공격을 감행하더라도, 심해에 은밀히 잠항 중인 전략핵잠이 언제, 어디서 보복 핵공격을 가할지 모른다는 불확실성 때문에 상대는 전략적 행동에 제약을 받게 된다. 이것이 바로 상호확증파괴MAD, Mutual Assured Destruction의 본질적 구조이며, 냉전기 미국과 소련이 서로간의 적개심에도 불구하고 전면 핵전쟁을 실행하지 못한 결정적 이유 중 하나다. 당시 양측 모두 상대의 전략핵잠을 한 번에 찾아내 제거할 자신이 없었고, 그 불확실성이 곧 공포의 균형을 유지하는 핵심 요소였다.

전략핵잠이 '최후의 보복자'라면, 공격핵잠SSN은 전장의 최전선에서 작전 환경을 열어주는 '침묵의 문지기'다. 특히 현대 해군에서 항공모함 전단이나 원정타격단처럼 대규모 기동전단을 운용하려면, 전단 외곽에서 보이지 않는 적 잠수함의 접근을 차단하는 고도의 대잠 방호가 필수적이다. 이는 단순한 경계 임무가 아니라, 항모전단의 고속 기동에 맞춰 넓은 작전 구역을 지속적으로 통제해야 하는 고강도 작전이다. 이러한 임무를 수행하려면 순간적인 고속 기동과 장기간 잠항 능력이 동시에 요구된다. 최소 20노트 이상의 속력으로 수주 동안 잠항할 수 있는 핵 추진 잠수함은 이러한 전단 호위 작전에 유리하다. 반면, 디젤 잠수함이나 AIP 잠수함은 잠항 지속력이나 순간 기동성에서 물리적 제약을 안고 있어, 장시간 원양을 횡단하며 고속으로 이동하는 항모전단의 작전 리듬을 지속적으로 따라가는 데는 한계가 있다.

특히 태평양과 인도양처럼 작전 해역이 광활한 지역에서는 핵추진 잠수함의 존재 여부가 항모전단의 생존성과 직결된다. 미국 해군이 항모전단을 운용하면서 핵추진 잠수함을 '필수 동반 전력'으로 분류하는 이유도 바로 여기에 있다. 공격핵잠은 전단의 앞쪽과 측면으로 고속 진입해 적 잠수함의 접근 루트를 차단하고, 잠재적 위협이 되는 수중 표적을 조기에 제거함으로써 항모전단이 항공작전을 안정적으로 수행할 수 있는 안전지대를 확보한다. 다시 말해, 공격핵잠 없이 항모전단을 운영한다는 것은 현대 해전에서 눈을 감고 달리는 것과 다름없다.

이처럼 전략핵잠이 국가의 생존과 보복 능력을 보증하는 '최후의 카드'라면, 공격핵잠은 전면전에 대비해 해양 전장을 열어주고 지키는 '보이지 않는 선두주자'다. 두 전력 모두 핵추진이 제공하는 장기 잠항 능력과 기동 자유도를 바탕으로 본래의 역할을 온전히 수행할 수 있다. 이러한 특성이 핵추진 잠수함을 현대 해군 전략의 중심 전력으로 자리 잡게 한 결정적 요인이다.

핵추진 잠수함이 가능하게 한 새로운 수중 작전

47일간의 수중 잠수함 추적 작전: 미 공격핵잠 vs 소련 양키급 전략핵잠

1969년, 북극의 살을 에는 바람이 스며드는 바렌츠해^{Barents Sea} 일대. 그곳은 한겨울의 어둠과 빙설 아래에서조차 끊임없이 요동치는 '수중 냉전의 심장부'였다. 바로 그곳에서 미 해군 스터전^{Sturgeon}급 공격핵잠 USS 라폰^{Lapon}은 미 해군 정보국^{ONI, Office of Naval Intelligence}과 전략사령부가 내린 거의 불가능에 가까운 명령을 수행하고 있었다. 목표는 단 하나였다.

"소련의 신형 양키급 전략핵잠을 찾아내라. 그리고 가능한 한 오래, 가능한 한 가까이 그림자처럼 따라붙어라."

양키급 전략핵잠은 당시 소련이 처음으로 실전 배치한 본격적인 SLBM 탑재 전략핵잠이었다. 이 잠수함이 바다 어딘가에 있는 한, 미국 본토는 언제든 해상에서 기습 핵타격을 받을 가능성이 있었다. 따라서 미국이 이 잠수함의 기동 패턴·소음 특성·작전심도·미사일 발사 자세를 정확히 파악해야 했던 것은 단순한 감시가 아니라, 국가 생존이 걸린 중대한 임무였다.

그러나 현실은 혹독했다. 북대서양은 상선의 스크루 진동, 어선의 쇳소리, 고래의 초저주파, 빙산 충돌음이 뒤엉킨 일종의 '소리의 정글'이었다. 이 잡음 속에서 조용한 양키급 전략핵잠의 저주파 신호를 걸러내고 그것을 실시간으로 추적하는 일은, 고성능 장비는 물론이고 경험과 직감까지 총동원해야 하는 작업이었다.

USS 라폰의 함장은 핵추진 잠수함의 고속·장기 잠항 능력을 극한까

115

USS 라폰 공격핵잠(위 사진)이 수행한 1969년 소련 양키급 전략핵잠(아래 사진) 추적 작전은 냉전기 미 해군 수중 정보전의 대표적 사례로 평가된다. 이 47일간 지속된 장기 잠항 추적 작전을 통해 확보된 음향 데이터는 전략잠수함 식별과 대잠전 체계 발전에 활용되었다. 〈사진 출처: WIKI-MEDIA COMMONS | Public Domain〉

한국형 핵추진 잠수함

지 활용했다. 그는 목표 예상 해역까지 전력질주sprint한 뒤, 엔진 출력을 거의 0에 가깝게 낮추고 잠수함을 지그시 표류drift시키며 적 잠수함의 소음을 포착하는 '스프린트–드리프트sprint-drift' 전술을 끊임없이 반복했다. 소음 하나하나가 단서가 되었고, 선체를 때리는 수압과 난류의 미세한 변화까지도 분석 대상이었다.

어느 날, 양키급 전략핵잠의 프로펠러가 만들어내는 독특한 저주파 소리가 갑자기 뚜렷해지자, USS 라폰의 함장은 결단을 내렸다.

"최대한 가까이 붙는다."

그는 수심을 미세하게 조정하며 양키급 전략핵잠 선저 바로 아래 수십 미터 거리까지 접근했다. 거대한 철의 그림자 아래, USS 라폰은 마치 낯선 행성 바로 아래로 빨려 들어가는 것 같은 공포 속에서 양키급 전략핵잠의 추진기 소음, 선체 공명음을 녹취했다. 이 과정은 한 번 실수하면 발견되거나 충돌할 위험이 있을 만큼 극도로 위험한 임무였지만, 승조원들은 숨을 죽이며 더 많은 음향 데이터를 확보하는 데 집중했다.

이 숨막히는 잠항은 무려 47일 동안 단 한 번도 끊기지 않았다. USS 라폰과 승조원들은 해류의 변화, 수온약층의 이동, 기류 소음까지 읽어가며 양키급 전략핵잠의 궤적을 추적했고, 그 결과 방대한 양의 데이터를 확보할 수 있었다. 이 데이터는 이후 세계 주요 해역에 촘촘히 깔린 수중음향감시체계SOSUS, Sound Surveillance System에 적용되었고, 그 덕분에 양키급 전략핵잠은 어느 바다를 지나가더라도 "소리만 듣고도 식별되는 잠수함"이 되었다.

이 극적인 47일의 작전은 우리에게 세 가지 사실을 명확히 알려준다. 핵추진 잠수함만이 적의 전략핵잠을 수주~수십일 동안 그림자처럼 따라붙을 수 있다. 이는 단순한 감시가 아니라, 전략 억제와 전쟁 예방의 핵심이다. 이런 장기·고속·심해 추적은 디젤 잠수함으로는 절대 불가능하다. 스노클을 위해 하루 몇 번씩 수면 가까이 올라오는 순간, 추적은 끊기고 피탐 위험은 폭발적으로 증가한다. 음향 정보는 단순한 정보가 아니라 '전쟁의 판도를 바꿀 무형 자산'이다.

양키급 전략핵잠의 음향 데이터가 확보되자, 미국은 소련의 양키급 전략핵잠의 움직임을 사실상 실시간으로 감시할 수 있게 되었다. 냉전사에 가장 정교한 수중첩보전으로 기록된 USS 라폰의 47일간 수중 추적 작전은 오늘날 한국이 왜 핵추진 잠수함을 보유해야 하는지를 보여주는 살아 있는 교범이다.

미국 핵추진 잠수함의 소련 오호츠크 해저 케이블 도청 작전: 해저 정보전의 시작

냉전의 한가운데였던 1970년대, 태평양 북단의 오호츠크 해^{Sea of Okhotsk}는 지도에 표시되지 않은 또 하나의 전장^{戰場}이었다. 소련 태평양 함대의 심장부이자 전략핵잠들이 드나드는 숨구멍. 그곳은 소련이 사실상 '내해'처럼 통제하던 바다였고, 외부 세력의 침입은 곧 전쟁을 의미할 만큼 경계가 삼엄했다. 바로 이 바다 깊숙한 곳으로, 미국의 특수 임무 핵잠 USS 핼리벗^{Halibut}이 그림자처럼 스며들고 있었다. 목표는 단순했지만, 그것을 달성하기는 아주 어려웠다.

"소련의 해저 통신 케이블을 찾아낸 뒤 들키지 않고 도청 장치를 설치하라."

이 작전을 구상한 이는 미 해군정보국의 브래들리^{James Bradley} 대령이었

한국형 핵추진 잠수함

다. 그는 공중 전파 감청이 점점 어려워지는 반면, 해저 케이블은 물리적 방호에 의존하는 만큼 암호화가 느슨할 가능성이 높다고 판단했다. 해저 케이블만 찾아낸다면, 소련 전략핵잠의 작전 지침, SLBM 시험 데이터, 해군 고위층의 지휘 메시지를 실시간으로 도청할 수 있는 가능성이 있었다.

USS 핼리벗은 이미 보통 잠수함이 아니었다. 척 보기에도 '어딘가 달라 보이는' 등갑을 두른 채, 함체 상단에는 압력 체임버가 붙어 있었고, 내부에는 잠수사 지원실, 심해 작업 장비, 원격조종 심해 카메라 소드피시Swordfish가 탑재되어 있었다. 말 그대로 '수중 공작선'이자 '정보 수집 기지'로 완전히 변신해 있었다.

알류샨 열도Aleutian Islands를 돌파하고 베링 해협Bering Strait을 지나 오호츠크 해로 향하는 여정부터가 사투였다. 파도는 칼날처럼 매섭게 함체를 때렸고, 해류는 예측 불가능하게 변했다. 게다가 소련 초계기의 프로펠러 소리가 수중에서도 들리고, 수상함들은 송신 전파를 살포하며 잠망경 하나라도 건지려 혈안이 되어 있었다.

USS 핼리벗 승조원들은 늘 숨을 죽인 채 움직였다. 잠망경을 올리는 순간조차 '3초 룰'을 철저히 지켰다. 3초 이상 수면 위에 있으면 탐지 확률이 기하급수적으로 높아지기 때문이다. 그러던 어느 날, 짙은 해무를 가르던 잠망경 화면에 흐릿한 글자가 포착되었다.

"정박 금지 – 케이블 부설 지역."

순간 승조원들의 맥박이 일제히 빨라졌다. 그 표지판은 소련 해군이 무심히 꽂아두었지만, 미국 입장에서는 마치 "보물이 이쪽에 있습니다"라는 표식이나 다름없었다.

USS 핼리벗은 즉시 수중 카메라 소드피시를 투입했다. 카메라는 바람 속 모래바람처럼 어두운 바닥 위를 조심스럽게 기어갔다. 해초가 흔들리고 자갈이 화면을 스쳐 지나갔다. 그리고 마침내 화면 한가운데 검은색 케이블이 모습을 드러냈다. 얼핏 보면 평범한 폭 10cm 남짓한, 선. 그러나 그 안에는 소련 해군의 신경망이라 할 정보가 흐르고 있었다. 이제 가장 위험한 단계가 남았다. USS 핼리벗은 케이블 위 정확한 위치에 앵커를 내린 뒤, 잠수사들을 투입했다.

수심 약 100m, 햇빛 한 줄기조차 닿지 않는 어두운 바닷속. 수온은 손가락뼈가 얼어붙을 만큼 차가웠고, 수압은 온몸을 철갑처럼 짓눌렀다. 잠수사 두 명은 '깜깜한 도서관에서 책갈피를 끼우듯' 조심스럽게 작업을 시작했다. 압축공기를 살짝 분사해 모래를 걷어낸 뒤 케이블이 모습을 드러내자, 도청장치를 조심스럽게 케이블 위에 얹었다. 중요한 건 절대 케이블을 끊어서는 안 된다는 것이었다. 케이블이 끊어지면, 소련은 즉시 눈치를 챌 것이고, 그러면 전쟁으로 이어질 수도 있었다. 잠수사 한 명이 도청장치를 케이블에 접촉시키는 순간, 장갑을 통해 '딱' 하고 울리는 아주 미세한 진동이 느껴졌다.

"됐다."

그 작은 진동이 수많은 목숨과 국가의 운명을 갈랐다. 도청장치가 작동하기 시작하자, USS 핼리벗 내부의 장비에는 케이블을 흐르던 전기 신호가 하나둘 잡히기 시작했다. 처음에는 잡음처럼 들리던 신호가 점차 분명해졌고, 그 안에는 지휘부의 명령, 잠수함 보고, 장교들의 대화, 무기 시험 관련 교신까지 섞여 있었다. 승조원들은 모두 말없이 서로를 바라봤다. 그 순간, 그들은 소련 해군의 신경망에 접속해 있다는 사실을

바다 밑에는 우리가 알 수 없는 수많은 해저 케이블이 설치되어 있는데, 미·소 냉전 시절에는 잠수함을 이용해 해저 케이블을 도청했다. 지금도 해저 케이블은 세계정보당국들의 주요 표적이 되고 있다. 〈그림 출처: 저자 제공〉

잠수사가 해저 케이블에 접근해 작업하고 있는 모습이다. 〈사진 출처: 저자 제공〉

CHAPTER 2 핵추진 잠수함의 탄생과 전장 환경의 변화

실감하고 있었다. USS 핼리벗은 도청장치를 그대로 남겨둔 채 조용히 철수했고, 이후 몇 달 간격으로 다른 핵추진 잠수함이 투입되어 도청장치를 점검하고 교체하는 체계적인 도청 작전이 이어졌다. 미국은 이 도청장치를 통해 소련 해군의 기밀을 거의 실시간으로 도청하여, 소련의 SLBM 실험 계획부터 전략잠수함 배치에 이르는 정보들을 수집했다.

이 모든 것이 가능했던 이유는 단 하나, 핵추진 잠수함인 USS 핼리벗이 장기 잠항·막대한 전력 공급·복합 임무 장비 운용·원양 침투·고속 이탈 능력을 가지고 있었기 때문이다. 디젤 잠수함이었다면 이 작전은 기획 단계에서 끝났을 것이다. 스노클 운용을 위해 수면 가까이 올라오는 순간, 소련의 레이더와 전자감시망이 즉시 포착했을 것이기 때문이다.

USS 핼리벗의 오호츠크 해저 케이블 도청 작전은 잠수함이 단순히 어뢰와 미사일을 싣고 다니는 '무기 플랫폼'을 넘어, 국가 전략을 좌우하는 정보전을 수행하는 핵심 수단이 될 수 있음을 각인시킨 사건이었다. 이는 한국이 핵추진 잠수함을 어떻게 활용해야 하는지를 보여주는 중요한 사례다.

●

전쟁 사례로 본 핵추진 잠수함의 효과

포클랜드 전쟁: 단 한 척의 핵추진 잠수함으로 해상 제해권을 장악하다

1982년 4월, 런던 화이트홀Whitehall 지하에 자리한 전시 지휘시설인 '캐비닛 워 룸Cabinet War Rooms'은 팽팽한 긴장감으로 가득 차 있었다. 지구 반대편 남대서양의 작은 군도 분쟁이었지만, 영국에게 포클랜드는 결코 포기할 수 없는 영토였다. 해군 참모총장은 브리핑에서 단호하게 말했다.

"우리가 가장 먼저 보내야 할 전력은 항공모함도, 구축함도 아니다. 핵추진 잠수함이다."

이 결정은 전장의 판도를 바꾸는 분수령이 되었다. 당시 영국 해군의 공격핵잠 HMS 컨쿼러는 연료 보급이나 스노클 운용의 제약 없이, 명령이 떨어지자마자 전속력으로 남대서양을 향해 질주했다. 폭풍우와 높은 파도를 피해 심해를 가로지르며, 수주간 잠항 상태를 유지했다. 육지와 완전히 단절된 공간에서도 원자로는 조용히, 그러나 끊임없이 에너지를 공급하고 있었다.

전장에 도착한 HMS 컨쿼러는 광활한 남대서양 속에서 아르헨티나 해군 순양함 ARA 벨그라노General Belgrano의 미세한 음향 신호를 포착했다. 바다는 많은 소리를 삼키지만, 완전히 숨기지는 못한다. 숙련된 음파탐지사들은 그 미세한 진동을 듣고 즉각 군함임을 직감했다.

HMS 컨쿼러는 심해에서 ARA 벨그라노의 항로를 따라붙으며 '보이지 않는 그림자'가 되었다. 아르헨티나 해군은 대잠 헬기와 구축함으로 경계를 강화했지만, 이미 수중 깊숙한 곳에서 핵추진 잠수함은 포착 불가능한 존재였다. 훗날 HMS 컨쿼러의 함장은 회고록에서 이 순간을 이렇게 표현했다.

"우리는 그들에게 보이지 않는 칼날이었다."

영국 정부는 결국 ARA 벨그라노에 대한 공격 명령을 하달했다. 이는 단순한 전술적 선택이 아니라, "영국 핵추진 잠수함은 이미 전장에 도달했고, 해역 전체를 통제하고 있다"는 전략적 메시지를 각인시키는 행동이었다. 어뢰가 명중하는 순간, 충격파로 인해 잠수함 선체가 진동하자,

승조원들은 작전의 성공을 직감했다.

ARA 벨그라노의 침몰은 단순한 함정 손실에 그치지 않고 아르헨티나에 큰 충격을 안겨주었다. 대양해군의 상징이 단 한 척의 핵추진 잠수함에 의해 격침되었다는 사실은 정치·군사·심리 모든 차원에서 큰 파장을 불러일으켰다. 이로 인해 아르헨티나 해군이 남대서양에서의 수상 작전을 사실상 중단하자, 아르헨티나 해군 수상함대는 항구에 머물 수밖에 없었다.

그 결과, 남대서양의 바다는 영국의 무대가 되었다. 항모전단과 병력 수송선단은 '보이지 않는 핵추진 잠수함의 지붕' 아래에서 기동할 수 있었고, 해상 제해권은 조기에 영국 쪽으로 기울었다. 포클랜드 전쟁은 단 한 척의 핵추진 잠수함으로도 해상 제해권의 균형에 결정적인 영향을 미칠 수 있음을 입증한 사례다.

걸프전·이라크전: 바다 밑 '이동 전략기지'의 등장

걸프전과 이라크전에서 핵추진 잠수함의 역할은 근본적으로 진화했다. 더 이상 적 잠수함만을 사냥하는 플랫폼이 아니라, 전쟁 개시 자체를 설계하는 전략기지로 기능하기 시작한 것이다. 미 해군 작전계획의 첫 페이지에는 종종 이런 문장이 등장했다.

"전쟁은 바다 밑에서 시작된다."

작전 개시 전, 핵추진 잠수함들은 적 해안에서 수십 km 이내 얕은 수역까지 은밀히 잠입해 장시간 대기했다. 핵추진 잠수함의 존재를 아는 사람은 극히 제한적이었고, 상대는 물론 아군 내부에서도 핵추진 잠수함의 정확한 위치를 아는 이는 소수에 불과했다.

명령이 떨어진 순간, 바다 밑에서 토마호크^{Tomahawk} 미사일이 연속 발사되었다. 방공망과 지휘부, 통신시설은 개전 초기부터 마비되었고, 전쟁의 주도권은 단숨에 미군으로 넘어갔다.

핵추진 잠수함의 전략적 의미는 분명했다. 동맹국의 기지 제공 없이도 전쟁 개시 능력을 확보할 수 있다는 점이다. 이는 외교적 부담과 정치적 마찰을 줄이는 동시에, 작전의 속도와 은밀성을 극대화한다. 공격을 받은 국가의 입장에서는 "미사일이 어디에서 날아왔는지조차 파악하기 어렵고, 언제, 어디서 또다시 공격을 받을지도 알 수 없다"는 공포가 지휘부를 압박한다.

강대국에 둘러싸인 한국에게 이 사례는 단순한 해외 전쟁 사례가 아니다. 이는 자력 대응 능력을 확보하는 것이 얼마나 중요한지, 그리고 자력 대응 능력 확보가 곧 전략적 자율성과 직결된다는 것을 보여주는 좋은 사례다.

냉전기 소련 핵전력 억제: 핵추진 잠수함의 '그림자 역할'

냉전기 공격핵잠^{SSN}의 핵심 임무는 적 전략핵잠^{SSBN}을 파괴하는 것이 아니라, 적 전략핵잠^{SSBN}을 끊임없이 추적하며 정보를 축적하는 것이었다. 소련의 전략핵잠이 어디서, 어떤 패턴으로 움직이는지 파악하지 못한다면, 미국은 언제 어디서 핵미사일이 날아올지 예측할 수 없었다.

공격핵잠은 적 전략핵잠을 그림자처럼 따라붙으며 음향 정보와 작전 패턴을 축적했고, 이를 통해 위협을 '관리 가능한 대상'으로 전환했다. 이 수중 정보전은 핵전쟁 발발 가능성을 낮추고 전략적 안정성을 유지하는 핵심 축이었다.

오늘날 한반도 주변에서 벌어지는 중국·러시아·미국의 전략핵잠 활동, 그리고 북한의 SLBM 개발은 냉전기 북대서양에서 전개되었던 핵추진 잠수함 중심의 수중 전략 대치를 떠올리게 한다. 차이가 있다면, 그 전략적 긴장의 중심에 한반도와 한국이 놓여 있다는 점이다.

해저 인프라와 정보전: 미래전의 새로운 전장

핵추진 잠수함의 역할은 이제 군사 충돌에만 국한되지 않는다. 21세기에 해저는 통신 케이블, 전력 케이블, 해저 자원, 수중 감시체계가 얽힌 새로운 전략 공간으로 부상했다. 국제 통신의 90% 이상이 해저 케이블을 통해 이루어지는 현실에서, 해저는 현대 국가의 '신경계'라고 할 수 있다.

핵추진 잠수함은 오랫동안 바닷속에 머무르며 먼 바다까지 자유롭게 이동할 수 있는 능력을 갖고 있다. 이러한 특성 덕분에 해저 케이블이나 해저 자원 시설과 같은 자국의 심해 인프라를 지속적으로 감시하고 보호할 수 있으며, 필요할 경우에는 적의 심해 인프라를 은밀히 관찰하거나 교란·차단하는 임무도 수행할 수 있다. 반면, 디젤 잠수함은 연료와 축전지의 제약 때문에 작전반경과 잠항시간이 제한되어 주로 연안이나 근해 작전에 적합하다. 이에 비해 핵추진 잠수함은 넓은 대양과 깊은 바다를 무대로 장기간 감시·추적·억제 임무를 수행할 수 있다.

결국 핵추진 잠수함은 바다 표면이 아니라 해저 깊은 곳에서 지속적으로 영향력을 행사하는 전략, 즉 '심해를 통제하는 전략'을 가능하게 하는 핵심 수단이라 할 수 있다.

한국형 핵추진 잠수함

●

세계 각국은 핵추진 잠수함을 어떻게 확보했는가

냉전기 미국과 소련의 핵추진 잠수함 개발 경쟁:
냉전은 바다 아래에서 먼저 시작되었다

핵추진 잠수함의 역사는 단순한 기술 개발사가 아니다. 그것은 냉전 체제가 어떤 방식으로 세계를 분할하고, 또 어떻게 전쟁의 양상을 바꾸어 갔는지를 보여주는 또 하나의 역사다. 흔히 냉전은 핵미사일과 전략폭격기, 대륙간탄도미사일의 경쟁으로 기억된다. 그러나 그 이면에서는 훨씬 조용하고, 훨씬 깊은 곳에서 경쟁이 먼저 시작되고 있었다. 바로 바다 아래에서였다.

미국과 소련이 핵추진 잠수함 개발에 뛰어든 이유는 단순히 '잠수함을 더 강하게 만들기 위해서'가 아니었다. 그들은 전쟁이 일어나는 것을 막기 위한 수단, 즉 전쟁 억제 수단으로 핵추진 잠수함을 선택했다. 냉전의 산물인 핵추진 잠수함은 강력한 공격 전력인 동시에 그 존재 자체로 상대를 억제해 냉전을 관리하는 전략적 도구이기도 했다. 냉전의 지도는 흔히 육지 위에서 그려진다. 베를린 장벽, 쿠바 미사일 위기, 유럽 전선의 전차와 항공기, 그리고 지상에 고정된 미사일 기지의 좌표들. 하지만 더 중요한 냉전의 지도는 사실 보이지 않는 바닷속에서 그려지고 있었다. 어디에 있는지 알 수 없고, 얼마나 가까이 와 있는지 알 수 없으며, 심지어 존재 여부조차 확신할 수 없는 전력. 그 전력이 바다 아래에서 움직이는 순간, 상대의 계산은 근본적으로 달라진다. 이 점에서 핵추진 잠수함은 '전쟁의 계산 자체를 바꾸는 전략적 장치'에 가까웠다.

냉전과 핵추진 잠수함의 등장: 핵무기 시대의 새로운 질문

제2차 세계대전이 끝난 직후, 세계는 이전과 전혀 다른 질문 앞에 서게 되었다. 핵무기가 등장하면서, 전쟁은 더 이상 '이길 수 있는가'의 문제가 아니라 '살아남을 수 있는가'의 문제가 되었다. 단 한 번의 핵전쟁은 승패와 무관하게 공멸로 이어질 수 있었다. 미국과 소련은 서로를 향해 수천 기의 핵무기를 배치하기 시작했지만, 그와 동시에 하나의 불안에 사로잡혔다. 만약 상대가 선제공격을 감행한다면, 우리는 과연 반격할 수 있는가? 억제는 상대가 선제공격을 감행할 경우 큰 피해를 입을 것이라는 점을 심리적으로 느끼도록 만들어 공격을 하지 못하도록 만드는 전략으로, 이를 위해서는 반드시 확실한 보복 능력이 전제가 되어야 한다.

여기서 새로운 질문이 등장한다. 상대가 선제공격을 감행할 경우, "우리의 핵전력은 과연 살아남을 수 있는가?" 지상에 배치된 미사일 기지와 공군 기지는 눈에 보이는 고정 표적이다. 아무리 방호를 강화해도 완전히 숨길 수 없기 때문에 위성 감시 하에서는 선제타격의 대상이 된다. 이러한 취약성을 보완할 수 있는 유일한 공간이 바로 바다다. 그것도 바다 위가 아니라, 바다 아래다. 바로 이러한 점 때문에 잠수함은 핵전력의 생존성을 보장할 수 있는 전략 자산으로 다시 부상하게 되었다.

잠수함은 이미 두 차례의 세계대전을 통해 그 가치를 입증한 무기체계였다. 그러나 디젤 잠수함은 바닷속에 오래 숨어 있을 수 없고, 멀리 갈 수 없으며, 주기적으로 수면 위로 부상해야 한다는 치명적인 한계를 가지고 있었다. 핵무기 시대의 억제 전략은 이 한계를 받아들이지 않았다. 보복 능력은 항상 살아 있어야 했고, 언제 어디에 있는지 상대가 알 수 없어야 했다. 이 조건을 만족할 수 있는 무기체계는 사실상 하나뿐이었다. 장기간 잠항이 가능하고, 위치가 노출되지 않는 잠수함이었다.

하지만 그러기 위해서는 기존의 디젤 추진 방식으로는 부족했다. 핵무기 시대의 잠수함은 더 이상 단순한 '작전용 무기'가 아니라, 전략적 생존을 보장하는 플랫폼이어야 했다. 여기서 핵추진이라는 발상이 본격적으로 힘을 얻기 시작했다.

억제를 유지하려면, 잠수함은 부상 없이 장기간 잠항하며 작전을 지속할 수 있어야 하고, 위치를 노출하지 않으면서 고속으로 기동할 수 있어야 한다. 디젤 잠수함도 은밀하지만, '수면 위로 부상해야 순간'이 있다. 이때, 디젤 잠수함은 취약해진다. 보복 능력은 '한 번이라도 끊기면' 억제의 신뢰가 흔들린다. 따라서 핵무기 시대의 잠수함은 단순히 잠항 시간을 늘리는 수준을 넘어, 부상 없이 수중에서 장기간 작전할 수 있는 추진 체계가 요구되었다.

미국의 선택:

미국의 핵추진 잠수함 개발은 단순한 기술 프로젝트 아닌 국가 프로젝트

미국은 핵추진 잠수함 개발을 단순한 기술 프로젝트가 아니라, 전략 프로젝트이자 국가 프로젝트로 보고 추진했다. 그 결과, 세계 최초의 핵추진 잠수함인 USS 노틸러스가 탄생했다. 1955년 1월, USS 노틸러스가 조선소 부두를 벗어나면서 "본 함은 원자력으로 항해 중"이라는 신호를 보냈을 때, 그것은 단지 새 함정의 출항 보고가 아니었다. '바다 아래에서 언제 어디서든 신출귀몰할 수 있는 국가 전력'의 등장을 알리는 것이었다. 이후 USS 노틸러스는 북극 해빙 아래를 통과하는 항해로, 바다 아래가 '접근 불가능한 공간'이 아니라 '전략적 기동 공간'이 될 수 있음

129

을 증명했다.

여기서 반드시 짚고 넘어가야 할 핵심이 있다. 미국이 핵추진 잠수함 개발이 빨랐던 이유는 천재 엔지니어가 많아서만이 아니다. 대통령의 결단 아래 해군과 원자력 조직을 사실상 통합해 국책사업단(해군원자로 사업단 성격의 통합 체계)을 만들어 인력·시설·기술을 집중 투입했기 때문이다. 원자로 개발은 많은 시간이 소요되고 큰 위험이 따르는데, 미국은 이 위험을 각 기관에 분산하는 대신, 국가가 집중적으로 관리했다. 그래서 원자로는 육상에서 먼저 검증한 뒤 잠수함에서 성능을 확인한다는 원칙을 세우고, '시운전' 자체를 가장 중요한 공정으로 다뤘다. 이처럼 USS 노틸러스는 단순한 기술적 성취를 넘어, '조직·리더십·통합 관리'가 만들어낸 결과물이었다.

초기 개발 단계에서 미국이 겪은 시행착오도 우리가 참고할 만한 가치가 있다. 미국은 원자로 시험용 잠수함인 USS 시울프[Seawolf]를 따로 건조해 원자로를 시험했는데, 그 과정에서 냉각재로 선택한 액체 금속(나트륨)이 부식과 방사능 누출 위험이 있는 것으로 드러났다. 결국 미 해군은 가압경수형(경수 냉각)으로 통일하는 길을 선택했다. 이 사례는 핵추진 잠수함 개발에서 무엇보다 철저한 검증을 통해 안전성과 신뢰성을 확보하는 것이 중요하다는 것을 보여준다.

소련의 대응: 추격이 아니라 생존을 위해 핵추진 잠수함을 개발하다

소련은 미국의 USS 노틸러스 소식이 들려오자, 즉각 반응했다. 미국이 핵추진 잠수함을 개발했다는 것은 단순히 기술 격차를 넘어, 억제 구조의 균형이 흔들릴 가능성이 있다는 것을 의미했다. 소련에게 핵추진 잠수함은 선택지가 아니라 필수 조건이 되었다.

그러나 소련의 길은 훨씬 더 험난했다. 소련은 미국을 따라잡아야 한다는 조급함에 시간에 쫓기듯 서둘러 국가 역량을 총동원해 핵추진 잠수함 개발에 나섰다. K-3(서방 분류 노벰버November급)은 개발 과정에서 수많은 문제를 겪었고, 시운전 및 운용 과정에서도 큰 사고를 경험했다. 또 고속 항해 시 안정성 문제, 방사소음, 그리고 원자로·기관 연동 문제도 발생했다. 그럼에도 불구하고 소련은 결코 포기하지 않았다. 절박했기 때문이다. 바다는 방어선이면서 탈출구였고, 지상 기반 전력의 취약성은 '바다 아래의 보복 능력'을 더욱 절실하게 만들었다.

여기서도 중요한 공통점이 있다. 소련 역시 핵추진 잠수함 개발을 국책사업으로 몰아붙였다는 것이다. 수많은 공장과 기업이 참여했고, 국가가 전면에 섰다. 결과적으로 소련의 초기 핵추진 잠수함은 거칠었지만, 속도·잠항심도 등 일부 영역에서 결코 무시할 수 없는 성능을 확보하며 미·소 경쟁을 '바다 아래'로 끌어내렸다.

이처럼 미국과 소련의 핵추진 잠수함 경쟁은 무기 경쟁이라기보다 억제 구조 경쟁이었다. 누가 더 강한 무기를 갖느냐가 아니라, 누가 더 확실하게 살아남아 보복할 수 있느냐의 문제였다. 냉전의 위험한 순간에 핵전쟁이 현실이 되지 않았던 배경에는 보이지 않는 바다 아래에서 핵추진 잠수함이 억제 수단으로서 제 기능을 했기 때문이다.

영국의 핵추진 잠수함 선택: 제국의 지위를 지탱하기 위한 마지막 기둥

영국이 핵추진 잠수함을 선택한 것은 쇠퇴해가는 제국이 전후 국제 질서 속에서 자신의 영향력을 어떻게 유지할 것인가에 대한 현실적 해답이었다. 제2차 세계대전 이후 영국은 더 이상 세계를 주도하는 패권국이 아니었다. 경제력은 제한되었고, 군사적 자율성도 점차 줄어들고 있었다.

그러나 영국은 한 가지 지위를 포기하지 않으려 했다. 핵심 안보 문제에서 배제되지 않고 발언권을 유지하는 국가로 남는 것이었다. 핵추진 잠수함은 바로 이 목표를 뒷받침할 현실적 수단으로 선택되었다.

영국이 핵무기 보유국으로 남기 위한 조건

영국은 일찍부터 핵무기의 정치적 의미를 이해하고 있었다. 핵무기는 단순한 군사 수단이 아니라, 국제 질서에서의 발언권을 상징했다. 핵무기를 보유하지 못한 국가는 주요 안보 결정에서 자연스럽게 주변부로 밀려났다.

그러나 문제는 어떤 형태의 핵전력을 보유할 것이냐였다. 지상 미사일 기지나 공군 중심의 핵전력은 비용이 많이 들고, 취약성도 컸다. 영국과 같은 중견 규모 국가에게 이는 지속 가능한 선택이 아니었다. 따라서 제한된 자원으로 가장 생존성 높은 핵전력을 선택해야 했다.

이때 영국이 주목한 해답이 바로 잠수함이었다. 바다 아래에 숨을 수 있고, 장기간 생존할 수 있으며, 상대가 제거하기 어려운 전력. 핵추진 잠수함은 영국에게 단순한 해군 전력이 아니라, 핵무기 보유국으로 남기 위한 최소 조건이 되었다.

'항상 한 척은 바다에'라는 원칙

영국 핵억제 전략의 핵심은 단순하지만 엄격하다. 항상 최소 한 척의 전략핵잠이 바다에 나가 있어야 한다는 원칙이다. 이른바 '연속 해상 억제

한국형 핵추진 잠수함

CASD, Continuous At-Sea Deterrence' 개념이다.

이 원칙은 영국 핵전력 운용의 모든 것을 규정한다. 정비, 훈련, 승조원 교대, 예산 배분까지 모두 이 조건을 충족하기 위해 설계된다. 평시에도 억제는 단 하루도 중단되어서는 안 된다는 인식이 깔려 있다.

핵추진 잠수함이 아니었다면 이 개념은 성립할 수 없었다. 디젤 잠수함으로는 장기간 연속 운용이 불가능했고, 위치 노출 위험도 컸다. 영국이 핵추진 잠수함을 선택한 이유는 분명했다. 핵억제는 '준비'가 아니라 '상태'여야 했기 때문이다.

미국과의 협력, 그러나 선택은 영국의 것

영국의 핵추진 잠수함 운용은 미국과의 긴밀한 협력 위에서 이루어졌다. 기술, 미사일, 원자로 설계 등 여러 분야에서 미국의 도움이 있었다. 그러나 이러한 협력은 종속이 아니라 역할 분담에 가까웠다. 영국은 미국의 기술을 활용하되, 운용 개념과 억제 원칙은 자국의 판단으로 유지했다. 핵추진 잠수함의 배치, 작전 지역, 운용 규칙은 영국 정부와 군의 통제 아래 놓였다. 핵추진 잠수함은 동맹의 자산이 아니라, 영국 국가의 최종 보루로 관리되었다. 이 점은 매우 중요하다. 영국은 핵추진 잠수함을 통해 미국과의 동맹을 강화했지만, 동시에 동맹에 완전히 의존하지 않는 전략적 자율성을 확보했다. 핵추진 잠수함은 동맹 속 자율성을 유지하는 도구였다.

소규모 전력, 그러나 높은 완성도

영국의 핵추진 잠수함 전력은 규모 면에서 결코 크지 않다. 항상 소수의 잠수함만을 유지해왔다. 그러나 이 소수는 매우 명확한 목적과 철저한 운용 원칙 아래 관리되었다. 영국은 '많이 갖는 것'보다 '확실하게 유지하는 것'을 선택했다. 정비 주기를 철저히 관리하고, 승조원 훈련과 교대 체계를 안정적으로 운영했다. 핵추진 잠수함 한 척의 공백이 곧 국가 억제력의 공백으로 이어질 수 있다는 인식이 자리 잡고 있었다.

이 경험은 중요한 교훈을 남긴다. 핵추진 잠수함의 가치는 숫자가 아니라, 운용의 지속성과 신뢰성에 있다는 점이다. 영국은 이 원칙을 수십 년 동안 흔들림 없이 유지해 왔다.

영국의 핵추진 잠수함은 국가 최상위 전략 자산이다

영국에서 핵추진 잠수함은 해군만의 무기가 아니었다. 그것은 총리와 내각, 의회가 직접 관여하는 국가 최상위 전략 자산이었다. 운용에 관한 최종 권한은 언제나 정치 지도부에 있었다. 이는 핵추진 잠수함이 단순한 군사 자산을 넘어, 국가 생존과 직결된 선택이라는 인식에서 비롯되었다. 핵추진 잠수함의 존재는 전쟁의 방식뿐 아니라, 외교 협상과 동맹 관계에서도 영국의 위치를 규정했다.

영국은 핵추진 잠수함을 통해 패권국은 아니더라도, 국제 안보 문제 과정에서 발언권을 유지할 수 있었다. 이것이 영국이 핵추진 잠수함을 포기하지 않은 가장 근본적인 이유였다.

영국도 핵추진 잠수함 개발 사업을 '해군만의 사업'으로 다루지 않았다. 핵추진 잠수함은 국가 최상위 전략 자산이었고, 정치 지도부가 직접 통제하는 체계로 관리되었다. 이처럼 영국의 핵추진 잠수함은 단지 기술이 아니라 통제 구조와 국가적 우선순위의 산물이었다.

프랑스의 핵추진 잠수함 선택: 국가 주권을 구현하는 수단

프랑스의 핵추진 잠수함 선택은 영국과 닮은 듯 보이지만, 출발점부터 성격이 달랐다. 영국이 동맹 속에서 자율성을 유지하려 했다면, 프랑스는 처음부터 동맹으로부터의 독립을 목표로 삼았다. 프랑스에게 핵추진 잠수함은 단순히 첨단 기술의 집약체가 아니라, 국가 주권을 실질적으로 구현하는 전략 수단이었다.

제2차 세계대전 이후 프랑스는 군사적 패배와 독일 점령이라는 쓰라린 기억을 동시에 안고 있었다. 군사적 패배보다 더 큰 충격은, 국가의 운명이 다른 나라의 결정에 의해 좌우되었다는 사실이었다. 이러한 경험은 프랑스 정치인들에게 하나의 분명한 교훈을 남겼다. 국가의 최종 생존은 동맹이 아니라, 우리 스스로 구축한 자주국방력에 달려 있다는 인식이었다.

미국 중심의 핵우산에 대한 드골의 문제의식

프랑스 핵전략의 출발점에는 샤를 드골Charles de Gaulle 이 있다. 드골에게 핵무기는 전쟁을 치르기 위한 수단이 아니었다. 그것은 프랑스가 독립된 전략 주체로 남기 위한 상징이자 보증서였다. 드골은 프랑스가 핵무기를 보유해야만 유럽의 강대국이자 주권 국가로 남을 수 있다고 보았고, 미국이 프랑스를 보호하기 위해 뉴욕을 희생할 수 있겠느냐는 질문을 던지며 프랑스의 핵 독자 보유의 정당성을 강조했다. 이러한 문제의식의 이면에는 어떤 상황에서도 프랑스의 생존과 관련된 결정은 프랑스 스스로 내려야 한다는 원칙이 깔려 있었다.

미국이 프랑스를 보호하기 위해 뉴욕을 희생할 수 있겠느냐는 문제

CHAPTER 2 핵추진 잠수함의 탄생과 전장 환경의 변화

의식은 자연스럽게 미국 중심의 핵우산 개념에 대한 불신으로 이어졌다. 미국의 핵억제는 유럽 전체를 보호하는 구조였지만, 프랑스의 관점에서 최종 결정권은 워싱턴에 있었다. 만약 프랑스의 생존이 위협받는 상황에서 미국이 다른 판단을 한다면, 프랑스는 그 판단을 받아들여만 했다. 그러나 이러한 미국 중심의 핵우산 구조를 프랑스는 받아들이지 않았다. 그 결과 프랑스가 선택한 것이 독자 핵전력이었고, 이를 가장 안정적으로 운용하기 위한 수단이 바로 핵추진 잠수함이었다.

'포스 드 프라프'와 핵추진 잠수함

'프랑스의 핵전력은 흔히 '포스 드 프라프Force de Frappe', 즉 독자적 타격 전력으로 불린다. 이 개념의 핵심은 단순하다. 프랑스가 공격받을 경우, 그 피해가 어느 정도이든 상대에게 치명적인 보복을 가할 수 있어야 한다는 것이다. 이것이 프랑스식 억제의 논리였다.

이 억제를 실질적으로 보장할 수 있는 수단이 바로 핵추진 잠수함이었다. 지상 기지나 항공 전력은 선제타격에 취약할 수 있지만, 바다 아래 있는 핵추진 잠수함은 제거하기 어렵다. 프랑스는 핵추진 잠수함을 통해, 자국의 핵억제가 외부 변수에 흔들리지 않도록 설계했다.

중요한 점은 프랑스가 이 모든 체계를 자력으로 구축했다는 사실이다. 원자로 기술, 미사일, 운용 개념까지 프랑스는 최대한 독자 노선을 유지했다. 이는 비용과 시간이 많이 드는 선택이었지만, 프랑스는 이를 감수했다. 전략적 자율성은 타협할 수 없는 가치였기 때문이다.

프랑스의 핵추진 잠수함은 최고 지도부의 통제 하에 운용

프랑스의 핵추진 잠수함 전력 역시 규모는 크지 않다. 그러나 프랑스는 영국과 마찬가지로, 항상 일정 수준의 억제력을 유지하는 구조를 구축했다. 핵심은 숫자가 아니라, 신뢰성이다. 프랑스는 핵추진 잠수함 운용을 철저히 국가 최고 지도부의 통제 아래 두었다. 발사 권한은 오직 대통령에게만 있으며, 지휘체계는 단순하고 명확하게 유지된다. 이는 억제의 신뢰성을 높이는 동시에, 오판의 가능성을 최소화하기 위한 선택이었다.

핵추진 잠수함은 단순히 프랑스 해군만의 전력이 아니라, 프랑스 공화국의 전략적 무기에 가까웠다. 이런 점에서 프랑스의 핵추진 잠수함은 군사 자산인 동시에 정치적 자산이기도 했다. 이처럼 프랑스가 핵추진 잠수함을 보유하게 된 것은 결국 국가 의지와 통제 구조의 승리였다.

동맹과 협력하되, 최종 결정권은 스스로 쥐는 구조

프랑스의 독자 노선은 종종 고립주의로 오해된다. 그러나 프랑스는 결코 동맹을 부정하지 않았다. 다만 핵억제라는 최종 수단만큼은 공동 관리의 대상이 될 수 없다고 판단했을 뿐이다.

프랑스는 나토NATO에 참여하면서도, 핵전력만큼은 철저히 자국 통제 아래 두었다. 이 선택은 때로 동맹 내 긴장을 낳았지만, 동시에 프랑스를 독립적 전략 주체로 인정하게 만드는 요인이 되었다. 핵추진 잠수함은 이 미묘한 균형을 가능하게 했다. 프랑스는 핵추진 잠수함을 통해 동맹과 협력하면서도 최종 결정권은 스스로 쥐는 구조를 현실로 만들었다.

프랑스 모델이 우리에게 던지는 질문

프랑스의 핵추진 잠수함 선택은 우리에게 다음과 같은 하나의 질문을 던진다. "국가는 어디까지 동맹에 의존할 수 있으며, 어디서부터 스스로 책임져야 하는가?"

프랑스는 이 질문에 "국가의 생존과 직결된 영역에서는 어떠한 외부 의존도 허용하지 않겠다"고 명확한 선을 그었다. 핵추진 잠수함은 이러한 선택을 현실로 구현할 수 있게 한 핵심 수단이었다. 이처럼 프랑스가 핵추진 잠수함을 보유할 수 있게 된 것은 국가 생존 문제에서 전략적 자율성을 확보하겠다는 강력한 국가 의지의 승리라 할 수 있다.

신흥 해군국 중국의 핵추진 잠수함 도전: "국가 생존의 동맥인 바다를 누가, 어떻게 지킬 것인가?"

중국의 해군 전략 변화: 연안 방어에서 대양 통제로

중국의 핵추진 잠수함 도전은 단기간에 이루어진 선택이 아니다. 그것은 중국이 어떤 국가로 변모하고 있는지를 가장 분명하게 보여주는 징표다. 한때 중국 해군은 연안을 지키는 방어 전력에 가까웠다. 바다는 외부 위협을 막아내는 장벽이었고, 해군의 임무는 그 장벽을 넘지 않도록 관리하는 것이었다.

그러나 중국의 경제가 성장하고, 이해관계가 해양으로 확장되면서 이 인식은 더 이상 유지될 수 없게 되었다. 에너지 수송로, 해상 교역로, 해외 거점은 모두 바다를 통해 연결되어 있었다. 중국에게 바다는 더 이상 방어선이 아니라 국가 생존의 동맥으로 바뀌기 시작했다. 이 변화의 끝에는 자연스럽게 하나의 질문이 자리 잡는다. "이 바다를 누가, 어떻게 지킬 것인가?"

'근해 방어'의 한계 인식

중국 해군의 초기 전략은 이른바 '근해 방어 전략'이었다. 자국 연안과 인접 해역에서 외부 세력의 접근을 차단하는 것이 목표였다. 이 전략은 중국의 군사·기술 수준과 국제 환경을 고려할 때 합리적인 선택이었다.

하지만 근해 방어 전략은 구조적 한계를 안고 있었다. 첫째, 중국의 핵심 이해관계가 연안 밖으로 빠르게 확장되고 있었다. 둘째, 연안 중심의 방어는 상대의 주도권을 전제로 한 전략이었다. 그 결과, 전장을 스스로 선택하기 어렵고, 항상 반응하는 위치에 머물 수 밖에 없었다. 중국 지도부는 이러한 한계를 점점 더 분명히 인식하게 되었고, 해군력이 연안에 묶여 있는 한, 중국은 해양 강국이 될 수 없다는 판단에 이르렀다. 이때부터 중국 해군 전략의 방향은 방어에서 통제로 옮겨가기 시작했다.

대양 해군으로의 전환

중국은 공식 문서에서 '대양 해군'이라는 표현을 점차 사용하기 시작했다. 이는 단순히 멀리 나가겠다는 선언이 아니었다. 대양 해군이란 특정 해역에 전력을 상시 유지하면서 위기 발생 시 즉각 개입할 수 있는 작전 능력을 갖춘 해군을 의미한다.

이 개념을 실현하기 위해서는 몇 가지 조건이 필요했다. 장거리 항해 능력, 장기 체류 능력, 그리고 무엇보다 생존성이 보장된 전력이 바로 그것이다. 중국은 이 조건을 만족시키는 핵심 수단으로 핵추진 잠수함을 주목했다.

CHAPTER 2 핵추진 잠수함의 탄생과 전장 환경의 변화

디젤 잠수함은 연안 방어에는 적합했지만, 대양 작전에는 한계가 분명했다. 보급과 충전 문제는 먼바다에서 치명적인 제약이 된다. 반면, 핵추진 잠수함은 이 제약을 구조적으로 제거한다. 중국이 핵추진 잠수함 개발에 집착한 이유는 기술 과시가 아니라, 전략 전환의 필연적 결과였다.

핵억제와 해군 전략의 결합

중국의 핵추진 잠수함 개발은 해군 전략 변화와 핵억제 전략이 결합된 결과다. 중국은 오랫동안 지상 기반 핵전력에 의존해왔지만, 이 전력은 점차 취약해지고 있었다. 정밀타격 기술과 미사일방어체계의 발전은 고정된 핵전력의 생존성을 낮췄다. 이 상황에서 바다 아래의 핵전력은 매력적인 대안이었다. 핵추진 잠수함은 위치를 숨길 수 있기 때문에 제거하기 어렵다. 중국은 핵추진 잠수함을 통해 자국 핵억제의 신뢰성을 보완하려 했다.

중요한 점은 중국이 핵추진 잠수함을 개발하고 운용하는 방식에서 미국이나 소련의 모델을 그대로 모방하지 않았다는 것이다. 중국은 자국의 전략 환경에 맞는 독자적 접근을 모색했다. 그 핵심은 연안과 대양을 연결하는 단계적 운용과 점진적 능력 확충에 있었다.

'접근 거부'에서 '영역 통제'로

중국 해군 전략의 변화는 종종 '접근 거부[A2/AD]' 개념으로 설명된다. 그러나 이 개념만으로는 중국의 핵추진 잠수함 도전을 충분히 설명할 수 없다. 접근 거부는 상대를 밀어내는 전략이지만, 중국이 지향하는 목표는 점차 영역 통제로 확장되고 있다.

핵추진 잠수함은 이러한 전환에서 핵심적인 역할을 수행한다. 수상 전력과 달리, 잠수함은 위치를 은폐함으로써 상대의 인식과 판단을 교란한다. 어디에 있는지 파악하기 어렵고, 언제 나타날지 예측하기 어렵다는 불확실성은 해역 통제의 중요한 요소로 작용한다.

중국은 핵추진 잠수함을 통해 특정 해역에 항상 존재할 수 있는 전력을 확보하려 한다. 이는 단기 충돌이 아니라, 장기 경쟁을 전제로 한 전략적 선택이다.

기술 격차보다 중요한 운용 개념

중국 핵추진 잠수함은 종종 기술적 완성도 측면에서 소음 수준, 센서 성능, 원자로 안정성 등에 대해서 다양한 지적과 논쟁이 이어져왔다. 그러나 전략적으로 더 중요한 것은 기술 격차가 아니라, 운용 개념의 변화다. 중국은 완벽한 핵추진 잠수함을 기다리기보다 불완전하더라도 운용 경험을 축적하고 점진적으로 개선해나가는 방식을 택했다. 이는 단기적 성능보다 장기적 전략 적합성을 중시한 선택이었다. 핵추진 잠수함은 단순히 한 세대의 무기가 아니다. 그것은 수십 년에 걸친 운용 경험 축적을 통해 성숙하는 전략 자산이다. 중국은 이 점을 분명히 인식하고 있었다.

중국의 사례가 보여주는 교훈

중국의 핵추진 잠수함 도전은 우리에게 중요한 한 가지 교훈을 준다. 핵추진 잠수함은 부유한 국가만의 전유물이 아니며, 해양 전략의 방향을 바꾸고 강화하려는 국가라면 반드시 검토해야 하는 전략 자신이라는 것이다.

중국은 핵추진 잠수함을 통해 연안 방어국에서 해양 국가로의 전환을 시도하고 있다. 이 과정은 아직 진행 중이며, 완성되지 않았다. 그러나 방향성만큼은 분명하다. 중국은 바다 아래의 전력을 확보하지 않고서는, 바다 위의 영향력을 유지할 수 없다는 전략적 인식을 갖고 있다.

신흥 해군국 인도의 핵추진 잠수함 도전:
'대륙 국가'에서 '인도양 국가'로의 전환

인도에게 핵추진 잠수함은
불안정한 대륙 안보를 보완하는 장치인 동시에 대양 진출을 위한 수단

인도의 핵추진 잠수함 도전은 중국과 유사해 보이지만, 그 출발점과 문제의식은 분명히 다르다. 중국이 경제 팽창과 해양 진출의 결과로 핵추진 잠수함을 선택했다면, 인도는 훨씬 오래전부터 지리적 조건이 요구하는 전략적 현실과 마주해왔다. 인도에게 해양 진출은 단순한 선택이 아니라, 전략적으로 선택할 수밖에 없는 숙명이었다.

인도는 대륙 국가이면서 동시에 인도양을 정면으로 마주한 해양 국가다. 인도양은 인도의 남쪽에 펼쳐진 완충지대이자, 동시에 국가 생존을 떠받치는 교통로였다. 에너지 수송, 해상 교역, 그리고 중동　아프리카·동남아로 이어지는 전략적 연결망은 모두 인도양을 중심으로 형성되어왔다. 바다를 통제하지 못한다는 것은 곧 국가의 혈관을 스스로 방치하는 것과 다름없었다.

그러나 오랫동안 인도는 이 바다를 적극적으로 통제하지 못했다. 냉전기 동안 인도의 해군 전략은 제한적이었고, 잠수함 전력 역시 연안 방어와 제한적 억제 수준에 머물러 있었다. 대양에서 장기간 은밀하게 활동하며 억제를 유지할 수 있는 전력은 존재하지 않았다. 인도의 전략적 시야는 육지에 묶여 있었고, 바다는 여전히 '외부 변수'에 가까웠다.

인도는 북쪽 대륙에서는 중국과 파키스탄이라는 육상 위협에 직면한 동시에, 남쪽 바다로 진출하기 위해서는 광대한 인도양을 안정적으로 통제해야 하는 과제를 안고 있었다. 인도는 파키스탄과 중국이라는 두 핵무장국가를 동시에 상대해야 하는 특수한 안보 환경에 놓여 있었다. 특히 파키스탄과의 짧은 지리적 거리와 반복되는 국지적 충돌로 인해 지상 기반 핵전력은 늘 취약한 상태에 있었고, 오판과 우발 충돌의 위험이 늘 존재했다.

이때 인도가 주목한 해답이 바다 아래의 핵전력이었다. 핵추진 잠수함은 지상 충돌과 분리된 공간에서 보다 안정적이고 지속적인 억제를 가능하게 한다. 인도에게 핵추진 잠수함은 대양 진출 수단인 동시에 불안정한 대륙 안보를 보완하는 구조적 장치였다.

핵추진 잠수함은 단순한 해군 무기체계가 아니라 국가 전략 인프라로 다뤄야

인도의 핵전략은 흔히 '신뢰 가능한 최소 억제'로 요약된다. 이는 상대를 압도하는 대량 보유 전략이 아니라, 공격받을 경우 반드시 보복할 수 있다는 신뢰를 유지하는 데 초점을 맞춘 전략이다. 이러한 개념이 성립하기 위해서는 최소한의 핵전력이 반드시 생존해야 하며, 그 생존성을 담보하는 최후 수단이 바로 핵추진 잠수함이다. 아리한트급 핵추진 잠수함을 포함한 인도의 핵추진 잠수함 개발은 '신뢰 가능한 최소 억제 전략'을 실현하기 위한 자연스러운 선택이었다.

다만, 인도의 선택은 전략적으로 옳았지만, 추진 방식에서는 분명한 한계를 드러냈다. 인도는 핵추진 잠수함이라는 국가 전략급 사업을 대통령실 또는 총리실 직속의 국책 통합 사업단이 아닌, 해군 주도의 개별 사업 형태로 추진했다. 그 결과, 원자로 개발, 연료 관리, 조선·시험 평가, 외교·국제 규범 대응이 하나의 지휘 체계 아래 통합되지 못했고, 부처 간 조정 실패와 책임 분산이 반복되었다. 이로 인해 사업은 수차례 중단과 재개를 거치며 30년 이상 장기화되었다.

이는 인도의 기술력 부족 때문만은 아니었다. 오히려 핵심 문제는 전략급 사업을 관리할 국가 차원의 통합 리더십과 상설 조직의 부재였다. 해군은 작전 운용의 주체로서는 적합했지만, 핵연료·원자로·국제 규범·외교 협상까지 포괄하는 사업의 총괄 주체로는 구조적 한계를 가질 수밖에 없었다. 이 점에서 인도의 사례는 핵추진 잠수함을 단순한 해군 무기체계가 아니라 국가 전략 인프라로 다뤄야 함을 역설적으로 보여 주는 사례다.

인도를 지역 강국에서 대양 국가로 만드는 열쇠

아리한트급 핵추진 잠수함의 의미는 성능 수치보다 상징성에 있다. 인도는 이 잠수함을 통해 비로소 핵억제의 세 번째 축을 완성했음을 선언했다. 이는 인도의 안보 계산을 근본적으로 바꾸는 사건이었다. 인도는 이제 지상 충돌과 별개로, 인도양이라는 공간에서 장기적 억제와 존재감을 유지할 수 있는 기반을 확보하게 되었다. 핵추진 잠수함은 인도를 지역 강국에서 대양 국가로 이동시키는 열쇠였다.

핵추진 잠수함의 등장은 인도의 해양 인식 자체를 바꾸었다. 인도양은 더 이상 방어해야 할 주변부가 아니라, 주도적으로 관리해야 할 전략 공간으로 재정의되었다. 해군은 육군 중심 안보 구조의 보조 전력에서 벗어나, 국가 억제 전략의 핵심 축으로 자리 잡기 시작했다. 항모, 수상 전력, 기지 확충, 그리고 핵추진 잠수함을 결합한 종합적 해양 전략 구상은 이러한 변화를 보여주는 결과였다.

중국과의 경쟁 속에서도 인도의 길은 다소 다르다. 중국이 세계로 나아가기 위해 인도양을 통과해야 한다면, 인도는 자국의 바다에서 주도권을 유지해야 한다. 이 긴장 속에서 핵추진 잠수함은 과시의 도구가 아니라, 존재 그 자체로 메시지를 발신하는 전략적 전력이 된다. 인도는 필요한 만큼의 억제와 감시를 유지하는 절제된 접근을 선택했다.

인도의 사례가 주는 교훈

인도의 핵추진 잠수함 도전은 중요한 교훈을 남긴다. 핵추진 잠수함은 패권 국가만의 전유물이 아니라, 복잡한 안보 환경 속에서 안정성을 추구하는 국가에게도 필수적 수단이 될 수 있다는 점이다. 또한 핵추진 잠수함 사업을 어떻게 추진하느냐가 성패를 좌우한다는 사실도 분명히 보여준다. 인도는 핵추진 잠수함 사업을 국책 통합 사업단이 아닌, 해군 주도의 개별 사업 형태로 추진함으로써 수차례 중단과 재개를 거치는 등 시행착오를 겪어야 했다. 바로 이 지점에서 우리는 인도의 성공보다 그 시행착오에서 더 많은 교훈을 얻어야 한다.

인도는 핵추진 잠수함을 단순한 해군 무기체계를 넘어 국가 생존과 직결된 전략 자산으로 인식했음에도 불구하고, 그 추진 체계는 끝내 이에 걸맞게 설계하지 못했다. 핵추진 잠수함 개발은 원자로 기술, 핵연료 관리, 조선 공정, 시험평가, 장기 운용 개념, 국제 규범 대응과 외교 협상

CHAPTER 2 핵추진 잠수함의 탄생과 전장 환경의 변화

까지 포괄하는 전형적인 초부처·초장기 국책 사업임에도, 인도는 이를 총리실 직속 또는 범정부 통합 사업단 형태로 끌어올리지 못했다.

실제로 ATV^{Advanced Technology Vessel} 사업은 명목상 국가 전략 사업이었지만, 실질적인 주도권은 해군과 일부 연구기관에 분산되어 있었다. 해군은 작전 운용의 주체로서는 적합했지만, 원자로 개발과 연료 문제, 국제사회의 시선 관리, 장기 예산 조정까지 통합적으로 조율할 수 있는 권한과 구조를 갖추지는 못했다. 그 결과, 사업은 단계마다 병목에 걸렸고, 기술적 문제보다도 조직 간 조정 실패와 책임 회피가 반복되었다. 개발 일정은 수차례 수정되었고, 이미 제작된 모듈이 장기간 방치되는 비효율도 발생했다.

이러한 구조적 한계로 인한 사업 지연은 결국 비용 폭증으로 이어졌다. 인도 해군의 연간 예산 규모를 감안할 때, 핵추진 잠수함 사업은 다른 전력 증강 계획과 상시적으로 충돌할 수밖에 없었다. 항모, 수상 전력, 디젤 잠수함, 항공 전력 등 눈에 보이는 전력 정비가 우선순위를 차지하면서, 핵추진 잠수함 사업은 항상 '다음 단계'로 밀려났다. 전략적으로는 필수였지만, 단기적으로는 부담이 되는 전력이라는 모순이 장기간 해소되지 못한 것이다.

결국 인도는 자체 개발의 마지막 단계에서도 러시아 아쿨라급 핵추진 잠수함을 재차 임대해 운용 노하우를 보완해야 했다. 이는 기술 이전의 문제가 아니라, 체계적 축적과 통합 관리의 부재를 외부 경험으로 메우는 선택이었다. 1980년대 초 구상된 핵추진 잠수함 계획이 실제 전력화되기까지 30년이 넘게 소요된 배경에는 기술 수준 이상의 제도적·조직적 문제가 자리하고 있었다.

한국형 핵추진 잠수함

핵추진 잠수함은 해군만 잘한다고 해서 완성되는 무기체계가 아니다. 핵추진 잠수함은 군, 과학기술, 산업, 규제, 외교를 국가가 하나로 묶어 장기간 일관되게 관리해야 하는 국가 전략 인프라다. 한국이 핵추진 잠수함을 추진한다면, 인도와 같은 시행착오는 결코 반복되어서는 안 된다. 해군 중심의 개별 사업 구조가 아니라, 국가 최고 의사결정권자의 책임 아래 범정부 통합 사업단을 구성하고, 기술·예산·외교·규범을 하나의 시간표로 관리해야 한다. 인도의 경험은 '핵추진 잠수함을 가질 것인가'의 문제가 아니라, '핵추진 잠수함 사업을 누가 어떻게 관리할 것인가'가 성패를 가른다는 사실을 분명히 보여준다. 이 교훈을 읽지 못한다면, 전략적 결단은 또 다른 지연으로 바뀔 수 있다.

●

한국의 선택

이제 질문은 자연스럽게 한국으로 돌아온다. 미국과 소련의 핵추진 잠수함 경쟁은 전쟁을 막기 위한 억제 구조 경쟁이었다. 영국은 대국의 지위를 지탱할 마지막 기둥으로 핵추진 잠수함을 선택했고, 프랑스는 동맹이 아니라 국가 의지로 핵추진 잠수함을 구축했다. 중국은 연안 방어에서 대양 통제로 전략을 전환하는 과정에서 핵추진 잠수함을 선택했고, 인도는 신뢰 가능한 최소 억제 전략을 바다 아래에 구현하기 위해 핵추진 잠수함을 선택했다.

그렇다면 한국은 어디에 서 있는가? 한국은 패권국도 아니고, 이미 핵보유국의 '완성형 억제'에 올라선 국가도 아니다. 그러나 한국은 한국만의 냉혹한 안보 환경에 놓여 있다. SLBM과 잠수함 전력의 전략무기화가 가속화되고, 세계에서 가장 높은 밀도의 수중전 경쟁이 전개되는 해역을 마주하고 있기 때문이다. 이런 조건에서 핵추진 잠수함의 의미는 분명해 진다. 한국에게 핵추진 잠수함은 힘을 과시하기 위한 것이 아니라, 시간 과 거리의 제약을 근본적으로 바꾸는 수단이며, 억제 구조가 흔들리는 순간에도 바다 아래에서 전략적 균형을 유지하게 하는 핵심 도구다.

바로 여기서 앞에서 언급한 핵추진 잠수함 보유국들의 경험이 남긴 가장 큰 교훈이 다시 떠오른다. 핵추진 잠수함 사업의 성패는 단순히 기 술만으로 결정되지 않는다. 국가 차원의 조직과 통제, 통합관리도 중요 하다. 미국, 소련, 영국, 프랑스는 국가 차원의 통합 국책사업단(또는 그에 준하는 추진·통제 체계)으로 문제를 해결해나갔고, 중국과 인도는 국가 차원의 통합 관리가 이루어지지 않아서 오랜 기간 시행착오를 겪었다.

따라서 한국의 선택은 이제 '가질 것인가 말 것인가'에 대한 단순한 찬반이 아니라, 다음과 같은 더 구체적인 질문으로 수렴해야 한다. "한 국은 핵추진 잠수함 사업을 단순한 '무기체계 개발 사업'으로 추진할 것 인가, 아니면 국가 차원의 국책사업단이 통합 관리하는 사업으로 추진 할 것인가?"

핵추진 잠수함은 단순한 무기체계가 아니라, 국가가 "우리는 전략적 억제력을 갖추고 있으며, 우리의 안보를 스스로 지킬 능력이 있다"는 것 을 실제로 보여주는 실체적 증거다. 한국이 핵추진 잠수함 사업을 논 의할 때 핵심은 기술이나 정치적 선언이 아니라, 억제 구조·운용 지속 성·국가 통제 체계·국제적 신뢰라는 네 축을 동시에 설계해야 한다는 것이다. 다른 핵추진 잠수함 보유국들의 사례를 무조건 따라해서 안 되겠지만, 그들의 사례가 주는 교훈을 참고할 필요는 있다.

북한이 핵추진 잠수함을 건조하고 있는 상황에서 핵추진 잠수함은 우리에게 선택이 아닌 국가 안보를 위한 필수 전력이 되었다. 지금까지 살펴본 핵추진 잠수함의 역사는 하나의 분명한 결론으로 수렴한다. 핵추진 잠수함은 단순히 기술이 가능해졌기 때문에 등장한 무기가 아니라, 전쟁의 양상이 바뀌었기 때문에 반드시 요구된 전력이라는 점이다. 디젤 잠수함이 아무리 발전하더라도 넘을 수 없는 시간과 거리, 지속성의 한계 앞에서, 해군은 결국 전혀 다른 추진 개념을 선택할 수밖에 없었다. 핵추진 잠수함은 그 선택의 결과였다.

핵추진 잠수함의 가치는 속도나 화력의 우위에 있지 않다. 핵추진 잠수함의 진정한 가치는 언제, 어디서든, 무제한으로 잠항하며 작전할 수 있는 능력에 있다. 바다 아래에서 상시적으로 전개할 수 있는 핵추진 잠수함은 싸우기 위한 무기체계라기보다는 그 존재만으로 상대가 전쟁을 계산하는 방식 자체를 바꾸게 함으로써 전쟁을 억제하는 전략 자산이다. 세계 각국의 선택이 이를 입증한다. 미국과 소련은 핵추진 잠수함을 통해 억제의 균형을 관리했고, 영국과 프랑스는 제한된 국력 속에서도 핵추진 잠수함을 포기하지 않음으로써 전략적 자율성을 유지했다. 중국과 인도 역시 지역 강국을 넘어 대양 해군으로 도약하는 과정에서 핵추진 잠수함을 핵심 축으로 삼았다. 국가별 경로와 목적은 달랐지만, 공통점은 분명하다. 이제 핵추진 잠수함은 선택 사항이 아니라, 일정 수준 이상의 해양 전략을 유지하기 위해 반드시 필요한 전력이 되었다는 점이다.

한국은 세계에서 가장 복잡한 해양 안보 환경 중 하나에 놓여 있다. 좁은 해역, 밀집된 항로, 고도화되는 주변국 잠수함 전력, 그리고 유사

시 단기간에 전쟁 강도가 급격히 상승할 수 있는 지정학적 조건을 동시에 안고 있다. 여기에 더해 한국의 해양 안보는 연안 방어를 넘어 원양으로 확장되고 있으며, 해상교통로 보호와 연합·독자 작전의 지속성은 더 이상 선택이 아닌 필수 전제가 되고 있다.

디젤 잠수함 전력을 세계 최고 수준까지 끌어올린 한국 해군에게 핵추진 잠수함은 디젤 잠수함의 '대체재'가 아니다. 그것은 디젤 잠수함이 이미 충분히 해낸 역할 위에서, 디젤 잠수함으로는 더 이상 감당할 수 없는 영역을 맡기기 위한 전력이다. 즉, 문제는 '디젤 잠수함이냐 핵추진 잠수함이냐'의 선택이 아니라, 어떤 임무를 어떤 전력에게 맡길 것인가의 문제다.

오랜 숙원이던 핵추진 잠수함 건조가 가능해진 지금, 다음 단계의 질문은 피할 수 없다. 한국에게 필요한 핵추진 잠수함은 어떤 성격의 전력인가? 전략핵잠인가, 공격핵잠인가? 대형 대양형인가, 중형 다목적형인가? 그리고 무엇보다, 몇 척이면 충분한가라는 질문이다.

제3장은 바로 이 질문들에 답하기 위한 장이다. 감정적 찬반이나 상징적 논쟁을 넘어, 한국의 안보 환경과 작전 개념, 경제력과 유지 능력, 연합·독자 작전의 현실을 기준으로 핵추진 잠수함의 필요성과 형태를 차분히 검토하겠다. 핵추진 잠수함이 왜 필요한지, 필요하다면 어떤 형태가 합리적인지, 그리고 최소 몇 척이 있어야 실질적 전력으로 기능할 수 있는지 좀 더 구체적으로 살펴보겠다.

한국형 핵추진 잠수함 사업, 어떻게 추진할 것인가

- 한국형 핵추진 잠수함의 필요성, 유형, 적정 척수 -

한국형 핵추진 잠수함이 필요한 이유

핵추진 잠수함은 강대국을 흉내 내기 위한 상징적 무기가 아니다. 그것은 '있으면 멋진 전력'이 아니라, 없을 경우 구조적으로 취약해질 수밖에 없는 전력이다. 핵추진 잠수함 보유국들이 각자의 역사와 위협 인식 속에서 핵추진 잠수함을 선택해온 과정을 한국의 현실에 비춰보면, 질문은 자연스럽게 하나로 수렴된다. 그것은 '왜 그들이 핵추진 잠수함을 가졌는가'가 아니라, '그들과 비슷하거나 오히려 더 불리한 안보 환경에 놓인 한국은 왜 예외여야 하는가'라는 질문이다.

그동안 한국 사회의 핵추진 잠수함 논의는 두 가지 오해 속에서 반복되어왔다. 하나는 핵추진 잠수함이 강대국만이 운용할 수 있는 전력이라는 인식이고, 다른 하나는 그것이 본질적으로 공격적이며 불필요한 긴장을 초래하는 무기라는 주장이다. 그러나 한반도를 둘러싼 수중 안보 환경은 이미 이 두 전제를 동시에 무너뜨리고 있다.

한국은 세계 10대 경제권 국가로서 말라카 해협 – 남중국해 – 인도양으로 이어지는 해상교통로SLOC를 국가 생존의 핵심 기반으로 삼고 있다. 이는 한국이 더 이상 연안에 머무는 국가가 아니라, 해상교통로의 안정에 직접적인 이해관계를 지닌 해양 국가임을 의미한다. 동시에 이러한 해역에서 활동하는 주변국들의 잠수함 전력은 한국 안보에 상시적인 압박으로 작용하고 있다.

더 나아가 동해 · 서해 · 남해라는 제한된 공간 안에서 여러 국가의 잠수함 전력이 밀집해 활동하는 현실 속에서, 한반도 주변 해역은 세계적으로도 드문 고밀도 수중 경쟁 공간으로 변화하고 있다. 이 지역은 평시와 전시, 군사와 비군사의 경계가 모호해진 상태에서 상시적인 수중 경쟁이 이루어지는 공간이며, 단 한 번의 충돌이 급격한 확전으로 이어질 수 있는 지정학적으로 압축된 환경이다.

이러한 조건에서 핵추진 잠수함은 더 이상 전쟁 발발 시에만 투입되는 전력이 아니다. 평상시부터 억제와 위기 관리를 수행하며 긴장을 관리하는 핵심 전략 수단으로 기능한다. 그러나 디젤 잠수함 중심의 전력 구조는 장기간 잠항, 고속 재배치, 지속적인 추적이 요구되는 임무 환경에서 점점 불리해지고 있다. 충전과 보급, 스노클링, 제한된 작전반경이라는 구조적 제약이 시간이 갈수록 작전상의 약점으로 누적되기 때문이다.

이러한 맥락에서 한국의 핵추진 잠수함 논의는 국제적 유행을 따라가는 선택이 아니라, 지정학적 현실이 요구하는 대응에 가깝다. 한국이 핵추진 잠수함을 필요로 하는 이유는 다음과 같은 구조적 요인들로 정리할 수 있다.

① 북한의 SLBM 전력화와 탐지 불연속성 문제
② 중국과 일본의 대양 해군화, 그리고 서해에서의 그레이존^{gray zone} 압박
③ 한·미 동맹 구조 변화 속에서의 전략적 자율성 확보
④ 해양경제·산업·국가의 미래가 결합된 생존 차원의 과제

이 요인들은 서로 분리된 사안이 아니다. 이들은 맞물리며 한국의 바다를 단순한 작전 공간이 아니라, 국가 생존이 달린 공간으로 변화시키

한국형 핵추진 잠수함

고 있다. 그렇기 때문에 핵추진 잠수함은 단순한 전력 증강의 문제가 아니다. 이는 수중 영역에서 한국의 생존 조건을 어떻게 설계할 것인가라는 근본적 질문으로 이어진다. 제3장은 바로 이 질문에 답하기 위한 출발점이며, 나아가 "어떤 핵추진 잠수함을, 몇 척 정도 확보해야 하는가"라는 구체적 결론으로 나아가기 위한 토대다.

●

한국이 직면한 해양 안보 환경

북한 SLBM과 억제 환경의 변화

북한의 SLBM(잠수함발사탄도미사일) 전력화가 위험한 이유는 단순히 '잠수함에서 미사일을 발사할 수 있게 되었다'는 기술적 진전에 있지 않다. 더 본질적인 위협은 한반도의 전략 환경에 '탐지의 불연속성 Discontinuity of Detection'이라는 구조적 공백을 만들어냈다는 점에 있다.

지상 이동식 발사대TEL나 고정식 미사일 기지는 정찰위성, 정찰기, 신호정보SIGINT 등을 통해 완전하지는 않더라도 일정 수준의 사전 탐지가 가능하다. 이들은 언제든 감시 대상이 될 수 있는 '관측 가능한 표적'이다. 반면 SLBM을 탑재한 잠수함은 출항과 동시에 전혀 다른 영역으로 들어간다. 수면 아래로 잠수하는 순간, 그 존재는 복잡한 수중 음향 환경 속으로 사라지고, 기존 감시체계는 구조적 한계에 직면한다. 이때부터 특정 해역은 사실상 지속적 감시가 어려운 '블랙박스 구간Black Box Zone'으로 변한다.

한반도 주변 해역의 특성은 이러한 문제를 더욱 증폭시킨다. 동해는

2023년 9월 6일 봉대잠수함공장에서 열린 북한 SLBM 탑재 김군옥영웅함 진수식 장면. 〈사진 출처: 조선중앙통신〉

북한이 공개한 신형 전략핵잠(SSBN). 〈사진 출처: 조선중앙통신〉

한국형 핵추진 잠수함

급경사의 해저 지형과 심해 수층이 복합적으로 형성되어 있고, 서해는 얕은 수심과 강한 조류, 높은 탁도로 인해 음향 탐지가 쉽지 않다. 여기에 수온약층 변화, 배경 소음, 민간 선박 활동까지 더해지면 음파는 쉽게 왜곡·감쇠된다. 이 환경에서는 '이론적으로 가능한 탐지'가 곧 '현실적으로 불안정한 탐지'로 전환된다. 핵심은 북한이 이러한 해저 지형과 음향 조건을 단순한 은신 공간이 아니라, 의도적으로 활용되는 전술적 은폐 자산으로 사용하기 시작했다는 점이다.

이로 인해 SLBM 시대의 억제 환경은 근본적으로 달라진다. 과거에는 발사 이후의 대응, 즉 사후 타격 능력이 억제의 중심이었다면, 이제는 발사 이전 단계에서의 지속적 추적과 위치 파악이 억제의 핵심이 된다. 그러나 탐지의 불연속성이 존재하는 한, 한국은 가장 위험한 형태의 공백, 즉 '언제, 어디서 위협이 나타날지 알 수 없는 상태'를 구조적으로 떠안게 된다.

이 탐지 공백을 실질적으로 줄일 수 있는 수단은 핵추진 잠수함밖에 없다. 핵추진 잠수함의 강점은 단순히 장기간 잠항이 가능하다는 점에 있지 않다. 장기 잠항, 고속 기동, 동일 해역에서의 지속적 추적 능력이 결합될 때에만 SLBM 위협의 본질인 '탐지의 불연속성'을 끊어낼 수 있다.

핵추진 잠수함은 북한 잠수함이 출항하는 순간부터 예상 발사 해역에 이르기까지 전 과정을 밀착해 추적할 수 있다. 이 과정에서 단순한 위치 정보뿐 아니라 음문音紋, 즉 잠수함 고유의 소음 특성을 장기간 축적할 수 있다. 추진축과 스크류, 펌프와 각종 장비에서 발생하는 소음의 미세한 변화는 시간이 축적될수록 해당 플랫폼의 정체성을 더욱 분명히 드러낸다. 이는 '발견'이 아니라 '지속적 식별'을 가능하게 한다.

157

여기서 중요한 것은 한 번 찾아내는 것이 아니라, 계속해서 놓치지 않는 것이다. SLBM 억제의 핵심은 발사 이후의 요격이 아니라, 발사 이전 단계에서부터 상대가 "이 시도는 성공할 수 없다"고 인식하도록 만드는 데 있다. 북한이 잠수함을 통한 제2격 능력을 실질적으로 확보했다고 믿는 순간 억제는 불안정해진다. 반대로 출항과 동시에 지속적으로 추적당하고 있다는 인식이 고착될 경우, SLBM은 보유 여부와 관계없이 전략적 가치가 급격히 저하된다.

결국 문제의 본질은 미사일 그 자체가 아니라, 플랫폼의 은폐가 만들어내는 탐지 공백이다. 한국이 끊어야 할 대상은 미사일이 아니라, 바로 이 블랙박스 구간이다. 이 점에서 핵추진 잠수함은 북한이 SLBM을 통해 구축하려는 '바다 아래의 제2격 능력'을 구조적으로 무력화하는 억제 수단이다. 이는 핵추진 잠수함이 있으면 승리한다는 주장이 아니라, 핵추진 잠수함이 없을 경우 탐지 공백이 발생하고, 그 공백이 상대의 오판을 유발한다는 구조적 결론에 가깝다. 한국에게 핵추진 잠수함은 북한의 수중 핵공격 가능성을 차단하는 결정적 방패다.

중국·일본의 대양 해군화와 서해 그레이존 압박

중국과 일본의 잠수함 전력 강화는 단순히 보유 척수를 늘리는 차원을 넘어선다. 이는 해군 작전 개념이 연안 방어 중심에서 벗어나, 대양에서 장기간 기동하며 지속적으로 작전을 수행하는 방향으로 전환되고 있음을 보여준다. 이 변화는 한국에게 "잠수함을 몇 척 더 늘릴 것인가"라는 질문이 아니라, 수중 작전 개념 자체를 근본적으로 재설계해야 한다는 과제를 안겨준다.

중국은 하이난海南섬 싼야三亞 기지를 거점으로 전략핵잠SSBN과 공격핵잠SSN을 연계한 상시 핵억제 순찰 체계를 구축하며, 활동 범위를 서태평양을 넘어 인도양까지 확장하고 있다. 한국이 직면한 핵심 문제는 중국 잠수함의 '숫자'가 아니라, 이들이 어디까지 나아가 얼마나 오랫동안 머물 수 있는가다. 중국 공격핵잠의 활동 반경과 체류 시간이 늘어날수록, 한국의 감시·추적·차단 임무는 더 이상 한반도 연안에 국한될 수 없다. 이 시점부터 경쟁의 기준은 거리나 최고 속도가 아니라, 작전을 얼마나 오래 지속할 수 있는가로 전환된다.

일본의 변화 역시 다른 방식으로 한국에 구조적 부담을 준다. 일본은 소류蒼龍급과 다이게이大鯨급 잠수함을 통해 리튬이온 배터리를 적용한 장기 잠항 능력을 확보하며, 디젤 잠수함임에도 일부 임무 영역에서는 핵추진 잠수함에 근접한 운용 특성을 보이고 있다. 여기에 더해 일본 내에서는 핵추진 잠수함 보유 가능성까지 공론화되고 있다. 전방 해역 체류 시간이 길어질수록, 한국의 디젤 잠수함 전력은 충전과 귀항이라는 반복적 작전 패턴에 묶일 수밖에 없고, 이러한 격차는 단기간에 해소되기 어렵다. 한국이 핵추진 잠수함을 확보하지 못할 경우, 이러한 변화는 일시적 열세가 아니라 구조적으로 고착된 불리함으로 이어질 가능성이 크다.

대양 해군화의 흐름은 서해에서도 나타나고 있다. 중국은 서해를 단순한 접경 해역이 아니라, 장기적으로 관리·통제하는 사실상의 '내해'로 전환하려는 전략을 추진하고 있다. 이 과정은 전면적 군사 충돌이 아니라, 해양 구조물 설치, 감시·청음 장비 배치, 관할 해역 반복 진입과 같은 그레이존 방식으로 전개된다. 한·중 잠정조치수역 인근 구조물 설치

CHAPTER 3 한국형 핵추진 잠수함 사업, 어떻게 추진할 것인가

중국의 서해 구조물 설치
중국 주장
'작전 경계선'
(동경 124도)
북한
평양
보하이해
서울
한국
칭다오
서해
선란 1호
고정 구조물
선란 2호
잠정
조치
수역
중국
이어도
한국측 EEZ
(배타적경제수역)

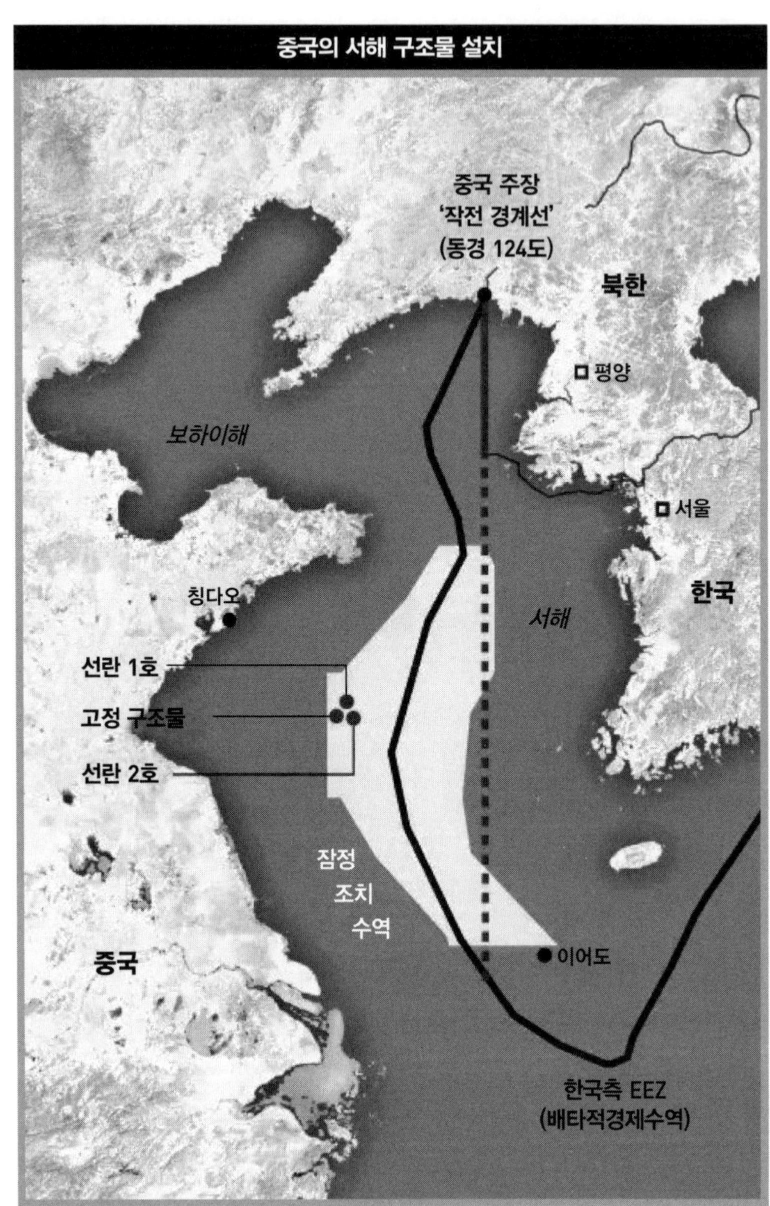

한국형 핵추진 잠수함

와 2024년 한 해 동안 330회 이상 발생한 중국 군함의 한국 관할 해역 진입은, 이러한 압박이 이미 상시화 단계에 접어들었음을 보여준다.

문제는 이러한 환경에서 디젤 잠수함, 수상함, 항공 전력 중심의 대응이 구조적 한계를 가질 수밖에 없다는 점이다. 그레이존 상황은 사건 발생 이후 대응하는 방식으로는 관리되지 않는다. 갈등은 서서히 누적되며 새로운 '현상'을 만들어가고, 이에 대한 사후적 항의만으로는 공간의 주도권을 되돌리기 어렵다. 서해에서 필요한 것은 존재를 과시하는 대응이 아니라, 항상 존재하지만 드러나지 않는 감시와 기록의 능력이다.

핵추진 잠수함은 이러한 요구에 가장 부합하는 플랫폼이다. 좁은 해역에서도 장기간 은밀한 감시와 신속한 기동을 동시에 수행할 수 있으며, 상대의 활동을 시간의 축에 따라 지속적으로 기록할 수 있고, 이러한 기록이 쌓이는 순간 그레이존 압박은 모호한 분쟁이 아닌 증거의 영역으로 이동한다. 동시에 서해에서의 상시적이고 은밀한 수중 감시는 "이 해역을 관리하는 주체는 누구인가"라는 질문에 대한 분명한 국가적 신호가 된다.

이 맥락에서 핵추진 잠수함의 가치는 상대를 격침하는 전술적 능력에 있지 않다. 핵심은 평시부터 책임져야 할 해역과 임무를 상시적으로 감당할 수 있는 구조를 갖추는 데 있다. 수중전에서 균형은 잠수함의 숫자가 아니라, 실제로 투입 가능한 시간과 지속성으로 증명된다. 그런 점에서 핵추진 잠수함은 전력을 과시하기 위한 수단이 아니라, 변화된 해양 환경 속에서 한국의 수중 전력 구조를 안정시키기 위한 기반 장치라고 할 수 있다.

달라지는 동맹 구조와 자율성 문제

미국의 국방 전략은 이미 중국 견제를 중심으로 재편되고 있다. 이에 따라 미 해군의 공격핵잠[SSN] 전력 역시 남중국해, 필리핀해, 인도양 등 광범위한 해역으로 분산 운용되는 추세다. 이는 한반도 인근에 미 핵추진 잠수함이 항상 높은 밀도로 전개되기 어려워질 수 있음을 의미한다. 여기서 중요한 점은 '미국이 한국을 도와주지 않는다'는 단순한 결론이 아니다. 핵심은 미국 또한 전략 환경 변화에 따라 전력을 분산할 수밖에 없는 구조로 이동하고 있다는 현실을 인식하는 데 있다.

이러한 환경에서 한국이 자체적인 핵추진 잠수함 전력을 보유하지 못한다면, 한반도 수중 공간의 관리와 통제는 불가피하게 외부 변수에 크게 의존하게 된다. 반대로 한국이 자체 공격핵잠 전력을 확보할 경우, 한·미 동맹은 보호자와 수혜자의 관계를 넘어 역할을 분담하는 동맹으로 진화할 수 있다. 한국의 핵추진 잠수함은 북한과 중국 잠수함의 움직임을 조기에 포착하고, 이를 미 인도·태평양사령부와 실시간으로 공유함으로써 동맹 전체의 억제 신뢰도를 실질적으로 높이는 핵심 자산이 된다.

잠수함전에서 정보의 가치는 단순한 '속보성'에 있지 않다. 더 중요한 것은 연속성이다. 잠수함의 움직임은 한 번 포착하는 것만으로는 의미가 제한적이며, 장기간 축적된 행동 패턴이 있어야 다음 행동을 예측할 수 있다. 한국의 핵추진 잠수함이 제공하는 가치는 바로 이 연속적인 정보 축적 능력이다. 이는 동맹 차원에서 결코 '공짜'가 아니다. 한국이 대신 수행하는 고비용·고위험 임무이며, 그 자체가 실질적인 부담 분담이다.

이 차이는 위기 상황에서 더욱 분명해진다. 핵추진 잠수함은 '곧 도착할 전력'이 아니라 '이미 현장에 있는 전력'이다. 억제에서 이 차이는 결정적이다. 위기 국면에서 상대는 항상 '전력이 도착하기 전까지의 공백'을 계산하지만, 핵추진 잠수함이 이미 전개되어 있다면 그러한 계산 자체가 무의미해진다. 핵추진 잠수함은 전장에 가장 먼저 도착하는 전력이 아니라, 애초에 떠나지 않고 상시 존재하는 전력이기 때문이다.

이러한 맥락에서 한국의 전략적 자율성은 동맹을 약화시키는 개념이 아니다. 오히려 동맹을 현실적으로 지속 가능하게 만드는 기반이다. 책임을 분담하는 동맹만이 장기적으로 유지될 수 있으며, 핵추진 잠수함은 한국이 그 책임을 말이 아니라 실물 전력으로 보여주는 수단이다.

●

한국형 핵추진 잠수함의 크기와 성능은 어떠해야 하는가

핵추진 잠수함 논의가 시작될 때 가장 먼저 제기되는 질문은 '미국처럼 만들면 되지 않느냐'는 것이다. 그러나 이 질문은 핵추진 잠수함을 이미 완성된 제품으로 바라보는 시각에서 출발한다는 점에서 한계를 지닌다. 핵추진 잠수함은 단순한 무기체계가 아니라, 한 국가의 안보 환경과 작전 공간, 억제 개념이 오랜 시간에 걸쳐 응축된 결과물이다. 성능이 뛰어난 모델을 그대로 도입하면 '좋은 잠수함'은 될 수 있지만, 그것이 곧바로 '한국에 맞는 잠수함'이 되는 것은 아니다.

미국의 핵추진 잠수함은 전 세계 해양을 작전 공간으로 삼는 대양국

CHAPTER 3 한국형 핵추진 잠수함 사업, 어떻게 추진할 것인가

가의 전력이다. 장기간 원해 작전과 대양 횡단, 상시 전개를 전제로 설계되었기 때문에 대형 선체와 높은 출력, 긴 항속거리는 합리적인 선택이다. 그러나 한반도의 동해·서해·남해처럼 공간이 제한되고 수심과 해저 지형이 복잡하며 배경 소음이 높은 환경에서 우리에게 필요한 것은 '최고 성능'이 아니라 '환경에 최적화된 성능'이다. 필요 이상으로 큰 선체와 출력은 운용 부담과 유지 비용, 기지 인프라, 승조원 운용 문제로 되돌아올 수 있다. 핵추진 잠수함은 단기적 전력이 아니라 수십 년간 운용해야 하는 장기 자산이기 때문이다.

영국과 프랑스의 핵추진 잠수함 역시 한국과는 출발 조건이 다르다. 두 나라는 핵 억제 체계의 일부로 잠수함 전력을 발전시켜왔으며, 전략핵잠SSBN을 중심으로 공격핵잠SSN이 이를 보호하고 상대의 핵추진 잠수함을 추적·감시하는 구조를 갖는다. 반면, 핵을 갖고 있지 않은 한국은 전략핵잠을 보유하고 있지 않으며, 자국 전략핵잠을 보호하기 위한 공격핵잠 운용 개념도 존재하지 않는다. 한국이 필요로 하는 것은 북한의 전략핵잠을 추적·감시하고 그 은폐 공간을 무력화하기 위한 공격핵잠이다. 즉, 한국형 핵추진 잠수함은 핵무기를 탑재하지 않는 국가가 선택한 K-SSN이어야 한다.

이 때문에 '한국형'이란 기존 모델의 단순한 축소판을 의미하지 않는다. 한국의 안보 환경과 작전 조건을 기준으로 처음부터 다시 정의된 잠수함이라는 뜻이다. 그리고 이 정의의 중심에는 기술이 아니라 임무가 있다. 무엇을 하게 할 것인지가 분명하지 않다면, 크기와 원자로 출력, 무장과 속도에 대한 논의는 과도함과 부족함 사이에서 일관된 기준을 세우기 어렵게 된다. 한국형 핵추진 잠수함의 목표는 전략핵잠이 아니라 공격핵잠이며, 여기서 '공격'이란 공격적 의도가 아니라 추적 · 차단 · 통제 · 관리를 수행하는 기능적 개념을 의미한다.

이러한 임무는 전시 상황만을 가정해서는 완성될 수 없다. 전쟁은 예외적 상황이지만, 억제와 관리는 일상적으로 이루어진다. 따라서 한국형 핵추진 잠수함의 임무는 평시, 위기 시, 전시로 단절되지 않는다. 평시에는 존재 자체로 억제 효과를 제공하고, 위기 상황에서는 이미 전개된 상태에서 정책적 선택의 폭을 넓히며, 전시에는 필요할 경우 결정적인 순간에 개입한다. 동시에 한국 단독 작전과 한 · 미 연합작전의 접점에서 운용되어야 한다. 독자성은 고립을 의미하지 않으며, 연합성은 종속이 아니라 역할 분담의 결과다.

이 과정에서 중요한 설계 원칙은 '절제'다. 절제는 약점이 아니라 전략적 선택이다. 한국은 국제 규범과 신뢰를 안보 자산으로 삼는 국가이며, 핵무기를 보유하지 않은 국가의 핵추진 잠수함은 그 자체로 관리 모델의 신뢰성을 요구받는다. 따라서 한국형 핵추진 잠수함은 기술적으로 가능한 모든 것을 담기보다, 국제사회에 충분히 설명 가능한 것들을 신중히 선택하여 반영해야 한다. 무엇을 할 것인가만큼 무엇을 하지 않을 것인가를 명확히 규정하는 것은 중요하다. 따라서 설계 단계에서 무엇을 하지 않을 것인가를 명확히 규정하는 것이 반드시 선행되어야 한다. 그래야만 과시적 확장을 피하면서도 충분한 억제 효과를 확보할 수 있다. 이것이 우리가 지향해야 할 한국형 핵추진 잠수함 사업의 핵심 방향이다.

크기와 배수량은 어느 정도가 적절한가

잠수함의 크기와 배수량은 단순한 수치가 아니다. 그것은 이 잠수함이 어디에서, 얼마나 오래, 어떤 방식으로 작전을 수행할 것인지를 압축적으로 드러내는 전략적 선언이다. 핵추진 잠수함에서 크기는 원자로 출력과 추진체계 구성, 정숙 설계의 여유, 무장 적재 능력, 승조원 생활 공간, 장기 작전 지속성까지 모든 요소와 직결된다. 그래서 "얼마나 크게 만들 것인가"라는 질문은 기술적 선택이 아니라 운용 철학의 문제로 귀결된다.

대형 핵추진 잠수함은 대양 작전을 전제로 할 경우 합리적인 선택이지만, 한국 해역에서는 과도한 크기가 기동의 자유를 제약하고, 수중 전력이 밀집된 환경에서 은밀성을 유지하는 데 오히려 불리하게 작용할 수 있다. 반대로 소형 핵추진 잠수함은 초기에는 효율적으로 보일 수 있으나, 크기가 줄어들수록 원자로 출력의 여유가 감소하고 장기 작전 능력은 급격히 약화된다. 특히 한국이 요구하는 핵심 임무가 수주에서 수 개월에 이르는 지속적인 추적과 관리라면, 지나치게 작은 플랫폼은 주력 전력으로서의 안정성을 담보하기 어렵다.

이러한 조건을 종합할 때, 한국형 K-SSN은 수중 배수량 약 6,000~7,000톤급의 중형으로 수렴한다. 이는 타협의 산물이 아니라 현실적 요구의 결과다. 영국의 아스튜트Astute급과 프랑스의 쉬프랑Suffren급(바라쿠다Barracuda급)이 같은 범주로 수렴한 이유 역시 장기 작전 능력, 정숙성, 무장 여유, 승조원 생활 조건이라는 네 가지 요소를 동시에 충족하기 위해서였다. 한국 역시 이 조건에서 자유로울 수 없다. 중형은 '가능한 한 크게'가 아니라, 필요한 만큼만 설계하는 전략적 선택이다.

중형 플랫폼의 또 다른 장점은 확장성이다. 한국형 핵추진 잠수함은 처음부터 모든 능력을 완성형으로 구현해야 하는 전력이 아니다. 초기에는 절제된 임무와 무장으로 출발하되, 운용 경험과 기술 축적에 따라 단계적으로 능력을 확장해나가는 것이 현실적인 경로다. 중형 플랫폼은 이러한 성장을 가능하게 하는 구조적 여유를 제공한다. 반대로 처음부터 과도한 크기를 선택할 경우, 이후의 조정과 수정은 쉽지 않다. 핵추진 잠수함은 한 번 크기가 결정되면 되돌리기 어려운 전력이다. 그런 점에서 중형이라는 선택은 욕심의 결과가 아니라, 절제와 현실 인식이 만들어낸 결론이다.

핵연료는 왜 저농축이어야 하는가

핵추진 잠수함에 대한 가장 대표적인 오해는 '고농축 핵연료를 쓰기 때문에 더 강력하고 빠르다'는 인식이다. 그러나 핵추진의 본질은 연료의 농축도가 아니라, 추진 방식이 만들어내는 작전 방식의 변화에 있다. 핵추진은 최고 속도를 과시하기 위한 선택이 아니다. 연료 보급과 스노클링의 제약에서 벗어나, 장기간 특정 해역에 머물며 필요할 때 자유롭게 기동할 수 있는 능력을 확보하는 것이 핵심이다.

이런 관점에서 원자로와 연료의 선택은 '얼마나 센가'의 문제가 아니라, '어떤 방식으로 운용할 것인가'의 문제로 전환된다. 일부에서는 핵추진 잠수함에 고농축 우라늄이 필수적이라고 주장하지만, 비핵무기국인 한국에게 이 선택은 기술적 장점과 함께 외교적 부담, 국제적 신뢰 훼손이라는 비용을 동시에 수반한다. 한국형 K-SSN의 출발점은 기술 경쟁이 아니라 국제 규범 준수와 신뢰의 축적이다. 이런 이유로 한국형 핵추진 잠수함은 저농축 우라늄[LEU](농축도 20% 미만)을 전제로 논의하는 것이 합리적이다.

저농축 우라늄 기반 원자로로도 한국이 요구하는 작전 지속성은 충분히 구현 가능하다. 실제 운용에서 핵추진 잠수함이 지속적으로 최고 속력으로 항해하는 경우는 드물다. 대부분의 임무는 저속·정숙 상태에서 수행된다. 이때 중요한 것은 출력의 절대값이 아니라, 출력을 얼마나 안정적으로 조절할 수 있는지, 그리고 그 과정에서 소음을 얼마나 효과적으로 관리할 수 있는지다. 자연순환 계통을 통해 펌프 의존도를 낮추고, 저회전 대구경 추진체계를 적용하며, 원자로 – 터빈 – 감속기를 하나의 정숙 체계로 통합 설계하는 것이 핵심이다. 다시 말해, 한국형 추진체계는 '최고 성능'을 추구하기보다, 필요한 성능을 장기간 안정적으로 유지하는 체계여야 한다.

또한 이러한 추진체계는 국제사회에 설명 가능한 관리 모델과 결합되어야 한다. 연료 주기 관리, 핵물질 회계(핵물질의 양·형태·위치와 그 변화를 정확히 기록·검증·보고하는 제도), 안전 규제, 투명성 확보까지 이 모든 요소가 전력의 일부가 된다. 한국형 핵추진 잠수함이 외교적 부담이 아니라 외교적 자산이 될 수 있는 이유는, '핵추진 잠수함을 보유한다'는 사실 그 자체가 아니라, 책임 있는 관리 모델을 함께 제시할 수 있기 때문이다. 이런 맥락에서 핵추진 잠수함용 고농축 우라늄과 저농축 우라늄의 차이를 구체적으로 살펴볼 필요가 있다.

핵추진 잠수함용 고농축 우라늄과 저농축 우라늄의 차이

핵추진 잠수함에 사용되는 고농축 우라늄[HEU]과 저농축 우라늄[LEU]은 원자로 설계와 운용 방식뿐 아니라, 외교·비확산 환경에서도 뚜렷한 차이를 보인다. 두 연료는 각각 분명한 장점과 한계를 갖는다.

고농축 우라늄은 일반적으로 우라늄-235 농축도가 약 90% 이상인 연료를 의미하며, 미국·러시아·영국 해군의 초기 및 주력 핵추진 잠수함에서 사용되어왔다. 가장 큰 장점은 높은 에너지 밀도다. 동일한 부피에서 더 많은 출력을 낼 수 있어 원자로를 소형화할 수 있고, 연료 교체 없이 잠수함의 수명 전 기간(30년 이상)을 운용하는 것도 가능하다. 이는 정비 주기를 단순화하고, 장기간 잠항과 고출력 운용에 유리하다. 그러나 단점 역시 분명하다. 고농축 우라늄은 핵무기급 물질과 사실상 동일한 범주에 속해 핵확산 위험이 크고, 국제사회에서 비확산과 투명성 논란을 지속적으로 야기해왔다. 연료 관리와 보안 비용이 높으며, 신규 도입국에게는 외교적 부담과 제약이 매우 크다.

저농축 우라늄은 보통 농축도 20% 미만, 대체로 5~19.75% 수준의 연료를 가리킨다. 프랑스의 핵추진 잠수함이 이 방식을 채택하고 있으며, 한국형 핵추진 잠수함 구상에서도 핵심 대안으로 논의된다. 저농축 우라늄의 가장 큰 장점은 비확산 친화성이다. 핵무기 전용 가능성이 낮아 국제적 수용성이 높고, 국제원자력기구IAEA 관리 체계 아래에서 비교적 투명한 연료 주기 운영이 가능하다. 그만큼 외교적 부담이 적어 비핵무기국에게 현실적인 선택지가 된다. 반면, 에너지 밀도가 낮아 동일한 출력을 확보하려면 원자로를 더 크게 설계하거나, 대략 10~15년 주기의 연료 교체를 전제로 해야 한다. 이는 정비의 복잡성과 일정 기간 작전 공백 가능성을 동반한다.

정리하면, 고농축 우라늄은 소형 원자로로도 높은 출력을 구현할 수

CHAPTER 3 한국형 핵추진 잠수함 사업, 어떻게 추진할 것인가

있고 연료 교체 없이 장기간 운용이 가능해, 운용과 정비 측면에서 단순하다는 장점이 있다. 그러나 그 대가로 핵확산 위험과 막대한 외교적 부담을 함께 감수해야 한다. 반대로 저농축 우라늄은 비확산 원칙에 부합하고 국제적 신뢰를 유지하는 데 유리한 선택지다. 다만 동일한 작전 효과를 얻기 위해서는 원자로 규모, 출력 관리, 정비 주기를 보다 정교하게 설계해야 하는 기술적 난이도가 따른다.

소음과 은밀성은 왜 중요한가

핵추진 잠수함의 장점을 속도로만 이해하면 설계는 과도한 방향으로 흐르기 쉽다. 그러나 잠수함 전력의 생존 조건은 속도가 아니라 은밀성이다. 특히 한국 주변 해역은 수중 감시 자산이 밀집해 있고, 수심과 해저 지형, 배경 소음이 복합적으로 얽혀 있는 공간이다. 이러한 환경에서 은밀성은 선택의 문제가 아니라, 잠수함이 작전에서 살아남기 위한 기본 조건에 가깝다.

디젤 잠수함은 저속 운항 시 매우 높은 정숙성을 보인다. 그러나 이 장점은 작전 전 과정에 걸쳐 지속되지는 않는다. 배터리 충전을 위한 부상이나 스노클링, 급격한 속도 변화가 요구되는 순간에는 은밀성이 구조적으로 약화된다. 반면, 핵추진 잠수함의 강점은 원자로 계통의 소음 제어가 전제될 경우 일정 수준의 정숙 상태를 장시간 유지할 수 있다는 점에 있다. 따라서 한국형 핵추진 잠수함이 지향해야 할 목표는 '짧은 시간 동안 가장 조용한 잠수함'이 아니라, 수일에서 수주에 걸쳐 안정적으로 정숙 상태를 유지할 수 있는 잠수함이다.

소음 문제는 특정 장비 하나를 개선한다고 해결되지 않는다. 추진기 소음, 원자로와 추진 계통, 보조 기계류, 유체 흐름, 선체 진동은 서로 맞물려 복합적으로 작용한다. 이 때문에 정숙성은 개별 기술의 문제가 아니라 전체 구조와 운용 개념의 문제다. 여기서 가장 중요한 설계 원칙은 최고 속도 경쟁에 집착하지 않는 것이다. 최고 속도를 높이기 위해 출력과 추진 계통을 키울수록, 소음 관리의 부담 역시 비례해 커진다. 한국형 핵잠은 속도를 과시하는 플랫폼이 아니라, 실제 작전 속도 구간에서의 정숙성을 최우선 가치로 삼아야 한다.

은밀성은 설계 단계에서만 완성되는 요소도 아니다. 승조원의 생활 습관, 장비 취급 방식, 정비 품질, 훈련 수준까지 모두 잠수함의 소음 특성에 영향을 미친다. 결국 '조용한 잠수함'이란, 설계상 조용한 잠수함이 아니라 일상적으로 조용하게 운용되는 잠수함이다. 이 점에서 한국은 디젤 잠수함을 장기간 운용하며 축적해온 정숙 운용 경험이라는 강점을 갖고 있다. 한국형 핵추진 잠수함은 이러한 경험을 바탕으로, 디젤 잠수함에서 축적된 은밀성 노하우를 핵추진 잠수함 운용에 자연스럽게 확장해나가야 한다.

무장은 무엇을 기준으로 결정해야 하는가

잠수함의 무장을 논할 때 가장 흔한 오해는 '얼마나 많이 탑재할 수 있는가'에 초점을 맞추는 것이다. 그러나 잠수함의 무장은 출발점이 아니라 임무의 결과다. 한국형 핵추진 잠수함은 전략핵잠이 아니다. 대량의 탄도미사일을 싣는 플랫폼이 아니라, 상대의 수중 전략 자산을 추적·관리하고 위기 상황에서 상대의 선택지를 제한하는 억제 전력이다. 이러한 성격을 고려하면 무장의 중심은 어뢰가 되고, 미사일은 임무 범위

CHAPTER 3 한국형 핵추진 잠수함 사업, 어떻게 추진할 것인가

한국형 핵추진 잠수함(K-SSN) 예상도 〈그림 출처: 저자 제공〉

를 확장하기 위한 보조 수단이 된다.

수직발사체계^{VLS}는 상징성이 큰 장비이지만, 그만큼 설계적 부담도 크다. 수직발사체계는 선체 내부의 공간과 중량을 차지하고, 구조를 복잡하게 만들며, 정숙성을 유지하는 데 추가적인 관리 부담을 요구한다. 그럼에도 한국형 핵추진 잠수함이 탐지·추적·차단을 넘어, 필요 시 제한적 응징까지 수행하는 플랫폼이라면 일정 수준의 수직발사체계는 현실적인 선택이 될 수 있다. 여기서 중요한 기준은 '얼마나 많이 싣느냐'가 아니라, '위기 상황에서 선택 가능한 수단을 확보하고 있느냐'다. 과도한 탑재량을 위해 선체를 키우고 그 결과 은밀성을 희생하는 것은 한국형 설계 철학과 맞지 않는다.

무장 구성에서 더 중요한 요소는 수량이 아니라 모듈화와 유연성이다. 모든 임무를 한 번에 해결하려 하기보다, 상황과 임무에 따라 탑재 무장을 조정할 수 있는 여지를 설계에 포함하는 것이 핵심이다. 억제에 서 중요한 것은 '많이 싣는 잠수함'이 아니라, 적절한 무장을 유지한 채 끝까지 은밀하게 살아남는 잠수함이다. 그런 잠수함이 상대에게 더 큰 부담을 주며, 억제 효과 역시 훨씬 크다. 결국 '많이 싣고 들키는 잠수함' 보다 '적당히 싣고 끝까지 살아남는 잠수함'이 억제에 더 효과적이다.

●

핵추진 잠수함은 몇 척이 적정한가

핵추진 잠수함의 적정 척수를 둘러싼 논의는 종종 '비싸다', '과하다', '강대국을 흉내 내는 것'과 같은 감정적 판단으로 흐르기 쉽다. 그러나 척수는 감정으로 정할 수 있는 문제가 아니다. 핵추진 잠수함은 전투기 처럼 보유 즉시 운용할 수 있는 전력이 아니라, 정비와 안전 관리, 규제 준수, 승조원 숙련과 교대 주기가 유기적으로 맞물려야 비로소 작동하 는 상시성 전력이다.

이 때문에 핵추진 잠수함의 적정 척수는 단순히 '몇 척을 보유하느냐' 의 문제가 아니라, 상대가 항상 그 존재를 의식할 만큼 지속적으로 전개 할 수 있느냐의 문제로 바뀐다. 이 기준에서 보면, 결론은 비교적 분명 하다. 4척 규모는 명목상 보유는 가능하더라도, 정비·훈련·교대 주기 를 고려하면 상시 운용을 유지하기가 구조적으로 어렵다. 반면, 6척 규 모는 최소 2척을 언제나 가용 상태로 유지할 수 있어, 단순히 '보유 전 력'을 넘어 실제로 작동하는 전력이 된다.

핵추진 잠수함의 척수는 순수하게 군사적 필요만으로 산출할 수 있는 것이 아니다. 핵추진 잠수함 사업은 국가의 경제력과 방위비의 지속 가능성, 관련 산업 생태계의 연속성, 그리고 동맹 및 국제사회의 신뢰 관리까지 함께 고려해야 하는 장기적인 사업이다. 따라서 적정 척수는 단일 요소가 아니라, 다음의 네 가지 요소를 동시에 놓고 검토해야 한다.

첫째, 국가 경제 규모와 재정 여건이라는 경제적 기준이다. 둘째, 실제로 수행해야 할 감시·추적·관리 임무를 기준으로 한 작전 요구도다. 셋째, 한반도 주변 해역의 특성과 작전 환경을 반영한 환경적 조건이다. 넷째, 다른 전력이나 수단으로 대체 가능한지 따져보는 대안 시나리오와의 비교다.

이 네 가지 요소를 종합적으로 검토하면, 6척이 적정 척수라는 결론에 도달한다. 핵추진 잠수함 6척은 과도한 목표가 아니라, 한국이 감당할 수 있는 범위 안에서 상시 가용성과 억제 효과를 동시에 확보하기 위한 최소한의 선택지다.

왜 6척이 자주 언급되는가

핵추진 잠수함의 적정 척수를 논의할 때, 논쟁은 종종 "과연 우리가 그만한 전력을 감당할 수 있는 나라냐"라는 질문으로 귀결된다. 이러한 문제 제기는 충분히 타당하다. 핵추진 잠수함은 건조비뿐 아니라 운용·정비, 인력 양성, 안전 규제와 관리 체계까지 포함해야 하는 고정비 집약형 전력이기 때문이다. 그렇다면 이에 대한 답 역시 감정이 아니라, 지표와 비교를 통해 제시되어야 한다.

이를 위해 활용할 수 있는 기준이 주요 국가의 경제 규모와 핵추진 잠수함 보유 수준을 연결한 '핵추진 잠수함 보유 척수/GDP 1조 달러 지표(핵추진 잠수함 척수 ÷ GDP 1조 달러)'다. 이 지표는 절대적인 우열을 가리기보다는, 유사한 국가들 사이에서 핵추진 잠수함 전력이 경제력 대비 어느 수준에 위치하는지를 비교하는 데 의미가 있다. 산출은 2025년 기준 『제인 함정 연감Jane's Fighting Ships』의 핵추진 잠수함 보유 수와 세계 GDP 통계를 바탕으로 한다.

이 기준에서 보면, 미국은 약 2.26(66척/29.2조 달러), 영국은 약 2.78(10척/3.6조 달러), 프랑스는 약 3.13(10척/3.2조 달러) 수준이다. 반면 중국(15척/18.7조 달러)과 인도(2척/3.9조 달러)는 0.5~1.0 수준에 머물러 있다. 러시아는 약 22.3으로 매우 높은 수치를 보이지만, 이는 핵무기 중심 전략과 상대적으로 낮은 GDP가 결합된 특수 사례로, 일반적 비교 대상으로 삼기 어렵다.

이 지표가 전달하는 메시지는 분명하다. 한국이 참고해야 할 모델은 러시아와 같은 예외적 사례가 아니라, 영국과 프랑스처럼 핵추진 잠수함을 상시 운용하는 정상적인 선진 해양국가다. 이들 국가는 GDP 약 3조 달러 규모에서 공격핵잠SSN을 포함해 총 10척 내외의 핵추진 잠수함 전력을 유지하고 있으며, 이는 상징적 보유가 아니라 지속 운용을 전제로 한 최소 구조로 이해할 수 있다.

이를 한국에 적용해보면 결론은 더욱 명확해진다. 한국의 GDP를 약 1.9조 달러로 가정하고 공격핵잠 6척을 보유할 경우, 척/조 달러 지표는 약 3.15로, 프랑스와 거의 동일한 수준이 된다. 다시 말해, 핵추진 잠수함 6척은 GDP 대비로 볼 때 과도한 선택이 아니라, 선진 해양국가들과 비교했을 때 충분히 정상적인 범주에 속한다. '핵추진 잠수함 6척은 지나친 욕심'이라는 주장은 지표상 설득력을 갖기 어렵다. 오히려 질문은 "한국이 프랑스가 감당하는 수준을 감당하지 못할 구조적 이유가 있는가"로 바뀐다.

여기에 안보 환경을 함께 고려하면 판단은 더욱 분명해진다. 영국과 프랑스가 상대하는 수중 위협이 대체로 러시아라는 단일 축에 집중되어 있는 반면, 한국은 북한·중국·러시아라는 세 국가의 수중 전력을 동시에 고려해야 한다. 위협의 밀도와 방향성에서 한국이 처한 환경은 훨씬 더 복합적이다.

그럼에도 한국이 논의하는 6척은 경제 지표상 프랑스 수준에 불과하다. 이는 6척이 '과도하게 설정된 숫자'가 아니라, 더 높은 위협 환경 속에서도 최소한 부족하지 않기 위한 기준임을 뜻한다.

결론은 분명하다. 핵추진 잠수함 6척은 경제적으로 무리해서 끌어올린 목표가 아니다. GDP 기준으로 보면 선진국의 정상 범위에 속하고, 안보 위협의 밀도를 기준으로 보면 오히려 최소선에 가깝다. 경제 지표는 '6척이 가능한가'에 답하고, 위협 환경은 '6척이 필요한가'를 설명한다. 이 두 기준이 교차하는 지점에서 6척이라는 숫자는 주장이나 구호가 아니라, 논리적으로 도출된 결론이다.

작전 요구는 어떻게 숫자로 바뀌는가

잠수함 전력 논의에서 범하기 쉬운 가장 흔한 오류는 '몇 척을 보유하느냐'를 '몇 척을 항상 운용할 수 있느냐'와 혼동하는 데서 시작된다. 특히 핵추진 잠수함은 원자로 계통의 안전 관리와 정비, 승조원의 자격 유지, 장기 오버홀 등으로 인해 가동률이 구조적으로 제한된다. 따라서 핵추진 잠수함의 적정 척수는 인상이나 감정이 아니라, 운용의 물리적 조건을 기준으로 산정해야 한다.

실제 운용에서 핵추진 잠수함은 대체로 일정한 순환 구조를 따른다. 한 척은 작전에 전개 중이고, 한 척은 교대·이동 또는 다음 전개를 준비하며, 한 척은 정비나 장기 오버홀에 들어가 있고, 나머지 한 척은 승조원 휴식과 훈련, 재자격 과정을 거친다.

이 구조를 단순화하면, 상시 가용 전력은 4척 보유 시 1척, 6척 보유 시 2척, 9척 보유 시 3척이 된다. 국가별로 세부 비율에는 차이가 있을 수 있지만, 핵심은 동일하다. 상시성을 확보하려면 여유 척수가 필요하다는 것이다. 핵추진 잠수함은 '최첨단 한 척'으로 억제를 달성할 수 있는 전력이 아니다. 억제는 상대가 "항상 어딘가에 있다"고 믿을 때 작동하며, 그 믿음은 공백이 생기는 순간 무너진다.

그렇다면 한국의 작전 환경이 요구하는 상시성은 어느 수준인가? 한국은 최소 두 개 이상의 작전 축을 동시에 관리해야 하는 조건에 놓여 있다. 하나는 동해 축으로, 북한의 SLBM 플랫폼을 추적·감시하는 동시에 러시아의 전략핵잠·공격핵잠 동향을 관리해야 한다. 다른 하나는 남해와 제주 남방 해역으로, 중국의 전략핵잠·공격핵잠 활동을 견제하면서 해상교통로SLOC를 보호하고 연합 작전과 연계해야 하는 공간이다.

동해는 SLBM 시대의 핵심 전장이다. 북한이 SLBM을 실질적 전력으로 운용하는 순간, 한국은 '발사 이후 대응'이 아니라 '발사 이전의 지속적 추적'을 요구받는다. 이는 하루이틀로 끝나는 임무가 아니라 수주 단위로 이어지는 인내전이다. 한편 남해와 제주 남방 해역은 중국의 대양해군화와 직접 맞닿아 있는 공간이자, 한국 경제의 생명선이 통과하는

왜 6척인가
과학적 전력 가용성의 문제
정비 · 오버홀
훈련 · 대기
실제 전개
2-2-2
주변국 공격핵잠 견제
지속 추적
해상교통로 보호

〈그림 출처: 저자 제공〉

요충지다. 두 작전 축은 성격은 다르지만 공통점이 있다. 어느 쪽도 공백이 허용되지 않는다는 점이다. 동해의 공백은 SLBM 블랙박스 구간을 키우고, 남방 해역의 공백은 중국 잠수함 활동의 자유도를 넓혀준다.

이 때문에 한국이 두 해역에 동시에 핵추진 잠수함을 전개하려면, 최소 상시 가용 2척이 필요하다. 그리고 이 상시 가용 2척을 안정적으로 유지하기 위해서는 구조적으로 최소 6척의 보유가 요구된다. 이 논리는 단순하다. 6척은 '더 강해지기 위한 숫자'가 아니라, 작전의 연속성을 끊기지 않게 하기 위한 숫자다.

한 걸음 더 나아가 가정적으로 전략핵잠을 도입하는 시나리오를 상정하면 요구치는 달라진다. 자국 전략핵잠 호위, 해외 위기 대응, 특수 작전 지원, 연합 원정 작전까지 고려할 경우 이론적으로는 9척 이상의 핵추진 잠수함이 필요해진다. 그러나 현실에서는 승조원 확보, 예산 부담, 산업 역량이 분명한 제약 조건으로 작용한다. 그렇기 때문에 현 단계에서 한국이 선택할 수 있는 최적점은 '이론적으로 가능한 최대치'가 아니라, 작전 효과와 국가 역량이 만나는 지점, 즉 6척이다. 다시 말해 6척은 '적게 갖자'는 선택이 아니라, 현실적으로 상시성을 성립시키기 위한 최소한의 숫자다.

4척 · 6척 · 9척의 차이는 무엇인가

핵추진 잠수함 척수 논쟁을 가장 설득력 있게 정리하는 방법은 각 숫자가 실제로 무엇을 가능하게 하고 무엇을 불가능하게 만드는지를 구분하는 데 있다. 핵추진 잠수함은 단순한 전투 플랫폼이 아니라, 장기간 운용을 전제로 한 정비 체계와 인력 양성, 산업 생태계의 연속성이 함께 작동해야 비로소 의미를 갖는 전력이다. 다시 말해, 핵추진 잠수함 사업은 몇 척을 건조하느냐의 문제가 아니라, 수십 년에 걸쳐 운용·정비·개량·후속 건조가 이어지는 국가 시스템을 구축하는 문제다.

이 기준에서 볼 때 4척 체제는 상시 가용 전력이 사실상 1척에 그친다. 4척 체제 하에서는 동해 축에 작전을 집중될 수밖에 없으며, 동해에 전개하면 남방 해역이 비고 남방에 전개하면 동해가 비는 구조적 공백을 피하기 어렵다. 정비와 훈련 주기가 겹치는 순간 전개 자체가 중단될 가능성도 크고, 이러한 공백은 시간이 지날수록 상대에게 학습된다. 그렇게 되면 억제는 지속적인 구조가 아니라 간헐적인 이벤트로 전락한다. 산업 측면에서도 연속적인 생산과 정비가 어렵기 때문에 조선·원전·부품·정비 인력이 분산될 위험이 크고, 사업이 단발성으로 끝날 가능성도 높다. 겉으로는 현실적인 타협처럼 보일 수 있지만, 4척 체제는 핵추진 잠수함의 핵심 가치인 상시성을 구현하기 어렵다는 점에서 전략적 효과가 제한적이다.

그에 비해 6척 제제 하에서는 상시 가용 전력 2척을 안정적으로 유지할 수 있으며, 동해와 남해·제주 남방 해역에 동시에 전개하는 것이 가능해진다. 이를 통해 북한의 SLBM 추적과 중국의 공격핵잠·전략핵잠 견제를 병행할 수 있고, 작전 공백은 눈에 띄게 줄어든다. 한국이 담당해야 할 해역 관리 임무가 명확해지면서, 한·미 동맹 내 역할 분담도 선언이 아니라 실제 전력 차원에서 구현된다. 산업적으로도 연속 생산과 정비, 교육 체계가 일정한 리듬을 형성해 관련 생태계를 유지할 수 있다. 이 때문에 6척 체제는 핵추진 잠수함을 단순히 '보유한 국가'가 아니라, 실제로 '운용하는 국가'로 만들어주는 최소 기준에 해당한다. 상

한국형 핵추진 잠수함

시 운용의 리듬이 형성될 때 억제는 비로소 현실이 된다.

9척 체제는 장기적 목표에 해당한다. 이 경우 상시 가용 전력은 3척으로 확대되며, 동해와 남해뿐 아니라 원정 기동까지 포함한 3축 동시 작전이 가능해진다. 위기 대응 속도와 선택지는 크게 늘어나고, 대양 해군 수준의 기동력도 확보된다. 규모의 경제가 작동하면서 비용 절감과 국산화, 기술 축적 효과 역시 극대화될 수 있다. 다만 9척 체제는 인력 확보, 예산 부담, 정치적 결단이 동시에 요구되기 때문에, 단기적인 현실 목표로 삼기에는 부담이 크다.

이러한 비교를 종합하면, 결론은 자연스럽게 6척 체제로 수렴한다. 4척은 전략적 효과가 제한적이어서 사실상 선택지에서 제외되고, 6척은 전력 운용과 산업 유지, 동맹 내 역할 분담이 동시에 성립하는 최소 기준이며, 9척은 장기적으로 지향할 완성형 구조다. 따라서 현 단계에서 한국이 현실적으로 확보해야 하는 최소 척수는 6척이며, 여건이 성숙할 경우 단계적으로 9척을 확보하는 방향으로 나아간다.

CHAPTER 4

한국형 핵추진 잠수함 개발 가능성

- 기술의 문제가 아니라, 도달의 문제다 -

핵추진 잠수함을 둘러싼 논의는 언제나 같은 질문에서 출발한다.

"과연 우리는 핵추진 잠수함을 만들 수 있는가?"

이러한 질문을 하는 것도 무리는 아니다. 핵추진 잠수함은 소수의 강대국만이 보유한 전략 자산이며, 원자력 기술과 조선 기술, 군사 운용 능력이 동시에 요구되는 고난도의 체계이기 때문이다. 막대한 비용과 오랜 개발 기간, 여기에 국제사회의 시선까지 고려하면 이러한 의문은 자연스럽게 제기될 수밖에 없다.

그러나 이 질문에는 하나의 전제가 깔려 있다. 한국을 아직 출발선에 서 있는 국가, 이제 막 가능성을 타진하는 단계에 있는 국가로 상정하고 있다는 점이다. 문제는 이 전제가 더 이상 현실과 부합하지 않는다는 데 있다. 오늘날의 한국은 '할 수 있을지'를 고민하는 위치에 있지 않다. 이미 상당한 거리를 걸어오며 필요한 조건들을 하나씩 축적해온 국가다.

따라서 지금 던져야 할 질문은 달라져야 한다. "한국은 핵추진 잠수함을 만들기 위해 필요한 조건들 가운데 무엇을 이미 갖추고 있고, 무엇을 갖추어야 하는가?"

이 질문은 찬반을 가르기 위한 것이 아니다. 감정적 판단이나 정치적 구호를 요구하지도 않는다. 대신 냉정한 점검을 요구한다. 핵추진 잠수함은 어느 날 갑자기 등장하는 무기체계가 아니다. 수십 년에 걸쳐 축적된 잠수함 운용 경험, 정교한 조선·기계 기술, 소음과 진동을 제어하는 통제 능력, 원자력 시스템과 안전 관리 역량, 그리고 이를 뒷받침하는 제도와 국제 규범 대응 능력이 함께 결합될 때 비로소 완성되는 종합 시스템이다. 이 가운데 어느 하나라도 부족하면 핵추진 잠수함은 현실이 될 수 없다.

제4장은 바로 이 요소들을 하나씩 살펴보고, 한국이 이미 확보한 부분과 아직 남아 있는 과제를 구분함으로써, '가능한가'라는 추상적 논쟁을 '어디까지 와 있는가'라는 현실적 점검으로 전환하고자 한다.

그동안 한국 사회에서 핵추진 잠수함은 오랫동안 '언젠가 논의해볼 수 있는 미래의 선택지'로 남아 있었다. 기술적으로 어렵고, 정치적으로 민감하며, 국제적으로 부담이 크다는 인식이 늘 앞섰다. 핵추진 잠수함에 대한 논의는 곧바로 외교 문제로 번졌고, 국내에서는 비용과 위험을 강조하는 목소리가 먼저 등장했다. 그 결과, 논의는 "아직 시기상조다", "우리에게는 과한 전력이다"라는 판단으로 쉽게 정리되곤 했다.

이처럼 핵추진 잠수함 논의는 늘 출발선에서 멈췄다. 실제로 무엇이 준비되어 있고, 무엇이 부족한지에 대한 차분한 분석은 이뤄지지 않았다. 찬성과 반대의 입장만 반복될 뿐, 현실을 기준으로 한 점검은 뒤로 밀려났다. 그러나 지금의 한국은 과거와 분명히 다른 위치에 서 있다.

한국은 더 이상 잠수함을 단순히 '사서 쓰는 나라'가 아니다. 이미 잠수함을 독자적으로 설계하고 건조하며, 수십 년 동안 실제 작전에 투입해 운용해온 경험을 축적한 국가다. 실전 배치 이후에도 성능 개량과 체계 통합을 반복해왔으며, 잠수함을 한 번 만들고 끝나는 장비가 아니라 지속적으로 진화하는 전력으로 관리해왔다. 이러한 역량은 단기간에 형성될 수 있는 것이 아니다.

동시에 한국은 세계 최고 수준의 원자력 발전 기술과 안전 관리 체계를 갖춘 나라다. 대형 원자력 발전소의 건설과 운영 경험은 물론, 차세대 원자로 개발, 연료 관리, 규제 대응에 이르기까지 폭넓은 경험을 축적해왔다. 이 분야에서 한국의 기술력과 관리 능력은 국제적으로도 높은 평가를 받고 있다.

이처럼 잠수함 기술과 원자력 기술이라는 두 축이 각각 성숙 단계에 이르렀다는 사실은, 핵추진 잠수함 논의를 더 이상 막연한 상상이나 먼 미래의 이야기로만 남겨둘 수 없다는 것을 의미한다. 이제 핵추진 잠수함은 '없는 기술을 새로 만들어야 하는 문제'라기보다, '이미 확보한 기술과 경험을 어떻게 결합할 것인가'의 문제에 가깝다.

핵추진 잠수함 확보에 필요한 핵심 요소는 크게 네 가지로 정리할 수 있다. 첫째, 잠수함의 설계와 건조 능력이다. 이는 단순히 선체를 만드는 기술이 아니라, 수중에서 장기간 작전을 수행할 수 있는 구조와 체계를 종합적으로 설계하는 능력을 의미한다.

둘째, 수중 작전과 운용 경험이다. 잠수함은 기술만으로 완성되지 않는다. 실제 운용 과정에서 축적된 전술, 승조원 운용 체계, 정비와 지원 경험이 함께 갖춰져야 한다.

셋째, 원자력 시스템 기술과 안전 관리 능력이다. 여기에는 원자로 설계뿐 아니라 장기 운전 경험, 사고 예방 체계, 규제 대응 능력까지 포함된다.

넷째, 핵연료와 이를 둘러싼 제도 및 국제 규범을 관리할 수 있는 역량이다. 이는 기술의 문제가 아니라, 국제사회로부터 신뢰를 얻고 책임을 감당할 수 있는 국가 역량의 문제다.

이 가운데 앞의 세 요소는 이미 상당 부분 확보되었다고 평가할 수 있다. 한국이 아직 핵추진 잠수함을 보유하지 못한 이유는 기술이 부족해서가 아니라, 넷째 요소, 즉 핵연료와 이를 둘러싼 제도 및 국가 규범 관리 문제를 감당할 국가적 결단이 없었기 때문이다.

CHAPTER 4 한국형 핵추진 잠수함 개발 가능성

따라서 이제는 기술의 영역을 넘어 정책과 전략, 그리고 선택의 문제에 대해 집중적으로 논의해야 한다. 제4장은 바로 그 선택이 공허한 구호가 아니라, 이미 구축된 현실적 기반 위에서 이루어질 수 있는 선택임을 확인하는 데서 출발한다.

●

한국의 잠수함 건조 경험은 어디까지 와 있는가

핵추진 잠수함 논의에서 자주 간과되는 사실이 있다. 한국은 이미 세 차례의 잠수함 세대 교체를 거치며, 단순히 '잠수함을 만드는 방법'이 아니라 '잠수함을 제대로 운용하는 국가가 되는 과정'을 축적해왔다는 점이다. 장보고-I·II·III 사업은 서로 분절된 개별 사업이 아니라, 하나의 연속된 학습 곡선이자 기술 축적의 역사였다. 이 과정을 통해 한국은 잠수함을 보유하는 수준을 넘어, 설계·건조·운용·성능 개량을 자력으로 반복할 수 있는 단계에 도달했다.

장보고- I(1,200톤급): 조립생산의 시작

장보고-I 사업은 단순한 첫 잠수함 도입 사업이 아니었다. 이 사업은 한국 해군이 수상함 중심 해군에서 벗어나, 수중 전력을 체계적으로 이해하고 운용하는 해군으로 전환한 결정적 계기였다.

당시 한국 해군에게 잠수함 작전은 기존의 수상 작전과는 전혀 달랐다. 수상함 작전이 가시적인 전장, 레이더, 기동과 화력을 중심으로 이루어진다면, 잠수함 작전은 보이지 않는 전장 속에서 소리와 침묵, 은밀성과 인내가 지배하는 영역이다. 장보고-I 도입은 단순히 새로운 함정 도입을 넘어, 해군 조직 전반의 사고방식과 작전 문화의 전환을 요구했다.

이 사업을 통해 한국이 확보한 성과는 매우 분명하다.

첫째, 잠수함 운용 인력 체계의 확립이다. 잠수함 승조원에게는 수상함과 전혀 다른 기준이 요구된다. 제한된 공간에서의 장기 근무, 높은 기술 숙련도, 독립적인 판단 능력, 그리고 심리적 안정성이 동시에 필요하다. 장보고-I를 계기로 한국 해군은 승조원 선발 기준, 교육 과정, 자격 관리 체계를 새롭게 구축했다. 이는 단순한 인사 제도를 넘어, 잠수함 전력을 지속적으로 운용할 수 있는 인적 시스템의 토대가 되었다.

둘째, 정비·지원 체계의 구축이다. 잠수함은 고장이 발생하면 쉽게 복귀할 수 없는 플랫폼이다. 정비의 실패는 생존 문제와 직결된다. 장보고-I를 통해 한국은 잠수함 특유의 정비 주기와 예방 정비 개념, 안전 관리 절차를 조직 내부에 정착시켰다. 이러한 경험은 이후 국산화율을 높이고 독자 설계를 가능하게 한 기초 역량으로 이어졌다.

셋째, 소음과 은밀성 개념의 체득화다. 잠수함의 생존성과 전투력은 소음 수준에 의해 좌우된다. 장보고-I 시기부터 한국 해군은 '얼마나 빠른가'보다 '얼마나 조용한가'를 중시하는 사고방식을 내재화하기 시작했다. 이는 작전 계획과 운용 철학 전반을 바꾸는 계기가 되었다.

넷째, 작전 개념의 전환이다. 장보고-I를 계기로 한국 해군은 수상함 중심의 기동·호위 개념에서 벗어나, 수중에서의 은밀한 접근, 감시, 차단, 억제 개념을 본격적으로 받아들였다. 이 시점부터 잠수함은 보조 전력이 아니라, 독립적인 작전 축으로 인식되기 시작했다.

이 단계에서 한국은 더 이상 잠수함을 '도입한 국가'에 머물러 있지 않았다. 잠수함을 이해하고 실제로 운용하며 조직적으로 관리할 수 있는 국가로 진입했다. 이는 이후 모든 잠수함 사업의 출발점이자, 핵추진 잠수함 논의를 떠받치는 가장 기초적인 토대가 되었다.

장보고-II(1,800톤급): 기술 축적의 단계

장보고-II는 장보고-I의 단순한 연장이 아니었다. 이 사업은 한국 잠수함 기술이 질적으로 한 단계 도약한 전환점이었다. 핵심 변화는 분명하다. 잠수함을 '운용하는 단계'에서, 잠수함을 '설계하고 통합하는 단계'로 넘어갔다는 점이다.

장보고-II의 상징적 특징은 AIP(공기불요추진체계)의 도입이었다. 그러나 이 변화의 본질은 특정 장비의 추가에 있지 않았다. AIP의 도입은 잠수함 내부의 에너지 운용 개념 자체를 재정의하는 계기가 되었다.

이 사업을 통해 축적된 성과는 다음과 같이 정리할 수 있다.

첫째, 독자 설계 비중의 대폭 확대다. 선체 형상과 내부 배치, 시스템 통합 전반에서 한국의 설계 참여 비중은 이전과 비교할 수 없을 정도로 확대되었다. 절충교역을 통해 확보한 기술을 바탕으로 전투체계, 소나 체계, 수평발사관, 수소저장용기 등 주요 구성 요소에 대한 설계 역량을 상당 부분 축적했다. 이는 단순한 기술 이전을 넘어, 체계 전체에 대해 스스로 판단할 수 있는 자립적 역량이 형성되었음을 의미한다.

둘째, AIP 통합 운용 경험의 축적이다. AIP는 디젤엔진과 배터리 사이에 또 하나의 에너지원이 추가되는 것을 의미한다. 이는 에너지의 생성 · 저장 · 소비를 개별 장비 차원이 아니라, 하나의 통합된 시스템으로 관리해야 함을 뜻한다. 장보고-II를 통해 한국은 잠수함 내부의 에너지

한국형 핵추진 잠수함

흐름을 종합적으로 설계하고 운용하는 경험을 축적했다.

셋째, 장기 잠항 개념의 내재화다. AIP의 도입은 잠수함 작전의 기준 자체를 변화시켰다. 언제 수면으로 올라와야 하는지가 아니라, 얼마나 오래 해당 해역에 머물 수 있는지가 작전의 핵심이 되었다. 이러한 사고의 전환은 이후 핵추진 잠수함 작전 개념과 직접적으로 연결되는 중요한 기반이 되었다.

넷째, 소음 저감 기술의 실질적 진전이다. 장보고-II를 통해 추진기와 보조기기, 배관, 장비 배치에 이르기까지를 포괄하는 통합 소음 관리 개념이 본격적으로 적용되었다. 이는 개별 장비 차원의 개선을 넘어, 시스템 전체를 조율하며 소음을 통제할 수 있는 능력이 축적되었음을 의미한다.

AIP는 단순히 잠항 시간을 늘리는 장비가 아니었다. 이는 잠수함을 '연료를 소비하는 배'에서 '에너지를 관리하는 플랫폼'으로 전환시키는 계기가 되었다. 이러한 경험은 디젤-전기 체계의 한계를 넘어, 핵추진 잠수함으로 이어지는 기술적·개념적 징검다리가 되었다.

장보고-III(3,000톤급): 독자 건조의 의미

장보고-III는 한국 잠수함 기술의 결정판이라 할 수 있다. 이 단계에서 한국은 사실상 잠수함 플랫폼에 대한 주권을 완성했다. 외국 설계의 틀 안에서 일부를 개량하던 수준을 넘어, 국가 전략에 부합하는 잠수함을 개념 설계부터 건조에 이르기까지 주도적으로 설계할 수 있는 단계에 도달한 것이다.

장보고-III의 성과는 분명하다.

첫째, 대형 선체 독자 설계 능력의 확보다. 장보고-III는 이전 세대에 비해 대형화되었는데, 이는 단순히 커진 것만이 아니라 구조 설계와 강도 계산, 내부 배치 전반에서의 질적 도약을 의미한다. 이러한 대형 선체 설계 능력은 핵추진 잠수함으로 나아가기 위한 필수 조건이다.

둘째, 전투체계·센서·무장 통합 역량의 완성이다. 장보고-III는 센서와 전투체계, 무장을 하나의 통합된 시스템으로 설계하고 운용할 수 있는 능력을 입증했다. 이는 무장을 단순히 탑재하는 수준을 넘어, 임무 개념에 따라 플랫폼 전체를 구성할 수 있는 역량을 확보했음을 뜻한다.

셋째, 수직발사관VLS 운용 개념의 확립이다. 수직발사관은 잠수함의 성격 자체를 변화시키는 요소다. 이는 장보고-III가 연안 방어용 잠수함을 넘어, 전략적 억제와 장거리 타격 임무를 염두에 둔 플랫폼임을 분명히 보여준다.

넷째, 장거리·장기 작전 플랫폼으로의 전환이다. 장보고-III는 작전 반경과 지속성 측면에서 기존 디젤 잠수함의 구조적 한계를 넘어서도록 설계되었다. 이는 연안 방어 중심의 운용 개념에서 원해 장기 작전으로의 전환을 의미하며, 핵추진 잠수함이 요구하는 작전 개념과도 자연스럽게 연결된다.

이제 한국은 더 이상 '어떤 잠수함을 살 것인가'를 고민하는 국가가 아니다. '우리 전략에 어떤 잠수함이 필요한가'를 스스로 정의하고, 그 개념을 설계로 구현할 수 있는 국가가 되었다. 핵추진 잠수함은 바로 이 연속선상에 있다. 장보고-III 이후의 선택은 단절이 아니라 확장이다. 이미 확보한 플랫폼 주권과 장기 작전 운용 개념 위에서, 추진 방식을 전환하는 단계로서 핵추진 잠수함은 자연스럽게 자리 잡는다.

〈한국 잠수함 건조 경험의 발전 단계〉

구분	장고보-I	장보고-II	장보고-III
기반 설계	독일 Type 209	독일 Type 214	한국 독자 설계
건조 개념	기술 도입·조립 중심	기술 축적 단계	독자 설계·건조
배수량(수중)	1,200톤	1,800톤	3,000톤
추진 방식	디젤-전기	디젤-전기 + AIP	디젤-전기 + AIP
수직발사관	없음	없음	있음(6~10셀)
주요 역할	연안 방어, 기본 잠수함 운용 숙달	장기 잠항·작전 능력 확대	전략 타격, 장거리 작전
작전 지속 능력	제한적	중장기	장기 작전 가능
특징	승조원 양성·운용 체계 구축 정비 및 지원 체계 구축 소음 특성 이해 및 축적 수중 작전 개념 정립	독자 설계 비중 확대 AIP 체계 통합 잠항 능력 2주 연장 소음저감 기술 적용	대형 선체 독자 설계·건조 전투체계·무장체계 통합 수직발사관 탑재 잠항 능력 2주 이상 연장

설계 · 통합 · 장기 작전 플랫폼 ➡

핵추진 잠수함으로의 도약 기반 구축

원자로 통합은 어떤 과제를 안고 있는가

핵추진 잠수함을 생각할 때 사람들은 대개 먼저 원자로를 떠올린다. 강력한 에너지원인 원자로를 만들려면 소수의 강대국만이 다룰 수 있는 고도의 핵기술이 필요하다고 흔히들 생각한다. 이러한 인식 때문에 핵추진 잠수함은 실제 전력이라기보다는 기술 신화가 만들어낸 만능에

CHAPTER 4 한국형 핵추진 잠수함 개발 가능성

가까운 전력으로 여겨졌다. 그 결과, 논의는 종종 극단으로 갈린다. 한쪽에서는 핵추진 잠수함을 만능의 전략 자산처럼 평가하고, 다른 한쪽에서는 감당하기 어려운 막대한 위험과 비용이 수반되는 전력으로 받아들인다.

그러나 이 두 시각은 모두 본질을 놓치고 있다. 핵추진 잠수함의 핵심은 원자로라는 단일 기술이 아니다. 핵추진 잠수함은 '핵을 사용하는 잠수함'이 아니라, 에너지와 추진, 소음 통제, 안전 관리, 운용 개념을 하나의 체계로 결합한 작전 플랫폼이다. 원자로는 그 체계를 구성하는 중요한 요소 중 하나일 뿐, 출발점도 목적지도 아니다.

원자로가 체계 속에서 적절히 통합되지 못하면, 그것은 장점이 아니라 부담이 된다. 경우에 따라서는 잠수함의 은밀성과 생존성을 오히려 저해할 수도 있다. 결국 핵추진 잠수함의 성패를 가르는 것은 고출력 원자로의 존재가 아니라, 원자로를 포함한 전체를 일관되게 설계하고 운용할 수 있는 시스템 통합 역량이다.

핵추진 잠수함은 단순한 동력 변화인가

디젤 잠수함과 핵추진 잠수함의 차이는 흔히 '디젤이냐 핵이냐'라는 연료의 문제로 단순화된다. 그러나 본질적인 차이는 연료의 종류가 아니라, 에너지를 어떻게 생산하고 관리하며 사용하는가에 대한 철학의 차이다.

디젤 잠수함은 본질적으로 '제한된 에너지'를 전제로 설계된다. 디젤 연료와 배터리는 소모되며, 보급과 충전이라는 현실적 제약이 작전 개념을 규정한다. 그 결과, 디젤 잠수함의 작전은 언제나 계산과 절제를

한국형 핵추진 잠수함

중심으로 이루어진다. 언제 잠항할 것인가, 언제 수면으로 올라올 것인가, 언제 기지로 복귀해야 하는가가 작전의 핵심 변수다. 작전의 성패는 은밀성과 기동뿐 아니라, 에너지를 얼마나 효율적으로 관리하느냐에 의해 좌우된다.

반면, 핵추진 잠수함은 에너지 부족을 기본 전제로 삼지 않는다. 원자로는 장기간에 걸쳐 연속적으로 에너지를 생산할 수 있기 때문에, 핵추진 잠수함은 단순한 에너지 소비자가 아니라 '에너지 흐름을 관리하는 플랫폼'이 된다. 이러한 변화는 잠항 시간이 늘어나는 수준을 넘어, 작전에서 시간 개념 자체를 바꾼다. 핵추진 잠수함에서 중요한 질문은 '언제 떠오를 것인가'가 아니라 '어디에, 얼마나 오래 머물 것인가'다.

이 차이는 전략 차원에서 결정적이다. 디젤 잠수함이 '기회를 포착하는 전력'이라면, 핵추진 잠수함은 '공간을 점유하는 전력'이다. 항상 그 자리에 있을 수 있는 지속성persistence이 핵추진 잠수함의 진정한 가치다.

이러한 변화는 한국 해군도 이미 부분적으로 경험한 바 있다. 장보고-II에서의 AIP 도입은 디젤-전기 체계의 한계를 보완하는 동시에, 잠수함 내부의 에너지 흐름을 보다 정교하게 관리하도록 요구했다. 장보고-III의 대형 선체 설계는 장기 체류와 지속 작전을 전제로 한 공간 배치와 시스템 통합을 가능하게 했다. 이 과정에서 한국은 잠수함을 더 이상 '연료 중심 플랫폼'이 아니라, '에너지 중심 플랫폼'으로 인식하기 시작했다. 핵추진 잠수함은 이러한 사고 전환이 도달하는 완성형에 가깝다.

원자로는 잠수함에서 어떤 위치를 차지하는가

핵추진 잠수함 논의가 자주 길을 잃는 이유는 원자로를 출발점으로 삼기 때문이다. '어떤 원자로를 쓸 것인가', '출력은 얼마나 되는가' 같은 질문이 논의의 첫머리에 등장하곤 한다. 그러나 실제 설계의 순서는 그와 정반대다. 핵추진 잠수함은 먼저 임무 개념과 작전 환경을 정의하고, 이에 맞춰 플랫폼 전체와 에너지 체계를 설계한다. 원자로는 그 과정에서 선택되는 여러 구성 요소 가운데 하나일 뿐이다.

잠수함용 원자로는 민수 원전을 단순히 축소한 장비가 아니다. 민수 원전이 출력과 효율, 경제성을 중심으로 평가된다면, 잠수함용 원자로는 전혀 다른 기준 위에서 설계된다. 여기서 중요한 것은 '얼마나 큰 출력을 낼 수 있는가'가 아니라, 작전 플랫폼의 일부로서 다음과 같은 조건들을 충족할 수 있는가다.

첫째, 안정성이다. 잠수함용 원자로는 '사고가 절대 나지 않는 장치'가 아니라, 사고 가능성을 전제로 하되 비정상 상황에서도 빠르고 확실하게 안전 상태로 전환될 수 있도록 설계된다.

둘째, 저소음성이다. 잠수함에서 소음은 곧 위치의 노출을 의미하며, 이는 곧 잠수함의 생존과 직결된다. 원자로가 아무리 안정적이라 해도 소음이 크다면 잠수함의 전략적 가치는 급격히 떨어진다.

셋째, 장기 운용성이다. 연료 교체 주기, 유지·정비 방식, 승조원 운용까지를 함께 고려한 통합 설계가 필수적이다. 잠수함은 정비를 이유로 자주 작전에서 이탈할 수 없는 플랫폼이기 때문이다.

넷째, 소형화와 밀집 배치의 완성도다. 원자로 자체뿐 아니라 터빈, 발전기, 펌프 등 전력을 생산하고 전달하는 장비 전반을 제한된 공간에 효율적으로 수용하고, 동시에 안전성을 확보해야 한다.

이 네 가지는 원자로라는 단일 기술로 해결될 문제가 아니다. 핵심은 원자로를 잠수함이라는 극도로 제한된 공간과 환경 속에서 전체 체계와 어떻게 결합하느냐에 있다. 즉, 핵추진 잠수함 개발의 관건은 '원자로를 설계할 수 있느냐'가 아니라, '원자로를 잠수함 체계 안에 제대로 통합할 수 있느냐'다.

소음과 진동이 왜 핵심 문제인가

핵추진 잠수함의 기술적 난제는 방사선 그 자체가 아니다. 진짜 문제는 소음과 진동이다. 원자로는 핵분열 과정에서 지속적으로 열이 발생하고, 이 열은 반드시 냉각되어야 한다. 냉각은 곧 유체의 이동을 뜻하며, 유체가 움직이는 한 소음과 진동은 피할 수 없다. 이 문제를 해결하지 못하면 원자로는 강력한 에너지원이 아니라, 잠수함의 위치를 스스로 노출시키는 '신호원'이 된다.

그래서 현대 핵추진 잠수함의 진화 방향은 고출력보다는 저소음 설계에 초점이 맞춰져 있다. 자연순환 냉각, 저속 운전, 기계식 펌프의 최소화 같은 설계는 모두 소음을 줄이기 위한 선택이다. 이는 성능을 포기한 타협이 아니라, 작전 요구에 따른 전략적 설계에 가깝다.

한국은 이미 적지 않은 경험을 축적해왔다. 장보고-I 이후 이어진 소음 측정·저감·관리의 축적은 개별 부품을 넘어, 시스템 전체를 통합하는 능력으로 발전했다. 장보고-II의 AIP 통합은 추가 에너지원이 소음 체계에 어떤 영향을 미치는지를 실제로 검증하는 계기가 되었다. 장보고-III의 대형 선체 설계는 소음 분산과 진동 억제를 구조적으로 해결하는 단계로 이어졌다. 핵추진 잠수함은 바로 이 연장선에서, 더 높은 수준의 통합을 요구하는 다음 단계다.

안전은 어떻게 확보되는가

'핵'이라는 단어는 사람들에게 쉽게 두려움을 불러일으킨다. 그러나 핵추진 잠수함의 안전은 감정의 문제가 아니라 체계의 문제다. 핵심 질문은 '사고가 날 수 있는가'가 아니라, '사고를 어떻게 예방하고, 발생하더라도 어떤 단계로 통제할 수 있는가'다.

핵추진 잠수함의 안전은 하나의 장치나 기술로 확보되지 않는다. 그것은 다음과 같은 여러 층위가 맞물린 다층적 안전 구조 위에 성립한다.

- 설계 단계에서의 본질적 안전성
- 운용 단계에서의 절차와 규율
- 조직 차원의 훈련과 안전 문화
- 제도적 장치와 국제적 신뢰 관리

이 중 어느 하나라도 결여되면 핵추진 잠수함의 안정적 운용은 보장되기 어렵다.

한국은 민수 원자력 분야에서 이미 이러한 다층 안전 체계를 장기간 운영해온 경험을 갖고 있다. 이는 군사 영역에서도 충분히 전환·응용할 수 있는 중요한 자산이다. 관건은 기술 그 자체가 아니라, 이러한 안전 원칙을 군사 영역에서 어떤 규정과 조직, 책임 체계로 제도화하느냐다.

핵추진 잠수함의 안전은 에너지의 생성·전달·차단 과정을 정밀하게 통제하고, 소음 저감 체계와 열 관리 체계를 구조적으로 결합하며, 원자로 운용 절차와 승조원 교육·훈련 체계를 일체화하고, 기술적 설계 기준과 법·규제 체계를 하나의 책임 구조 안에 묶을 때 비로소 확보된다.

즉, 안전은 장비의 문제가 아니라 체계의 문제다.

●

핵연료 문제는 왜 가장 민감한가

이 절에서는 핵추진 잠수함 논의가 왜 단순한 기술 문제를 넘어 국가 전략과 외교, 신뢰의 문제로 귀결되는지를 다룬다. 다시 말해, 여기서부터는 조선소나 연구소의 계산표보다 국가의 설명 능력과 관리 능력이 전면에 등장한다. 핵추진 잠수함은 바다 아래에서는 은밀해야 하지만, 그 존재를 가능하게 하는 연료와 제도는 공개 가능한 신뢰 구조를 필요로 한다. 이러한 모순적 요구를 풀어내지 못하면, 기술이 준비되어 있어도 전력은 현실이 되지 못한다.

핵연료는 왜 기술의 영역이 아니라 신뢰의 영역인가

핵추진 잠수함에서 핵연료는 단순한 연료가 아니다. 핵연료는 국제 핵비확산 체제, 동맹 구조, 국가 신뢰가 얽혀 있는 정치적 물질이다. 디젤 연료나 배터리는 국내 산업과 군의 판단만으로 관리할 수 있지만, 핵연료는 그렇지 않다. 핵연료는 그 자체로 국제 규범의 대상이며, 사용 목적과 관리 방식에 따라 국가의 의도가 해석된다. 같은 물질이라도 '누가, 어떤 제도 아래에서, 어떻게 사용하는가'에 따라 국제사회의 평가는 완전히 달라진다.

비핵무기국이 핵연료를 '군사 목적'으로 사용할 때 국제사회는 기술 설명보다 그 의도를 먼저 본다. 의도는 선언으로 증명되지 않는다. 의도는 관리 구조로 증명된다. 한국이 핵추진 잠수함 건조를 추진할 경우 국제사회가 가장 먼저 던질 질문은 단순하다.

"이 핵연료는 핵무기와 어떤 관계가 있는가?"

이 질문은 기술적 설명만으로는 충분히 해소되지 않는다. 여기서부터 논의는 기술의 영역을 벗어나 신뢰의 영역으로 이동한다. 신뢰의 영역에서는 "우리는 그렇게 하지 않는다"는 말보다, "그렇게 할 수 없도록 시스템을 설계했다"는 말이 훨씬 더 큰 설득력을 가진다.

NPT와 IAEA 포괄적 안전조치협정 제14조는 무엇인가

NPT(핵확산금지조약)는 1968년 채택되어 1970년 발효된 국제 조약으로, 핵무기의 확산을 방지하고 군축을 촉진하며 원자력의 평화적 이용을 보장하는 것을 목적으로 한다. 오늘날 국제 핵질서의 근간을 이루는 규범이다. IAEA는 이 체제 하에서 핵물질이 핵무기로 전용되지 않도록 감시·검증하는 역할을 맡고 있다.

핵추진 잠수함과 관련해 가장 흔한 오해는 "NPT 체제는 비핵무기국의 핵추진 잠수함을 금지한다"는 인식이다. 이는 사실과 다르다. NPT는 핵무기 확산을 금지하는 조약이지, 모든 군사적 원자력 이용을 일괄 금지하는 체제는 아니다. 폭발이나 무기화로 이어지지 않는 비폭발적 군사적 사용에 대해서는 제한적이지만 예외가 분명히 존재한다.

IAEA 포괄적 안전조치협정 제14조Article 14는 바로 이 예외를 명시하고 있다. 이 조항은 비핵무기국이 핵물질을 군사적 비폭발 목적으로 사용하는 경우를 상정하며, 핵추진 잠수함이 그 대표적 사례다. 다만 이는 자동으로 허용되는 권리가 아니다. 엄격한 조건과 검증을 전제로 한 제

한국형 핵추진 잠수함

한적 예외다. '가능하다'는 것과 '국제사회가 받아들인다'는 것은 전혀 다른 문제다.

중요한 점은 IAEA 포괄적 안전조치협정 제14조가 기술적 장벽이 아니라는 사실이다. 이 조항의 핵심은 '어떤 원자로를 쓰느냐'가 아니라, '어떻게 관리하고, 그 관리가 어떻게 신뢰로 이어지느냐'에 있다. 문제는 조항의 존재 여부가 아니라, 이를 실제로 작동시킬 구체적인 운영 모델의 부재다. 한국에 필요한 것은 "이 조항이 존재한다"는 주장보다, "이 조항을 우리는 이렇게 운영하겠다"고 설명할 수 있는 명확하고 검증 가능한 구체적인 운영 모델이다.

다른 나라들은 어떻게 관리하고 있는가

브라질과 호주의 사례는 이 점을 분명하게 보여준다. 브라질은 비핵무기국임에도 독자적인 핵추진 잠수함 개발을 추진해왔다. 이 과정에서 국제사회의 의심이 없었던 것은 아니지만, 브라질은 기술 능력 자체보다, IAEA와 브라질-아르헨티나 핵물질 계량·검증 기구ABACC에 원자로 설계 정보와 검증 절차를 지속적으로 제공하며 국제적 협의와 검증 가능성을 강조했고, 군과 민간, 규제 기관을 분리하면서도 상호 검증이 가능한 구조를 강조하며, '군이 마음대로 다루는 핵'이 아니라 '국가가 통제하는 핵'이라는 메시지를 제도로 보여주려 했다.

호주는 전혀 다른 길을 택했다. AUKUS^{Australia, United Kingdom, United States} 체제(호주·영국·미국 3국 안보협력 체제)를 통해 미국과 영국의 핵추진 잠수함 기술을 도입하면서, 핵연료를 자체적으로 관리하지 않는 대신 동맹 기반의 관리·감독 모델을 선택했다. 호주의 선택의 핵심은 기술 이전이 아니라, 국제사회가 수용할 수 있는 신뢰 구조의 설계였다. '독자 운용'이 아니라, '동맹의 관리 체계 속에서 책임 있게 운용한다'는 방식 으로 문턱을 넘은 것이다.

이 두 사례가 공통적으로 보여주는 메시지는 분명하다. 핵추진 잠수 함 개발의 관건은 기술 능력이 아니라, 국제사회에 어떤 구체적인 운영 모델을 제시하느냐다.

핵심 쟁점은 무엇인가

핵연료 논의에서 자주 빠지는 함정은 농축도나 연료 형태에만 집착하 는 것이다. 물론 저농축 우라늄 사용 여부는 중요한 쟁점이다. 그러나 국제사회가 더 주목하는 것은 누가, 어떻게, 어떤 체계로 이를 통제하 느냐다. 농축도가 기술적 지표라면, 통제 체계는 정치적 신뢰의 지표다. 핵추진 잠수함 연료를 둘러싼 핵심 쟁점은 다음 네 가지로 정리할 수 있다.

- 연료의 소유와 관리 주체는 누구인가?
- 연료의 이동과 사용은 어떻게 기록·검증되는가?
- 연료의 회수와 폐기는 어떤 절차로 이루어지는가?
- 군과 민간, 규제 기관은 어떻게 분리되고 협력하는가?

이 질문들에 답하지 못하면 기술적 설명은 설득력을 갖기 어렵다. 핵 연료 문제는 연구소나 조선소가 해결할 수 있는 사안이 아니다. 국가 통 치 구조와 책임 체계의 문제다. 핵연료는 조달에서 폐기에 이르는 전 주기 동안, 국제사회가 확인할 수 있는 통제의 흔적을 남겨야 한다.

한국은 국제사회가 신뢰할 수 있는 운영 모델을 제시할 수 있는가

한국이 핵추진 잠수함 개발을 추진한다면, "우리도 할 수 있다"는 주장만으로는 충분하지 않다. 비핵무기국으로서 국제사회가 신뢰할 수 있는 운영 모델을 제시해야 한다. 이 운영 모델은 국제사회가 검증하고 평가할 수 있는 언어로 제시되어야 한다.

그 핵심은 저농축 연료 기반의 명확화, 군사적 사용 범위의 분명한 설정, 민·군·규제·외교가 결합된 관리 체계, 그리고 IAEA와의 사전적·상시적 협의 구조다. 여기에 한 가지가 더 필요하다. 왜 이 운영 모델이 한국에 적합한지에 대한 설명이다. 한국은 기술 역량을 보유한 국가이자, 동시에 국제 규범을 일관되게 존중해온 국가다. 따라서 한국형 모델은 '예외를 요구하는 모델'이 아니라, '예외를 책임 있게 운영하는 모델'이어야 한다.

이 운영 모델은 한국만을 위한 해법에 그치지 않는다. 향후 다른 비핵무기국의 핵추진 잠수함 논의에서 하나의 선례이자 기준이 될 수 있다. 핵연료 문제는 핵추진 잠수함 논의에서 가장 어려운 관문이지만, 동시에 한국이 국제사회에서 어떤 국가로 남을 것인지를 가늠하는 시험대이기도 하다.

한국의 핵추진 잠수함 개발 가능성에 대한 평가

이제 우리는 "핵추진 잠수함을 만들 수 있는가"가 아니라, "그 책임을 감당할 준비가 되었는가"라고 질문해야 한다.

핵추진 잠수함은 강력한 군사 전력인 동시에 한 국가를 바라보는 국제사회의 시각까지 바꿀 수 있는 존재이기도 하다. 기술만으로는 충분하지 않다. 그 기술을 어떻게 관리하고, 그것을 국제사회에 어떻게 설명해 신뢰를 얻을 것인지 깊이 고민해야 한다. 이 질문은 외교부만의 과제가 아니다. 군, 산업, 규제 기관, 정치가 함께 답해야 할 국가적 과제다. 이 과제에 대한 해법은 한국의 전략적 위상을 바꾸는 결정적인 선택이 될 것이다.

핵추진 잠수함의 마지막 문턱은 기술이 아니다. 그 문턱은 핵연료와 제도, 그리고 국제사회의 신뢰다. 이 문턱을 넘는다는 것은 단순히 새로운 무기를 보유한다는 뜻이 아니다. 그것은 한국이 국제 질서 속에서 영향력 있는 해양 국가가 될 수 있다는 것을 의미한다. 이미 관련 기술이 준비되어 있는 한국에게 중요한 것은 그 기술을 책임 있게 운영할 수 있는 국가임을 국제사회에 증명하는 것이다.

핵추진 잠수함을 둘러싼 논의는 이제 기술의 문제가 아니라 국가 선택의 문제로 이동했다. 한국은 더 이상 '핵추진 잠수함을 만들 수 있는가'를 묻는 단계에 있지 않다. 장보고-I · II · III를 거치며 한국은 잠수함을 단순히 운용하는 나라를 넘어, 설계 · 건조 · 성능 개량 · 체계 통합을 자체적으로 수행하는 국가로 진입했다. 승조원 선발과 교육, 자격 관리 체계, 정비·지원 체계, 소음 관리와 은밀성 운용 개념, 장기 작전 플랫폼으로의 진화까지, 핵추진 잠수함의 '선체'와 '운용'에 해당하는 기반은 사실상 완성 단계에 들어섰다. 다시 말해, 핵추진 잠수함을 구성하는 요소 가운데 플랫폼, 운용, 통합 기술의 상당 부분을 이미 보유하고 있는 상태다.

핵추진 잠수함의 핵심은 원자로 그 자체가 아니다. 핵심은 통합 능력이다. 에너지를 어떻게 생산하고 분배할 것인지, 좁은 잠수함 내부에 추진·전력·냉각 계통을 어떻게 배치하고 엮을 것인지, 그 과정에서 발생하는 소음과 진동, 열을 어떻게 통제할 것인지, 그리고 안전과 운용 절차를 어떻게 하나의 체계로 묶을 것인지가 관건이다. 이 통합은 새로운 기술을 발명하는 문제가 아니라, 이미 축적된 기술과 경험을 하나의 플랫폼 위에 정확히 배치하고 조율하는 문제다.

한국은 장보고-II에서 AIP를 통합하며 에너지 관리 경험을 축적했고, 장보고-III에서 대형 플랫폼 설계와 체계 통합을 실제로 구현했다. 이를 통해 잠수함을 '연료 중심 플랫폼'이 아니라 '에너지 중심 플랫폼'으로 바라보는 사고와 시스템 엔지니어링 역량을 충분히 쌓아왔다. 기술적으로 볼 때 한국형 핵추진 잠수함은 어려운 도전이나 모험이 아니다. 그것은 이미 장보고-I·II·III를 통해 축적된 잠수함 설계·운용 경험을 바탕으로 그 범위를 한 단계 확장하는 선택에 가깝다.

그러나 아직 넘어야 할 마지막 고비가 남아 있다. 그것은 기술이 아니라 핵연료와 제도, 그리고 국제사회의 신뢰다. 핵연료는 단순히 원자로에 투입되는 물질이 아니다. 핵연료를 어떻게 확보하고, 어떻게 관리하느냐는 국제 비확산 규범, 동맹국과의 관계, 그리고 한국이 얼마나 신뢰

CHAPTER 4 한국형 핵추진 잠수함 개발 가능성

받는 국가인가와 직접적으로 연결된다.

한국에게 필요한 것은 기술 논쟁이 아니라, 핵연료의 소유·이동·사용·회수·폐기 전 과정을 아우르는 '이탈이 불가능한 통제 구조'를 제도화하는 일이다. 관리 체계가 투명해야 국제사회의 신뢰를 얻을 수 있기 때문이다. 관리 체계가 투명해야 잠수함은 은밀해질 수 있다. 이 역설을 받아들이고 제도로 구현하는 순간, 핵추진 잠수함은 외교적 부담이 아니라 외교적 설득의 자산이 된다.

이제 남은 과제는 핵연료 확보와 그에 따른 제도 마련, 그리고 국제사회의 신뢰 확보다. 이것이 해결되는 순간, 한국형 핵추진 잠수함 사업은 순항하게 될 것이다.

한국형 핵추진 잠수함 사업
도전과 좌절의 역사

- 반세기의 도전과 좌절, 그리고 질문:
한국은 왜 지금 다시 핵추진 잠수함을 말하는가 -

한국형 핵추진 잠수함 사업은 과거에도 추진되어왔지만, 여러 차례 좌절을 겪어야 했다. 반복된 좌절의 원인은 기술 때문이 아니라, 사업을 끝까지 추진해 완수할 국가적 구조의 부재 때문이었다. 362사업단은 이 사실을 가장 분명하게 보여주는 사례다.

1994년 1차 북핵 위기 이후, 한국은 기존 디젤 잠수함 중심의 전력 체계에서 핵추진 잠수함 중심 전력 체계로의 전환 가능성을 검토하기 시작했다. 이러한 흐름은 2003년 정책 지시로 구체화되었고, 같은 해 6월 국방부 장관 주관 회의를 계기로 이른바 '362사업'이 출범했다. 해군은 조함단 내에 전담 태스크포스를 설치해 작전요구성능과 운용 개념을 정립했고, 국방과학연구소ADD는 선체와 체계 통합을, 한국원자력연구원KAERI은 추진기관의 기본설계를 맡았다. 핵추진 잠수함을 전력화하는 세 요소가 처음으로 하나의 실무 체계 안에서 결합된 순간이었다.

그러나 이 시도는 오래가지 못했다. 2004년 1월 언론 보도로 362사업이 외부에 공개되면서, 비닉 사업관리가 이루어지지 않은 상태에서 외교·규제·예산·조직의 취약성이 한꺼번에 드러났다. 국방부는 비핵화 선언과 IAEA 승인 문제, 기술적 불확실성을 이유로 사업 중단을 공식화했고, 해군 역시 내부 검토 결과 '불가' 결론을 보고하며 조직을 정리했다. 결국 362사업단은 같은 해 12월 해체되었다.

이러한 좌절은 핵추진 잠수함 사업이 기술적으로 불가능해서가 아니라, 이를 추진할 국가 시스템에 대한 합의와 제도적 준비가 부족했기 때문에 발생했다. 제5장에서는 과거 한국의 핵추진 잠수함 사업 도전과 좌절의 역사를 돌아보며 당시 한국의 핵추진 잠수함 논의가 왜, 어떻게 중단될 수밖에 없었는지를 살펴보겠다.

CHAPTER 5 한국형 핵추진 잠수함 사업 도전과 좌절의 역사

핵추진 잠수함을 둘러싼 논쟁은 흔히 '과연 할 수 있는가'라는 질문에서 출발한다. 그러나 오늘날 한국은 이미 충분한 잠수함 기술과 잠수함 운용 경험을 축적한 상태다. 앞 장에서 확인했듯이, 한국은 이미 핵추진 잠수함을 건조하기 위한 기술적 출발선을 오래전에 넘어섰다. 장보고-I · II · III를 거치며 잠수함 설계 · 건조 · 성능 개량과 체계 통합 능력은 세계 최고 수준으로 도약했고, 원자력 분야 역시 안전 · 규제 · 품질 · 운영 전반에 걸친 국가 차원의 관리 역량을 갖춘 상태다. 이는 관련 기술뿐만 아니라, 국가가 '핵'을 안전하게 통제하고 관리할 수 있는 역량을 갖추었음을 의미한다.

따라서 이제 질문은 이렇게 바뀌어야 한다.

"만들 수 있었는데도, 왜 지금까지 만들지 못했는가?"

이 질문은 과거를 탓하기 위한 것이 아니라, 앞으로 핵추진 잠수함 사업을 실행하기 위해 반드시 먼저 점검해야 할 것들을 짚고 넘어가기 위한 것이다. 핵추진 잠수함은 기술만 가지고 있다고 해서 만들 수 있는 무기체계가 아니다. 기술 외에 조직, 예산, 제도, 외교, 규범이 동시에 뒷받침되어야 한다. 즉, 국가 차원에서 사업이 제대로 추진되지 않으면 기술이 아무리 성숙해도 사업을 성공시키기 어렵다. 한국의 핵추진 잠수함 역사는 이 사실을 반복해서 보여준다.

한국의 핵추진 잠수함 사업은 논의만 있었을 뿐, 연구개발-시험평가-전력화로 이어지지 못하고 번번이 좌절되었다. 기술은 앞서 나갔으나, 정치 · 외교 · 제도는 그 속도를 따라가지 못했다. 어떤 시기에는 문제의식이 과도하게 앞서 있었고, 또 다른 시기에는 기술과 조직이 일정 수준까지 결집되었지만 제도적 정당성과 외교적 설명이 충분하지 않았다. 그 결과, 한국의 핵추진 잠수함 역사는 '완성의 기록'이라기보다, 도전과 좌절, 그리고 재시작이 반복된 '미완의 기록'에 가깝다.

주목할 점은 좌절의 원인이 매번 크게 다르지 않았다는 사실이다. 과거 사업이 중단된 순간들을 되짚어보면, 결정적 원인이 기술 자체였던 경우는 드물다. 오히려 핵추진 잠수함 사업 추진 사실이 외부에 알려질 경우 발생할 정치적·외교적 파장에 대한 우려와 대비 부족, 관련 제도와 규제의 부재, 권력 구조 속 우선순위 경쟁, 예산의 지속성 결여가 동시에 겹치면서 사업은 중단되었다. 다시 말해, 핵추진 잠수함 사업은 기술이라는 단일 요인으로 인해 좌초한 것이 아니라, 국가 차원의 통합된 정책·조직·제도와 국제사회의 신뢰를 얻으려는 국가적 노력이 없었기 때문에 좌초했던 것이다.

그렇다면 "왜 지금인가?" 오늘의 환경은 과거와 분명히 다르다. 북한의 SLBM과 잠수함 전력 고도화는 더 이상 가정이 아닌 현실적인 위협이며, 동북아는 이미 잠수함 전력이 집중되는 고밀도 작전 지역으로 변했다. 이런 상황에서 한국은 장보고-III에 이르러 플랫폼 주권과 체계 통합 능력을 성숙 단계까지 끌어올렸고, 원자력 분야의 안전·규제·품질 관리 역량 역시 세계 최고 수준에 도달했다. 국제 규범 또한 과거처럼 절대적 금기만을 전제로 하지 않는다. 이러한 외부 환경의 변화와 내부 역량의 축적이 맞물리면 한국의 핵추진 잠수함 사업은 더 이상 미룰 수 없는 과제로 떠올랐다.

한국형 핵추진 잠수함 사업을 성공시키기 위해서는 한국의 핵추진 잠수함 사업 도전과 좌절의 역사를 반드시 되짚어볼 필요가 있다. 1970년대 최초의 문제 제기, 2000년대 통합 시도의 가능성과 한계, 그리고 그 좌절이 남긴 구조적 원인을 살펴보는 일은 한국형 핵추진 잠수함 사업의 성공 조건을 설계하는 출발점이 되기 때문이다.

●

핵추진 잠수함 논의의 출발과 전개

1970년대 Y-프로젝트

한국형 핵추진 잠수함 사업은 21세기에 들어 본격적으로 논의된 것처럼 보이지만, 그 뿌리는 훨씬 더 오래전으로 거슬러 올라간다. 이 논의는 단순히 '더 강력한 무기가 필요하다'는 군사적 요구에서 출발한 것이 아니라, 국가 생존 자체를 고민해야 했던 냉혹한 국제정치 환경 속에서 형성된 전략적 선택이었다. 그 출발점은 자주국방 역량 강화를 모색하던 1970년대 박정희 대통령 시기에 추진된 Y-프로젝트였다.

베트남전에서 미군이 철수하고 닉슨 독트린Nixon Doctrine이 선언되면서, 한국은 더 이상 미국의 안전보장을 절대적인 전제로 삼기 어려운 상황에 놓였다. 미국은 동맹국의 안보를 전적으로 책임지는 대신, 각국이 스스로 방위 역량을 갖출 것을 요구했고, 이 메시지는 한반도에서 특히 무겁게 받아들여졌다. 동시에 미·중 데탕트와 미·소 전략무기 제한협정은 강대국 간 질서가 재편되고 있음을 보여주었다. 이러한 변화는 미국의 전략적 관심이 변화함에 따라 동맹국들 사이에서도 안보 중요도가 달라질 수 있음을 보여주었고, 한반도 역시 예외가 아닐 수 있다는 불안을 낳았다. 한국으로서는 국가를 스스로를 지킬 수 있는 보다 근본적인 수단을 고민하지 않을 수 없었다.

한국형 핵추진 잠수함

Y-프로젝트는 1970년대 박정희 정부가 급변하는 국제 안보 환경 속에서 자주국방 역량 강화를 모색하며 구상한 비공개 계획으로, 핵무기·핵추진 잠수함·SLBM을 연계한 해상 기반 억제 개념을 처음 제시했다는 점에서 이후 한국형 핵추진 잠수함 논의의 출발점이자 역사적 원형으로 평가된다. 〈그림 출처: 저자 제공〉

CHAPTER 5 한국형 핵추진 잠수함 사업 도전과 좌절의 역사

결정적인 계기는 1974년 미국 정보기관이 한국 정부에 비공식적으로 전달한 북한의 핵 개발 관련 정보였다. 북한이 영변을 중심으로 핵 개발을 본격화하고 있다는 신호는, 재래식 전력과 연합 방위에 의존해 온 남한에 큰 충격을 안겨주었다. 만약 북한이 장기적으로 핵무기와 탄도미사일을 보유하게 된다면, 한반도의 전쟁 양상은 더 이상 재래식 전력의 우열로 설명할 수 없는 단계로 진입하게 될 것이다. 이 시점부터 한국은 '북한의 비대칭 위협에 어떻게 대응할 것인가'라는 문제의식에 본격적으로 천착하게 되었고, 그 결과 핵무기, 핵추진 잠수함, SLBM을 상호 보완적인 전략 체계로 결합하는 Y-프로젝트를 구상하게 되었다.

Y-프로젝트는 공식 기록이 거의 남아 있지 않은 비공개 전략 프로그램이었다. 그러나 그 내용은 당시 기준으로 보더라도 매우 파격적이고 선구적인 발상이었다. 단순히 지상 기반 핵무기를 보유하는 데 그치지 않고, 생존성이 높은 해상 기반 전략 전력을 함께 확보하려 했으며, 장기적 관점에서 핵무기, 핵추진 잠수함, SLBM으로 이어지는 기술 축적 구상을 포함하고 있었다. 오늘날 우리가 이야기하는 '한국형 핵추진 잠수함 + SLBM 패키지'의 원형이 이미 이 시기에 개념 수준에서 제시되어 있었던 셈이다.

Y-프로젝트의 의미는 당시 한국이 핵추진 잠수함 기술을 단순한 무기체계의 성능 향상으로 보지 않았다는 데 있다. 군과 청와대, 일부 전략가들은 바닷속에서 장기간 잠항하며 은밀하게 작전할 수 있는 핵추진 잠수함이야말로 핵무기 보유 여부와 별개로 국가 생존 전략의 핵심 기반이 될 수 있다고 판단했다. 육군 중심의 한반도 전장 구도를 바다와 심해로 확장하지 못하면, 장기적으로 북한의 비대칭 전력을 감당하기

어렵다는 인식이 이 시기에 싹트기 시작한 것이다. 훗날 북한이 실제로 SLBM 능력을 확보하고 미·중·러가 심해에서 전략핵잠 경쟁을 벌이게 된 오늘의 현실은, 당시의 판단이 얼마나 앞서 있었는지를 보여준다.

그러나 Y-프로젝트는 결국 미국의 강력한 반대와 국제 비확산 체제에 따른 외교적·제도적 압력, 그리고 국내 정치·경제적 현실이라는 세 가지 장벽을 넘지 못했다. 미국은 동맹국의 독자적 핵 능력 추구에 극도로 민감하게 반응했고, 특히 한반도에서 새로운 핵보유국 등장의 가능성조차 용납하지 않았다. NPT 체제 아래에서 한국이 핵연료 주기 전반을 자율적으로 통제하는 것 자체가 국제정치적으로 큰 파장을 불러일으킬 수 있었기 때문에, 미국은 외교·경제·군사 수단을 동원해 한국의 핵 및 핵추진 잠수함 개발 움직임을 제어했다. 국내적으로도 경제 개발과 정치적 안정에 국가 역량을 집중해야 했던 시기였던 만큼, 장기적인 전략 자산 확보보다 단기적인 경제 성장에 우선순위를 두는 선택이 뒤따랐다.

결국 Y-프로젝트는 역사 속으로 사라지는 듯 보였다. 그러나 이를 단순한 실패로만 평가할 수는 없다. Y-프로젝트의 진정한 의미는, 한국이 처음으로 '핵추진 잠수함이 국가 생존 전략에서 어떤 위치를 차지하는가'라는 근본적인 질문을 제기했다는 데 있다. 비록 완성에는 이르지 못했지만, Y-프로젝트는 이후 반세기 동안 이어질 한국형 핵추진 잠수함 논의의 출발점이 되었고, 그 전체 구조를 예고한 원점으로 남았다. 훗날 해군과 전략가들이 다시 핵추진 잠수함을 언급할 때마다, 그 밑바탕에는 1970년대 이 비공개 프로젝트에서 형성된 문제의식이 끊임없이 이어지고 있었다.

1980~2002년, 군내 연구와 기술 축적

Y-프로젝트가 공식적으로 중단된 이후, 한국 사회에서 핵추진 잠수함 논의는 자취를 감춘 듯 보였다. 그러나 의도적으로 공식 논의를 피했을 뿐, 논의 자체가 완전히 사려진 것은 아니었다. 1980~1990년대는 핵추진 잠수함 논의의 공백기가 아니라, 한국 해군이 실제 잠수함 전력을 운용하며 수중 전력의 성격과 한계를 몸으로 익혀 나간 시기였다. 이 시기에도 핵추진 잠수함에 대한 문제의식은 군 내부에서 유지되고 있었다. 다만 그것은 공개적인 주장이나 정책 제안의 형태가 아니라, 내부 보고서와 개념 검토, 기술 메모와 같은 방식으로 이어졌다. 민주화와 경제 성장, 사회 안정이 국가 의제의 중심이던 당시 환경에서 '핵'은 외교적·정치적 부담이 큰 주제였다. 비핵화 원칙과 동맹 구조, 국제 비확산 체제 속에서 핵추진 잠수함은 공론화되는 순간 외교적 논란을 불러올 수 있는 사안이었기 때문에 자연스럽게 공식 논의의 장 밖에 머물 수밖에 없었다.

그러나 이러한 침묵은 단절이 아니라 준비의 또 다른 방식이었다. '핵추진 잠수함'이라는 표현은 사라졌지만, 그 기반이 되는 기술과 사고는 다른 영역에서 꾸준히 축적되고 있었다. 조선 분야에서는 대형 압력선체 설계 능력과 정숙성 기술이 발전했고, 원자력 분야에서는 발전용 원자로 운용을 통해 안전, 제어, 연료 관리에 대한 경험이 쌓였다. 제어공학, 소재 기술, 계측 장비, 품질 관리 체계 역시 각자의 궤적을 따라 성숙해갔다. 잠수함 운용 경험을 축적해가던 군 내부에서는, 이 서로 다른 요소들이 장기적으로 결합될 수 있다는 인식이 점차 분명해졌다.

이 시기의 군내 연구는 '당장 추진할 것인가'를 판단하기 위한 것이 아니었다. 핵심 질문은 '언제 만들 것인가'가 아니라, '언젠가 선택하게 된다면 무엇이 준비되어 있어야 하는가'였다. 이는 결정을 앞당기기 위한 연구가 아니라, 결정을 내렸을 때 실패하지 않기 위한 사전 축적의 과정이었다. 핵추진 잠수함 사업을 즉시 추진하지 않더라도, 그 가능성을 완전히 닫아버리지는 말아야 한다는 공감대가 군 내부에 형성되었고, 최소한의 지식과 문제의식은 유지되어야 한다는 인식이 공유되었다.

결과적으로 1980~1990년대는 핵추진 잠수함 논의가 멈춘 시기가 아니라, 잠수함을 실제로 운용해본 세대가 질문과 경험을 축적한 시기였다. 이 시기에 쌓인 인식과 기술적 감각이 있었기에, 2000년대에 핵추진 잠수함 논의가 다시 등장했을 때 그것은 추상적인 구호가 아니라 현실적인 검토로 이어질 수 있었다. 침묵의 시간은 공백이 아니라, 다음 단계로 넘어가기 위한 준비의 시간이었다.

이러한 흐름은 원자력 분야에서도 확인된다.《월간조선》보도에 따르면, 한국원자력연구원의 김시환 박사는 1991년 차세대 원자로 개발 책임을 맡아 1999년부터 2006년까지 상용 및 잠수함용 추진기관 개발을 총괄했다. 당시 IAEA의 규범과 국제 기술 흐름 속에서 중소형 일체형 원자로는 안전성과 다목적성 측면에서 주목받고 있었으며, 한국 역시 이 흐름에 합류했다. 상용 목적의 SMART System-integrated Modular Advanced ReacTor(계통일체형 모듈식 첨단 원자로) 계열 연구와 함께 선박과 잠수함 운용을 염두에 둔 해상형 소형 원자로 연구를 병행하는, 이른바 '투트랙' 방식의 연구가 진행되었다.

기사에 따르면 1994년 8월, 일체형 원자로의 공식 용도는 담수화용 노형으로 결정되었다. 그러나 연구진 내부에서는 중소형 원자로가 장차

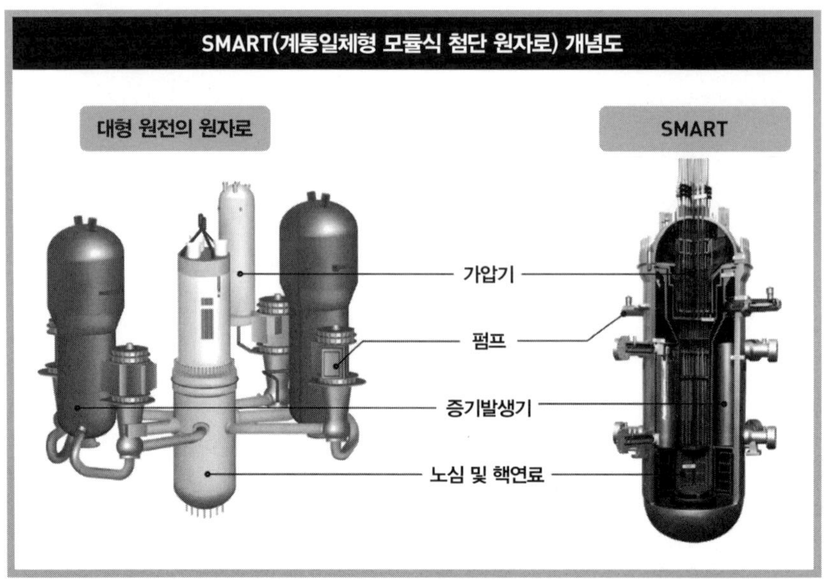

1995년 대우그룹 김우중 회장은 일체형 원자로 개발을 위해 20억 원을 지원했으며, 한국원자력연구원 연구진은 이를 기반으로 일체형 원자로를 집중연구하여 SMART(계통일체형 모듈식 첨단 원자로) 제작 기술을 습득했다. 이후 SMART 기술을 기반으로 해상형 소형 원자로 기본설계 기술까지 축적하게 되었다. 〈그림 출처: 저자 제공〉

군사적 활용으로 이어질 수 있다는 인식이 공유되고 있었다. 표면적 명분은 담수화와 전력 공급이었지만, 전략적 관점에서는 해군 추진기관으로의 확장을 염두에 두었던 것이다.

이 시기의 또 다른 특징은 민간 자본의 참여였다. 기사에 따르면 1995년 대우그룹 김우중 회장은 일체형 원자로 개발을 위해 20억 원 지원을 지시했다. 이는 국가 예산을 직접 투입하기 어려운 민감한 영역에서 연구를 지속할 수 있게 한 숨은 동력이었다. 동시에 이러한 방식은 훗날 비밀 사업이 안게 되는 구조적 한계와도 맞닿아 있었다.

기술 협력의 방식에서도 주목할 만한 점은, 한국이 중소형 원자로 개념 연구 파트너로 미국이 아니라 러시아를 선택했다는 것이다. 한국은

1995년 9월 14일 러시아의 전력·원자로 설계 전문 국책 연구기관인 RDIPE^{Research and Development Institute of Power Engineering}와 협약을 체결해 공동 개념 연구를 진행했다. 이 협약은 기술을 이전받는 형태가 아니라 개념 설계 결과의 소유권을 한국 측이 보유하는 구조였다고 전해진다. 이는 '기술을 러시아에서 사오는' 방식이 아니라, '개념 설계를 한국과 러시아가 함께 정립하는' 방식이었다.

이후 1997년부터 1999년까지 개념 설계가 진행되었고, 2002년 3월에는 기본 설계가 완료되었다. 김시환 박사는 기사에서 해상형 소형 원자로가 SMART를 단순히 축소한 모델이 아니라, 처음부터 선박과 잠수함 운용 환경을 전제로 별도로 설계한 체계였다고 강조한다. 충격과 진동, 선체 기울기, 잠항 환경, 소음 억제, 전력 요구 조건 등은 발전소용 원자로와 전혀 다른 설계 출발점을 요구했기 때문이다.

이 시기에 축적된 연구와 경험은 곧바로 핵추진 잠수함 개발로 이어지지는 않았지만, 이후 관련 논의가 다시 시작될 수 있는 현실적 토대를 형성했다. 기술은 조용히 축적되었고, 질문은 점차 정제되었으며, 준비는 보이지 않는 곳에서 지속되고 있었다.

2003~2012년, 362사업단 운영과 중단

362사업단 설치 배경: 전략·정책적 전환의 출발점

서문에서 언급했듯이, 1994년 북한의 NPT 탈퇴로 촉발된 제1차 북핵 위기로 인해 한국의 군사전략 전반을 다시 짜야 한다는 요구가 제기되었다. 기존 전력 증강 계획은 '한반도 비핵화'와 '북한 핵'이라는 현실이 충돌하는 상황에서 조정이 불가피했고, 특히 잠수함 전력에 대한 인식

변화가 핵심으로 떠올랐다. 이때 제기된 문제의식은 단순히 플랫폼을 바꾸는 수준이 아니라, 어떻게 수중 전력의 지속성과 은밀성을 높이고, 작전 범위를 확대할 것인가에 초점이 맞춰져 있었다.

이 과정에서 잠수함 전력 구상은 기존 디젤 잠수함 중심 체계에서 핵추진 잠수함으로의 전환 가능성을 검토하는 단계로 넘어갔다. 이는 '핵 무장을 하느냐'의 문제라기보다, 추진 방식의 전환을 통해 작전 개념 자체를 확장할 수 있는지에 대한 전술·전략적 검토에 가까웠다.

이러한 문제의식은 2003년 들어 구체적인 정책 지시로 표면화된다. 2003년 5월 초 국방부 장관은 '자주국방 비전 보고' 자리에서 기존 중형 잠수함 계획을 핵추진 잠수함 건조 사업으로 전환해 조기 획득 가능성을 검토하라는 취지의 지시를 내린 것으로 전해진다. 이어 2003년 6월 2일 장관 주관 회의에서는 핵추진 잠수함 개념 설계를 허가하고, 핵추진 장치 개발 계획을 별도로 보고하라는 지시를 한 것으로 알려졌다. 이 사업은 회의 날짜(2003년 6월 2일)를 따서 '362사업'이라는 약칭으로 불리게 되었고, 이후 이 약칭이 관련 문헌과 기사에서 반복적으로 사용되면서 사업명으로 굳어지게 되었다.

362사업단 설치 목적과 의미:
핵추진 잠수함을 위한 하나의 통합 체계 구축을 시도한 최초의 조직

국방장관의 지시 이후, 해군은 대전 소재 해군본부 조함단 내에 핵추진 잠수함 전담 TF^{Task Force} 조직인 362사업단을 편성했다. 사업단 단장은 필자가 맡았다. 조직 형태는 상설 국책사업단이 아닌 임시 TF였지만, 핵추진 잠수함을 실무 차원에서 전담해 다루는 첫 조직이라는 점에서 의미가 있었다.

362사업단 설치의 목적은 분명했다. 핵추진 잠수함을 단순히 '원자로 기술'의 문제로 접근하지 않고, 작전 요구 - 플랫폼 설계 - 추진기관을 하나의 체계로 묶어 종합적으로 검토하는 데 있었다. 선체와 전투체계, 추진기관이 유기적으로 결합된 '통합 체계'를 구축해야 한다는 인식이 조직 설계의 출발점이었다.

이러한 인식에 따라 역할 분담도 비교적 명확하게 설정되었다. 해군은 수행해야 할 임무를 정의하고, 작전요구성능ROC과 운용 개념을 정립했다. 국방과학연구소ADD는 잠수함 선체 설계와 체계 통합 검토, 즉 개념 설계를 담당했다. 한국원자력연구원KAERI은 함정용 핵추진 기관, 다시 말해 원자로의 기본 설계를 맡았다. 해군 - 국방과학연구소 - 한국원자력연구원으로 이어지는 이른바 '삼각 구도'가 하나의 실무 체계 안에서 동시에 가동된 것은 이때가 처음이었다.

이 점에서 362사업단은 최종적인 사업 성과와는 별개로 중요한 의미를 갖는다. 전력 요구, 플랫폼, 원자로를 각각 분리된 요소로 다루는 기존 접근을 넘어, 이를 하나의 통합 체계로 결합해 검토한 최초의 조직이었기 때문이다.

주요 업무와 당시 기술 수준: 진척과 부정이 동시에 존재한 시기

362사업단은 조함단 내 TF로서 몇 가지 핵심 업무를 수행했다. 우선 핵추진 잠수함의 작전요구성능ROC을 수립하고, 수행 임무와 운용 개념을 문서화했다. 이는 "핵추진 잠수함이 필요하다"는 선언이 아니라, 어떤 임무를 어떤 성능으로 수행할 것인지 구체적으로 정리하는 작업이었다. 동시에 362사업단은 설계·건조·무장 등 관련 현안을 검토하고, 핵추진 잠수함이라는 플랫폼을 무엇으로, 어떻게 구현할지에 대한 해군의 요구를 체계적으로 정리했다.

국방과학연구소는 박의동 박사를 선체설계팀장으로 임명한 뒤 핵추진 잠수함의 개념 설계에 착수했으며, 이 과정에 총 17억 원의 설계비가 투입되었다. 362사업단이 해체될 무렵, 당시 원했던 4,000톤급 핵추진 잠수함의 개념 설계는 끝낼 수 있었지만, 기본 설계 단계로 이어지지는 못했다.

한국원자력연구원에서는 김시환 박사를 팀장으로 한 핵추진 기관 연구팀, 이른바 '진해팀'이 구성되어 함정용 원자로 기본 설계를 추진했다. 팀 해체 시점에는 기본 설계가 사실상 마무리 단계에 이르렀다는 평가가 존재한다. 2007년《월간조선》 7월호 기사에서 파장을 일으킨 대목도 김시환 박사의 발언이었다. 그는 "2004년에 핵추진 잠수함용 원자로 기본 설계를 마쳤다", "자재 발주 직전 단계였다", "국가 지도자가 결심하면 2년 안에 제작해 장착할 태세였다", "표준설계인가^{SDA} 직전 단계였다"는 취지의 표현을 사용했다.

이 발언들은 이후 논쟁의 대상이 되었다. 그러나 여기서 더 중요한 것은 문장 하나하나의 표현보다, 당시 내부에 '기술은 상당히 진척됐다'는 인식이 존재했다는 사실이다. 그리고 이 인식은 뒤이어 제시된 공식 입장과 뚜렷하게 대비된다. 실제로 당시 기술 수준을 둘러싸고 두 가지 프레임이 함께 존재했다. 하나는《월간조선》 보도와 김시환 박사의 발언을 중심으로 한 '진척 프레임'으로, 국방과학연구소의 개념 설계, 원자로 기본 설계, 해군의 작전요구성능^{ROC} · 운용 개념 정립이 동시에 진행되었다는 것이었다. 다른 하나는 국방부와 해군이 공식 메시지로 내세운 '불가 프레임'으로, 기술적·현실적 제약 때문에 건조가 불가능하다는 것이었다.

이 두 프레임의 충돌은 단순한 의견 차이를 넘어선다. 내부에서는 "가능성과 진전이 있었다"는 의견이 있었지만, 외부로 표출된 메시지는 '불가와 중단'으로 정리되었다. 이 점이야말로 362사업단 해체를 '기술 실패'가 아니라 '사업 좌절'로 해석해야 하는 핵심 단서가 된다.

언론 보도 이후 362사업단의 해체 과정과 사유

2004년 1월 26일자 《조선일보》 보도는 362사업단의 향방에 중대한 분기점으로 작용했다. 해당 기사에는 "4,000톤급 핵추진 잠수함을 2007년부터 건조에 착수해 2012년부터 실전 배치하고, 이후 2~3년 간격으로 총 12척을 확보한다"는 구체적인 계획이 담겨 있었다. 또한 국방부와 해군이 2003년 5월부터 독자 건조를 검토해왔으며, 2004~2006년 기본 설계를 거쳐 2007년부터 건조에 들어간다는 기사도 포함되어 있었다. 이 기사가 보도되고 난 뒤 362사업단 중단 분위기가 확산되더니, 결국 2004년 12월 말 362사업단은 갑자기 해체되었다.

362사업단 해체는 단일 요인으로 설명하기 어렵다. 다음과 같은 여러 요인이 복합적으로 작용하면서 사업의 취약성이 표면화된 결과로 해석하는 것이 타당하다.

첫째는 사업이 완전한 비닉사업으로 지정되지 않은 채 추진되었다는 구조적 취약성이다. 만약 처벌 규정을 포함한 비닉사업(대외비사업)으로 공식 지정되었더라면, 언론 노출 자체를 상당 부분 차단할 수 있었을 것

CHAPTER 5 한국형 핵추진 잠수함 사업 도전과 좌절의 역사

이라는 후일의 평가도 있다. 보안체계가 충분히 갖춰지지 않은 상태에서 사업을 시작했고, 보도 이후에도 군 수뇌부 차원의 적극적인 해명 없이 사업을 철회한 점은 비판을 피하기 어렵다.

둘째는 IAEA 사찰 이슈와 맞물린 심리적·정책적 충격이다. 2003년 9월 IAEA는 한국의 과거 우라늄 농축 및 분리 실험에 대한 조사를 진행했고, 이 사실이 언론에 보도되면서 군 수뇌부의 부담은 더욱 커졌다. 다만 이후 확인된 바와 같이, IAEA의 조사는 핵추진 잠수함 건조 계획 자체를 겨냥한 것이 아니라 과거 실험에 대한 사후 조사였다. 따라서 이를 'IAEA 사찰 = 핵추진 잠수함 사업 중단'이라는 단선적인 인과관계로 정리하기는 어렵다.

셋째는 예산과 사업 우선순위 경쟁, 그리고 조직 기반의 취약성이다. 당시 해군의 최우선 전력 사업은 이지스 구축함 확보였으며, 핵추진 잠수함 사업은 상대적으로 후순위에 놓여 있었다. 여기에 육군의 대형 전력 사업과의 예산 경쟁, 이른바 '파워 게임'이 작동했다는 점도 부인하기 어렵다. '국가 생존 사업'이라는 상징적 수사와 달리, 현실에서는 제한된 예산 안에서 다른 사업들과 경쟁해야 하는 처지였던 것이다.

여기에 일정, 기술, 핵연료, 제도, 외교 문제 등 실행 가능성을 제약하는 요인들이 복합적으로 얽혀 있었다. 독자 설계를 기준으로 최소 10년 이상이 소요되는 개발 일정, 불확실한 예산 구조, 자체 설계·건조 경험의 부족, 핵연료 확보 방안과 IAEA 포괄적 안전조치 제14조 활용 구상, 한·미 원자력협정과 국내 규제 체계 등은 "기술적으로 가능하다"는 주장만으로는 넘기 어려운 장벽이었다. 더욱이 당시 해군은 잠수함 운용 경험이 10여 년에 불과했고, 한국원자력연구원 역시 소형 원자로를 독자적으로 설계·제작한 경험이 없었다는 점에서 기술적 부담 또한 상당했다.

이처럼 충분한 제도적 정당성과 부처 간 조율을 갖추기 전에 사업이 언론에 노출되었고, 그 노출이 여러 구조적 취약점과 결합되면서 결국 사업단 해체로 이어졌다고 볼 수 있다.

362사업단 해체에 대한 국방부·해군의 공식 입장과 그 공백

362사업단 해체 과정에서 국방부의 공식 입장은 당시 획득정책관 발언으로 정리할 수 있다. 국방부는 규범·정치 논리와 기술 논리를 함께 제시했다. 즉, 핵추진 잠수함은 한반도 비핵화 공동선언에 위배될 소지가 있고, IAEA의 사전 승인 없이는 현실적으로 추진이 어렵다는 논리였다. 동시에 3,500톤급 잠수함을 핵추진으로 건조하는 것 자체가 기술적으로 어렵다는 설명을 덧붙였다. 외교·규범의 문턱과 기술적 한계가 결합되어 '불가' 결론을 정당화한 구조였다.

해군도 공식 입장을 내놓았다. 당시 해군 전력기획관리참모부장은 "문근식 대령을 비롯한 10여 명이 검토한 결과, 불가능하다는 결론을 내리고 상부에 보고했다"고 밝혔다. 이는 외부 압력 때문에 중단된 것이 아니라, 내부 검토 결과에 따른 판단이었다는 논리를 내세운 것으로 볼 수 있다.

하지만 이 공식 메시지와는 별개로 비판도 적지 않았다. 대통령의 재가를 받아 국익 차원의 설득을 시도하거나, 국회 국방위원회를 상대로 설명·설득을 추진하거나, 비닉사업 전환을 검토하는 정치·제도적 노력 자체가 거의 없었다는 지적이 대표적이다. 더 나아가 해군이 "충분한 준비 없이 상명하복식으로 추진해 벌어진 촌극"이라는 평가도 뒤따랐다. 또한 "IAEA가 핵추진 잠수함 계획 자체를 문제 삼은 것도 아니고, 미국의 직접 반대로 철회된 것도 아니다"라는 반박은, 중단의 원인을 외부 요인 탓으로 돌리는 것에 대한 경계로 해석할 수 있다.

　정리하면 362사업단은 2003년 장관 지시 이후, 해군의 작전요구체계 정립, 국방과학연구소의 선체·체계 통합 검토, 한국원자력연구원의 추진기관 설계를 처음으로 실무적으로 결합한 전담 TF였다. 그러나 2004년 1월 언론 보도로 노출된 이후, 비닉성, 정책적 정당성, 외교·규제·예산 기반이 충분히 마련되지 않은 상태에서 국방부는 '비핵화－IAEA－기술 불가'를, 해군은 '내부 검토 결과 불가'를 각각 공식 메시지로 정리했다. 그 결과, 이 시도는 2004년 12월 조직 해체로 끝났다. 이는 기술 실패라기보다, 핵추진 잠수함이라는 전력을 어떤 국가 구조로 추진할지 끝내 제도화하지 못한 실패로 남았다.

왜 재도전에는 PMO가 필요한가

362사업단 해체가 남긴 가장 중요한 교훈은 단순하다. 핵추진 잠수함은 해군의 단일 기술 과제도, 원자력 연구의 연장선도 아니다. 외교, 규제, 예산, 산업, 군사 운용이 복합적으로 결합된 국가급 '시스템 사업'이다. 그런데 2003~2004년에 추진된 362사업은 이를 감당할 수 있는 구조를 갖추지 못한 채, 임시 TF와 비닉 관행에 의존해 출발했다.

　문제는 의지나 용기의 부족이 아니라, 책임이 구조적으로 분산되어 있고, 사업을 통합 관리하고 의사결정을 내릴 전담 조직이 없었다는 것이다. 외교는 외교대로, 원자력 규제는 규제대로, 군은 군대로 움직였지

〈362사업단 실패와 향후 PMO 필요성 대비표〉

구분	362사업단(2003~2004)	PMO 체계
조직 성격	해군 내 임시 TF	대통령실 직속 상설 PMO
책임 구조	분산·불명확	대통령 책임 하 단일 귀속
외교 대응	사후대응 계획	사전 설계·상시 병행
규제 관리	부처별 분절	원안위·군·외교 공동관리
예산 구조	은닉·부분 반영	독립 예산·다년도 계획
노출 관리	비닉 미지정, 취약	공개·비공개 경계 제도화
위기 대응	침묵·중단 선택	설명·설득·조정· 돌파
지속성	조직 해체로 단절	인력·문서·지식 상설 유지
사업 인식	기술 프로젝트	국가 전략 시스템

만, 이들을 하나의 일정과 하나의 논리로 묶는 중심 조직이 부재했다. 그 결과, 사업이 외부에 노출되는 순간, 누구도 전체 사업을 대표해 설명하고 방어할 수 없었고, 가장 비용이 적게 드는 중단을 선택할 수밖에 없었다. 이는 인도가 핵추진 잠수함 사업을 정부 차원에서 관리하지 않고 해군에 사실상 일임함으로써 30년 이상 표류했던 사례와도 닮아 있다.

바로 이 지점에서 PMO^Project Management Office이 필요해진다. 여기서 말하는 PMO는 단순히 일정과 예산을 관리하는 기술 조직이 아니다. 핵추진 잠수함이라는 국가 전략 사업을 하나의 책임 구조, 하나의 의사결정 체계, 하나의 대외 설명 논리로 통합하는 집행 장치다. 362사업단이 남긴 질문, 즉 "누가, 언제, 무엇을 책임지는가"에 답하지 못한다면, 어떤 재도

전도 결국 같은 지점에서 다시 멈출 수밖에 없다.

2013~2024년, 각 정부의 핵추진 잠수함 건조 노력

이명박 정부

2009년 4월 2일, 제2차 G20 금융정상회의 참석을 위해 영국을 방문한 이명박 대통령은 고든 브라운Gordon Brown 영국 총리와의 정상회담에서 핵추진 잠수함용 원자로에 장전할 '핵연료 구입 문제'를 논의한 것으로 보도된 바 있다. 다만 이후 이 논의가 정부의 공식 정책이나 사업으로 이어져 구체적인 성과로 확인된 진전 사항은 알려진 바가 없다. 결과적으로 이 시기의 핵추진 잠수함 관련 움직임은 정상외교 차원의 문제 제기 또는 가능성 타진 수준에 머물렀고, 실제 사업화 단계로 전환되었다고 보기에는 근거가 부족하다. 다만, 함정용 원자로 응용 연구는 중단 없이 지속하라는 기조가 유지되었다.

박근혜 정부

박근혜 정부 시기에는 핵추진 잠수함 관련 연구가 공개 정책으로 부각되지는 않았다. 다만 핵추진 잠수함과 연관된 원자로 연구 과제를 담당하던 국방과학연구소에 대해서는 응용 연구를 중단 없이 지속하라는 기조가 유지된 것으로 알려져 있다. 즉, 대외적으로는 조용한 상태를 유지하면서도 기술적 기반을 중단 없이 관리하는 방식의 접근이 이루어졌다고 정리할 수 있다. 이 시기의 특징은 '추진'보다는 '유지'에 가까웠고, 정책적 결단을 전면에 내세우기보다는 최소의 연구개발비를 들여 기술 축적의 흐름을 이어가는 데 방점이 찍혀 있었다.

한국형 핵추진 잠수함

문재인 정부

문재인 정부는 핵추진 잠수함 확보를 공식적이고 구체적인 정부 정책으로 채택해 전면 실행에 옮기지는 않았지만, 물밑에서는 도입 필요성을 검토하고 개략적인 확보 구상을 발전시킨 것으로 평가된다. 추진체계와 탐지체계 등 핵심 요소 기술 연구를 지속했고, 동맹 차원에서 미국과의 협의 역시 이어갔다.

문재인 대통령의 문제의식은 대통령 후보 시절 발언에서도 드러난다. 2017년 4월 방송기자클럽 초청 토론회에서 문재인 후보는 "이제는 핵추진 잠수함이 우리에게도 필요한 시대가 되었다", "제가 대통령이 되면 미국과 한·미 원자력협정 개정 문제를 논의하겠다"라고 언급하며 핵추진 잠수함 도입의 필요성을 공개적으로 제기한 바 있다.

이후 2017년 9월, 문재인 대통령은 도널드 트럼프[Donald Trump] 미국 대통령과의 한·미 정상회담에서 한국의 핵추진 잠수함 건조에 대한 지원을 요청한 것으로 알려져 있다. 같은 시기 청와대 국가안보실 2차장도 미국을 방문해 핵추진 잠수함 개발의 필요성과 구상을 설명하고, 운용에 필요한 핵연료(저농축 우라늄) 공급을 요청한 것으로 전해진다. 이후 미국 측이 "동맹국이라 하더라도 핵연료 공급은 원칙적으로 허용하지 않는다"는 입장을 보였다는 외신 보도가 있었다.

정상회담 이후 안보실 2차장은 언론 인터뷰에서 "차세대 잠수함은 핵추진 잠수함이 될 것"이라고 말하며, "한·미 원자력협정은 핵추진 잠수함과는 별개의 사안이고, 협정 개정 없이도 미국이 핵연료 이전만 용인한다면 한국형 핵추진 잠수함 건조는 가능하다"는 취지로 언급했다. 이후 방위사업청에 핵추진 잠수함 사업 추진을 위한 별도의 TF가 구성되기도 했다. 문재인 정부 말기에는 방위사업청이 한화오션과 핵추진 잠수함 건조를 위한 기본설계 계약(원자로 포함)을 체결한 것으로 알려져 있으나, 해당 사업이 비닉사업으로 지정되어 있어 정부 차원의 공식 확인은 이루어지지 않고 있다. 함정 기본설계 종료 시점 역시 '2026년 말 예상' 수준으로만 거론될 뿐, 현재까지 공개 자료로 확정해 말하기 어려운 영역으로 남아 있다.

윤석열 정부

윤석열 정부에서 핵추진 잠수함 논의는 문재인 정부 시기부터 이어져 온 기본설계의 연장선에서 일부 진전이 있었던 것으로 보이지만, 상세 설계 및 함 건조를 확정하는 단계에는 이르지 못했다. 국방·안보 라인에서는 핵추진 잠수함의 필요성이 이전 시기만큼 크게 부각되지도 않았고, AIP(공기불요추진) 기반 디젤 잠수함으로도 충분하다는 인식이 함께 존재했던 것으로 알려져 있다.

윤석열 정부의 정책적 초점은 한·미 동맹의 핵 억제력 강화를 전제로, 미국의 핵추진 잠수함이나 SLBM 탑재 잠수함 같은 전략자산을 한국 주변에 주기적으로 전개하는 방향에 더 무게가 실렸다. 한국 자체의 핵추진 잠수함 확보 논의는 완전히 사라진 것이 아니라, 국방·외교 당국이 미국과 협의를 지속해온 의제로 남아 있었다. 그럼에도 핵심 기술 개발은 이어졌고, 핵추진 잠수함의 개략적 형상과 크기를 결정하는 기본설계 작업도 진행된 것으로 전해진다.

종합적으로 평가할 때, 이명박 정부부터 윤석열 정부에 이르기까지 원자로를 포함하여 핵추진 잠수함과 관련된 핵심 기술 연구 기반 축적은 정권 교체와 무관하게 장기간 이어져왔다. 다만 정부마다 정책 기조와 외교 환경이 달랐던 만큼, 추진의 속도와 공개성, 우선순위에는 분명한 차이가 있었다. 요컨대 기술은 축적되어 왔지만, 이를 '국가 사업'으로 확정해 밀어붙이는 단계까지 나아가느냐는 정권의 전략 판단과 대외 여건에 따라 달라졌다고 정리할 수 있다.

AUKUS 이후, 국제 외교 환경의 변화

과거 한국에서 핵추진 잠수함 논의가 번번이 멈춰 섰던 가장 큰 이유는 늘 '외교적 불가능성' 때문이었다. 한·미 원자력협정, IAEA의 안전조치, NPT(핵확산금지체제)가 핵추진 잠수함 건조를 사실상 금지한다고 인식해왔기 때문이다. 기술적 가능성과는 별개로, 외교와 규범의 문턱을 넘을 수 없는 장벽으로 여겼던 것이다. 그러나 2010년대 후반을 지나면서 이러한 '외교적 불가능성' 프레임에도 변화의 조짐이 나타나기 시작했다.

가장 큰 전환점은 AUKUS 출범이었다. 호주의 핵추진 잠수함 도입 결정은, 고농축 우라늄HEU 사용이라는 논란을 안고 있음에도 불구하고, 핵확산 체제 안에서도 '해군 추진용 원자로'라는 영역이 새롭게 해석될 수 있음을 보여주었다. 이는 핵추진 잠수함이 곧바로 핵무기 확산으로 이어진다는 기존의 단순한 인식에 균열을 낸 사건이었다. 물론 한국이 호주의 모델을 그대로 따를 필요도, 그럴 이유도 없다. 그러나 AUKUS가 분명히 한 사실은 하나다. 핵추진 잠수함의 핵심 쟁점은 '보유 여부'가 아니라, 연료 선택과 안전조치, 감시와 검증 체계를 어떻게 설계하느냐에 있다는 점이다.

이 지점에서 한국의 조건은 호주와 분명히 다르다. 한국은 이미 세계 최고 수준의 원자력 안전 규제 체계를 갖추고 있고, 저농축 우라늄^{LEU} 기반 원자로 설계와 운용 능력을 보유하고 있다. 국제사회에서도 한국은 오랜 기간 비확산 체제의 모범국으로 평가받아왔다. 다시 말해, 한국형 핵추진 잠수함은 '규범을 흔드는 예외'가 아니라, '기존 규범을 보다 정교하게 확장하는 사례'로 설계될 수 있는 여지를 지니고 있다. 2003년 362사업 당시에는 이러한 논리를 국가 차원에서 체계적으로 제시할 준비가 부족했지만, 지금의 한국은 그때와는 다른 위치에 서 있다.

이로 인해 핵추진 잠수함을 둘러싼 외교적 질문 자체가 바뀌었다. 더 이상 '가능한가'를 묻는 단계가 아니다. 이제 질문은 '어떤 조건에서, 어떤 수준의 투명성과 책임성을 갖춘 관리 모델로 설계할 것인가'로 바뀌었다. 이 질문에 답할 수 있는 제도적 경험과 기술적 역량은 이미 한국 사회 내부에 축적되어 있다.

이러한 변화 속에서 반세기에 걸친 논의는 하나의 흐름으로 정리된다. 1970년대 Y-프로젝트는 "한국이 자주국방을 할 수 있는가"라는 물음에서 출발했다. 2003년의 362사업은 "한국이 핵추진 잠수함을 기술적으로 구현할 수 있는가"라는 질문에 대한 도전이었다. 그리고 2010년대 이후의 국제 환경 변화는 "한국이 바다에서 국가 생존을 지킬 수 있는가"라는 훨씬 더 근본적인 질문을 던지고 있다. 이 반세기의 경험이 말해주는 결론은 분명하다. 한국형 핵추진 잠수함 사업은 더 이상 '가능한가'의 문제도, '해야 하는가'의 문제도 아니다. 이제 남은 질문은 단 하나다. "한국은 그것을 국가 전략 차원에서 결단하고 추진할 것인가?"

지금 한국이 핵추진 잠수함 사업을 추진하기 위해 필요한 것은 기술

한국형 핵추진 잠수함

이 아니라 결단이다. 결단이 없으면 기술은 흩어지고, 결단이 있으면 기술은 그 뒤를 따른다. 오늘날 한국은 관련 기술이 이미 성숙했고, 산업 기반도 갖추어졌으며, 국제 규범 논의의 공간 역시 열려 있고, 한반도를 둘러싼 위협도 그 어느 때보다 고조된 상황에 놓여 있다. 이러한 조건들이 동시에 맞아떨어지는 시간은 길지 않다. 결단하지 않으면 창은 닫힌다. 그리고 그 창이 다시 열릴 때는, 더 큰 비용과 더 큰 위험을 감수해야 할 가능성이 크다.

2025년, 이재명 대통령이 핵연료 수급의 길을 열다

2025년 10월 29일, APEC 한·미 정상회담에서 이루어진 이재명 대통령과 트럼프 대통령 간 핵연료 공급 관련 합의는 단순한 외교 성과나 기술 협력 차원을 넘어선 사건으로 평가할 수 있다. 이 합의는 한국형 핵추진 잠수함 논의의 구조 자체를 근본적으로 바꾼 역사적 분기점이었다. 그 본질은 "한국이 핵연료를 확보했다"는 선언에 있지 않다. 그동안 절대적인 금기 영역으로 남아 있던 해군 추진용 핵연료 문제가 처음으로 한·미 정상 간 의제로 공식화되었다는 점에 있다. 이는 핵추진 잠수함 논의가 음성적·비공식적 영역을 벗어나, 동맹 관리와 비확산 체제 안에서 제도적으로 다뤄질 수 있는 단계로 진입했음을 의미한다.

반세기 동안 한국의 핵추진 잠수함 논의가 좌절된 핵심 원인은 기술 부족이 아니었다. 1970년대 Y-프로젝트와 2003년 362사업에서 반복적으로 확인되었듯, 결정적 제약은 언제나 핵연료 문제였다. 한·미 원자력협정은 한국의 핵연료 주기 접근을 엄격히 제한해왔고, 해군 함정 추진용으로 사용하면 절대 안 되는 영역으로 취급되었다. 그 결과, 핵추

CHAPTER 5 한국형 핵추진 잠수함 사업 도전과 좌절의 역사

진 잠수함 논의는 늘 '발전소용 원자로는 가능하지만 함정용 핵연료는 불가능하다'는 구조적 모순 앞에서 멈춰 설 수밖에 없었다.

2025년 합의의 의미는 바로 이 지점에서 분명해진다. 이번 합의는 핵연료의 소유권이나 자율적 농축을 즉각 허용하는 성격의 조치는 아니지만, 동맹의 관리 아래 안정적이고 예측 가능한 핵연료 공급 프레임을 설정했다는 데 그 의미가 있다. 이는 미국이 한국을 잠재적 확산 위험국이 아니라, 비확산 체제 안에서 책임 있게 관리할 수 있는 신뢰 가능한 파트너로 인식하기 시작했음을 보여준다. 과거의 '차단과 억제' 중심 접근이 '관리와 협력'으로 이동하고 있음을 상징적으로 보여주는 변화다.

이러한 전환은 국제 환경의 변화와도 밀접하게 연결되어 있다. AUKUS를 통해 미국은 이미 핵추진 잠수함과 비확산 체제를 병행 관리할 수 있다는 선례를 만들었다. 호주의 고농축 우라늄 기반 모델은 여전히 논쟁적이지만, 그보다 더 중요한 점은 해군 추진용 원자로가 더 이상 비확산 체제의 '절대 금기'가 아니라, 조건부로 관리 가능한 대상으로 재정의되었다는 사실이다. 2025년 한·미 정상 간 합의는 이러한 국제적 해석이 한국에도 적용될 수 있음을 처음으로 제도적 틀 안에서 보여준 사례라 할 수 있다.

또 하나 주목할 점은, 이번 합의가 핵연료 문제를 정상 외교의 영역으로 끌어올렸다는 사실이다. 과거 핵추진 잠수함 논의는 실무선이나 비공식 채널에서만 다뤄졌고, 외부에 노출되는 순간 즉각 중단되는 구조를 반복해왔다. 그러나 정상 간 합의는 사안의 성격을 근본적으로 바꾼다. 이는 향후 핵추진 잠수함 논의가 더 이상 일회성 비밀사업이 아니라, 외교·안보·산업·규제 부처가 함께 참여하는 공개적 국책 의제로

2025년 APEC 정상회담에서 트럼프 대통령에게 핵연료 공급을 요청하는 이재명 대통령. 〈사진 출처: WIKI COMMONS | Public Domain〉

발전할 수 있는 제도적 기반을 마련했다는 의미다.

이 합의가 갖는 또 다른 역사적 의미는, 한국형 핵추진 잠수함 논의의 질문 자체를 바꾸어놓았다는 데 있다. 과거의 질문이 '가능한가'였다면, 이제 질문은 '어떤 방식으로 설계할 것인가'로 이동했다. 핵연료 공급이라는 가장 큰 구조적 장애물이 관리 가능한 영역으로 들어오면서, 논의의 중심은 원자로 설계, 안전조치 체계, 국제 감시와 검증 모델, 국내 규제 구조, 그리고 정치적 책임 체계로 옮겨가고 있다. 이는 핵추진 잠수함 논의가 기술적 가능성의 단계에서 정책과 제도의 단계로 성숙했음을 의미한다.

결론적으로 2025년 한·미 정상 간 핵연료 공급 합의는 한국형 핵추진 잠수함 역사에서 처음으로 '길이 열리기 시작한 순간'으로 기록될 것이다. 이 합의가 당장 핵추진 잠수함 건조로 직결되는 것은 아니지만, 핵추진 잠수함이 더 이상 외교적 장벽 때문에 불가능한 구상이 아니라,

조건과 관리 방식에 따라 현실적으로 검토 가능한 선택지임을 확인시켜주었다.

　반세기 동안 한국은 기술을 갖추고도 결단과 외교의 벽 앞에서 번번이 멈춰 서야 했다. 2025년의 이 합의는 그 벽이 완전히 허물어진 것은 아니지만, 더 이상 넘을 수 없는 장벽이 아니라는 사실을 처음으로 보여준 사건이었다. 이제 남은 과제는 이 변화의 가능성을 실제 국가 전략으로 연결할 수 있느냐는 것이다. 한국형 핵추진 잠수함의 운명은 다시 한번, 기술이 아니라 국가의 선택과 결단에 달려 있다.

한국형 핵추진 잠수함 건조에 필요한 기술과 외교 과제

- 핵추진 잠수함 사업에 필요한 것은
'기술과 외교'를 통합하는 '국가 시스템'이다 -

핵추진 잠수함은 단순히 새로운 함정을 한 척 더 건조하는 문제가 아니다. 이는 원자력 기술, 군사전략, 외교 협상, 국제 규범 준수, 산업 생태계, 국민적 신뢰를 하나의 체계로 통합·운용할 수 있는지를 묻는 국가급 시험이다. 디젤 잠수함이나 수상함과 달리, 핵추진 잠수함은 기술적 완성도뿐 아니라 제도와 책임 구조까지 포함한 국가 운영 능력의 상한선을 요구한다. 다시 말해, 핵추진 잠수함은 하나의 무기체계가 아니라, 국가의 정책과 제도, 기술과 외교 역량이 응축된 종합 시스템의 결과물이다.

이 때문에 핵추진 잠수함의 논의는 "만들 수 있는가"가 아니라 "지속적으로 운영하고, 그 책임을 끝까지 감당할 수 있는가"라는 질문을 중심으로 이루어져야 한다. 원자로 설계 능력, 조선 기술, 소음 저감과 같은 핵심 기술은 모두 필요조건이지만, 그것만으로 핵추진 잠수함은 완성되지 않는다. 핵연료를 어떻게 확보하고 관리할 것인지, 국제 비확산 체제와 어떤 방식으로 조화를 이룰 것인지, 한·미 원자력협정이라는 제도적 틀을 어떻게 해석하고 보완할 것인지, 그리고 IAEA와의 신뢰 관계를 어떤 구조로 설계할 것인지까지 포함해 하나의 완결된 국가 시스템이 작동하지 않으면 핵추진 잠수함은 실전 전력이 될 수 없다.

한국형 핵추진 잠수함K-SSN 논의가 지난 수십 년간 반복적으로 좌절되거나 지연된 이유도 여기에 있다. 이는 '원자로를 만들 수 있느냐', '조선소가 있느냐'의 문제가 아니었다. 한국은 이미 세계 최고 수준의 원자력 기술과 조선 역량을 보유하고 있다. 문제는 기술의 부족이 아니라, 핵연료 확보와 국제 비확산 체제, 한·미 원자력협정이라는 제도적 장벽, IAEA와의 신뢰 구축, 다부처 간 예산과 권한 조정, 군사 원자로에 대한 규제와 안전 체계, 그리고 이를 뒷받침할 산업 협력 구조를 동시에 설계하고 관리해야 하는 복합적인 과제에 있었다. 이 과제는 어느 한 부처나 한 정부, 혹은 단일 기술 집단의 노력만으로 해결될 수 있는 성격의 것이 아니다.

더 나아가 핵추진 잠수함은 국내 정책의 영역에만 머무르지 않는다. 비핵무기국인 한국이 핵추진 잠수함을 보유한다는 것은, 국제 비확산 질서 안에서 책임 있는 행위자임을 스스로 증명해야 한다는 의미이기도 하다. 핵추진 잠수함은 강력한 억제력인 동시에, 투명성과 책임성을 검증받는 대상이다. 따라서 핵추진 잠수함 사업은 군사적 필요성만으로 정당화될 수 없으며, 국제법과 규범, 동맹과 파트너십, 그리고 국내 사회의 수용성까지 아우르는 설득 구조를 필요로 한다.

이러한 문제의식을 바탕으로, 제6장에서는 한국형 핵추진 잠수함이 직면한 핵심 과제를 다섯 개의 축으로 나누어 살펴본다. 첫째는 핵연료 확보와 IAEA 포괄적 안전조치협정 제14조에 따른 군사적 사용 예외 적용 문제로, 비확산 체제 안에서 한국이 선택할 수 있는 전략적 공간을 다룬다. 둘째는 IAEA 및 한·미 원자력협정과 연계된 외교 로드맵으로, 국제적 승인과 신뢰 속에서 사업을 추진하기 위한 조건을 검토한다. 셋째는 원자로, 선체, 소음 저감, 자율 항법, 전투체계와 무장 통합 등 기술 과제로, 핵추진 잠수함이 실제 전장에서 의미 있는 전력으로 기능하기 위한 기술적 완성도를 점검한다. 넷째는 이 모든 과제를 통합 관리할 PMO 체계와 다부처 예산 조정, 산업 협력 구조로, 핵추진 잠수함을 일회성 사업이 아닌 지속 가능한 국가 프로그램으로 만드는 조건을 분석한다. 마지막으로 국제법과 규제 환경 속에서 핵 안전과 투명성을 어떻게 확보할 것인지를 통해, 한국형 핵추진 잠수함이 제시할 수 있는 새로운 책임 모델의 가능성을 살펴본다.

결국 이 장이 던지는 질문은 단순하다. 한국은 핵추진 잠수함이라는 고도의 무기체계를 보유할 수 있는가가 아니라, 그것을 책임 있게 관리하고 운용할 국가 시스템을 구축할 의지와 역량을 갖추었는가다. 이 질문에 대한 답이 분명해질 때, 한국형 핵추진 잠수함 논의는 비로소 '가능성의 영역'을 넘어 '현실의 영역'으로 진입하게 될 것이다.

●

한국형 핵추진 잠수함의 성패를 가르는 첫 번째 관문: 핵연료를 어떻게 확보하고 관리할 것인가

핵추진 잠수함 논의에서 가장 먼저 제기되는 질문은 "핵연료를 어디서 어떻게 확보할 것인가"다. 이 질문은 기술적 문제처럼 보이지만, 실제로는 기술·외교·국제법·제도·국가 신뢰가 동시에 결합된 복합적 사안이다. 핵연료 문제는 단일한 기술 해법이나 단순한 선택으로 해결될 수 없다.

핵연료 문제는 종종 '기술적으로 불가능하다'거나 '국제 비확산 체제와 정면으로 충돌한다'는 두 가지 극단적인 인식의 벽에 부딪히곤 한다. 그러나 핵연료 문제의 핵심은 핵연료 사용 자체가 아니라, 어떤 목적과 어떤 관리 체계 하에서 사용하느냐에 있다. 다시 말해, 핵연료 확보는 기술의 문제가 아니라, 목적·제도·신뢰·통제 구조를 포함한 국가 시스템의 문제다.

핵추진 잠수함 사업은 단순히 고성능 함정을 추가하기 위한 것이 아니라, 국제 규범을 존중하면서도 그 규범이 허용하는 범위 안에서 자국의 안보를 어떻게 설계할 것인가를 묻는 시험과 같다. 그리고 그 시험의 출발점이 바로 핵연료 문제다.

핵추진 잠수함 연료에 대한 오해

핵추진 잠수함에 사용되는 연료는 핵무기와 본질적으로 다르다. 핵무기는 핵분열 연쇄반응을 폭발적으로 일으켜 막대한 에너지를 방출함으로써 최대 파괴력을 만들어내는 것이 목적인 반면, 핵추진 잠수함의 원자로는 핵분열 반응을 안정적으로 제어하여 오랜 시간 동안 일정한 열을 생성하고 이 열을 추진력으로 전환하는 것이 목적이다.

이 목적의 차이는 단순한 운용 개념의 차이를 넘어, 연료의 농축도와 물리적 형상, 연료봉 구조, 노심 설계, 제어 방식, 안전 계통, 관리 체계 전반을 결정한다. 핵무기에 사용되는 고농축 우라늄은 순간적으로 높은 출력을 내고 빠르게 임계 상태에 도달하는 것이이 핵심 목표인 반면, 핵추진 잠수함의 원자로 연료는 장기간 안정적으로 운전하며 출력 조절이 가능한 것이 핵심이다.

핵추진 잠수함의 원자로 연료는 다중 피복 구조를 가진 연료봉으로 구성되며, 중성자 흐름은 정밀하게 제어된다. 출력 변화는 급격할 수 있지만, 이 역시 설계된 범위 안에서 관리된다. 즉, 핵추진 잠수함의 연료는 폭발을 전제로 한 물질이 아니라, 폭발 가능성을 구조적으로 차단한 상태에서만 사용되도록 설계된 핵물질이다.

특히 한국형 핵추진 잠수함이 전제로 삼는 저농축 우라늄(20% 미만)

기반 추진체계는 핵무기 전용성이 극히 낮다. 농축 우라늄은 핵무기 제조에 직접 사용할 수 없으며, 이를 무기화하려면 대규모 추가 농축 시설과 장기간의 공정이 필요하다. 이러한 과정은 기술적으로도, 정치적으로도 은폐가 거의 불가능하다.

이 때문에 저농축 우라늄 기반 원자로 선택은 단순한 기술적 결정이 아니라, 외교적·전략적 의미를 지닌 선택이다. 한국이 저농축 우라늄 기반 원자로를 선택한다는 것은 국제사회에 저농축 우라늄을 핵무기로 사용하지 않을 것이며, 비확산 원칙을 준수하겠다는 것을 분명히 선언하는 의미를 갖는다.

실제로 세계 최초의 핵추진 잠수함인 USS 노틸러스는 20% 이하 저농축 우라늄을 사용해 1958년 세계 일주 항해를 완수했다. 이 사례는 저농축 우라늄 기반 원자로가 군사적 작전 요구를 충분히 충족할 수 있음을 역사적으로 입증한 상징적 사례다. 다시 말해 저농축 우라늄은 성능을 포기한 타협이 아니라, 이미 검증된 실용적 해답이다.

그럼에도 핵연료 문제가 과도하게 정치화되는 이유는, 군사적 목적의 원자력 사용이 국제 비확산 체제에서 민수 원자력과는 다른 방식으로 다뤄지기 때문이다.

NPT는 무엇을 허용하는가

많은 논의에서 암묵적으로 전제되는 오해 중 하나는 "NPT 체제에서는 원자력의 군사적 사용이 금지되어 있다"는 인식이다. 그러나 이는 사실과 다르다. NPT는 핵무기 개발과 보유를 제한할 뿐, 원자력의 모든 군사적 사용을 금지하는 조약은 아니다. NPT의 목적은 원자력의 모든 군사적 사용을 금지하는 것이 아니라, 핵무기와 핵폭발 장치nuclear explosive device의 개발·보유 및 확산을 제한하는 데 있다. 다시 말해, NPT의 직접적인 규제 대상은 '핵폭발'이며, 원자력의 비폭발적 군사적 사용non-explosive military use에 대해서는 명시적으로 허용 여지를 남겨두고 있다. 이러한 원자력의 비폭발적 군사적 사용의 대표적인 사례가 바로 핵추진 잠수함이다. 조약 본문과 관련 문헌, 그리고 NPT가 형성될 당시의 국제적·정치적 상황을 보면, 원자력의 비폭발적 군사적 사용이 허용될 수 있음을 확인할 수 있다.

NPT에 대한 논의가 구체화되던 1960년대 말, 이미 미국과 소련은 다수의 핵추진 잠수함을 실전 배치하고 있었고, 영국 역시 핵추진 잠수함 개발을 본격화한 상태였다. 만약 NPT가 원자력의 비폭발적 군사적 사용 자체를 금지하는 조약이었다면, 애초에 핵보유국들의 참여를 얻기 어려웠을 것이다. 따라서 NPT 체제는 처음부터 핵추진 잠수함과 같은 원자력의 비폭발적 군사적 사용을 국제 질서의 '현실'로 인정한 상태에서 출발한 것이라고 볼 수 있다.

그럼에도 NPT 체제가 원자력의 비폭발적 군사적 사용을 금지하는 것처럼 인식되는 이유는, 비확산 체제의 초점이 핵무기 억제에 지나치게 집중되면서 그 외 영역에 대한 법적 해석과 설명이 충분히 이루어지지 않았기 때문이다. 특히 비핵무기국의 경우, 원자력의 비폭발적 군사적 사용을 논의 테이블에 올리는 것만으로도 정치적 부담이 컸다. 그 결과, 법적으로 허용된 선택지조차 '금기 영역'으로 오인되는 현상이 반복되어왔다.

그러나 법적으로 볼 때, NPT는 핵무기 개발을 금지할 뿐, 군사적 목적의 원자력 사용을 원천적으로 차단하지 않는다. 문제는 허용 여부가 아니라, 그 사용을 어떻게 관리하고 어떻게 검증할 것인가다. 바로 이 지점에서 IAEA 포괄적 안전조치협정 제14조가 중요한 의미를 갖게 된다.

IAEA 포괄적 안전조치협정 제14조의 의미

이러한 조건부 허용을 구체화한 규정이 IAEA 포괄적 안전조치협정 제14조다. 제14조는 핵물질이 민수 목적이 아닌 비금지 군사활동[non-proscribed military activity]에 사용되는 경우를 상정하여, 그에 대한 안전조치 적용과 관련된 특별 절차를 규정한다. 다만 그 전제는 분명하다. 해당 국가는 핵물질을 핵무기나 핵폭발 장치로 전용해서는 안 되며, 그 비전용성을 IAEA가 확인할 수 있는 구체적 절차를 IAEA와 협의해야 한다. 즉, 제14조는 군사적 목적의 원자력 사용을 무조건 금지하는 것이 아니라, 엄격한 조건과 협의 절차 하에서만 제한적으로 인정하는 안전조치 규정이라 할 수 있다. 핵추진 잠수함은 이 조항이 상정하는 대표적인 비폭발적 군사적 사용 사례에 해당한다.

이처럼 제14조는 '자동 승인 조항'이 아니라 협의와 합의를 전제로 한 '조건부 절차 규정'에 가깝다. 특정 국가가 일방적으로 군사적 목적의 원자력 사용을 선언한다고 해서 곧바로 인정되는 것이 아니다. 해당 국가는 IAEA와의 협의를 통해 핵물질의 비전용성을 확인할 수 있는 신뢰성 있는 관리·감시 체계를 제시하고 이에 합의해야 하며, 합의된 사항을 준수해야 한다. 제14조는 군사적 목적의 원자력 사용 권리를 부여하는 조항이 아니라, 엄격한 책임을 전제로 한 제한적 선택지를 마련하는 절차적 장치라고 할 수 있다.

CHAPTER 6 한국형 핵추진 잠수함 건조에 필요한 기술과 외교 과제

제14조는 의도적으로 상세한 규정을 담고 있지 않다. 각국의 군사적 필요와 기술 수준, 국제적 환경이 서로 다르기 때문이다. 대신 제14조는 '무엇을 허용할 것인가'보다 '어떻게 관리할 것인가'를 IAEA와 협의하여 결정하도록 해당 국가에게 맡긴다. 이 점에서 제14조는 법적 회색지대라기보다 유연성을 내장한 안전장치로 이해하는 것이 타당하다.

현실적인 적용 조건에서 특히 중요한 요소는 두 가지다. 첫째는 기술적 비전용성이다. 연료의 농축도, 노심 설계, 장수명 연료 개념, 재처리가 필요 없는 연료 주기 등은 모두 핵무기 전용 가능성을 구조적으로 차단하기 위한 장치다. 둘째는 제도적 투명성이다. 연료의 제조, 운송, 봉인, 장전, 운용, 회수에 이르는 전 과정이 명확한 규칙과 기록 아래 관리되어야 하며, 필요할 경우 국제적 검증이 가능해야 한다.

이와 관련해 영국과 프랑스는 중요한 참고 사례로 언급된다. 이들 국가는 핵무기국이기 때문에 제14조의 직접 적용 대상은 아니지만, 수십 년에 걸쳐 군사 원자로 운용과 핵연료 관리에서 '운용상의 신뢰'를 축적해왔다. 이 신뢰는 문서상의 협정보다, 실제 사고 관리 능력과 안전 기록, 국제사회에 대한 책임 이행을 통해 형성되었다.

브라질은 비핵무기국으로서 핵추진 잠수함을 추진하는 사실상 유일한 국가로, 한국과 가장 유사한 사례다. 브라질은 자국의 농축 시설과 해군 원자로 기술을 기반으로 핵추진 잠수함 개발을 추진하면서, 제14조 적용을 전제로 한 구체적인 협상 모델을 발전시키고 있다. 이 과정에서 브라질은 핵연료의 비전용성, 연료 주기 관리, 군사와 민수 영역의 엄격한 분리 원칙을 강조하며 국제사회의 이해와 신뢰를 확보하려 노력하고 있다.

반면, 호주의 AUKUS 사례는 구조적으로 매우 특수하다. 호주는 고농축 우라늄 기반 원자로를 도입하면서, 미국과 영국의 정치적 결단에 의해 예외적 지위를 부여받았다. 이는 국제 비확산 체제 내에서도 논쟁적인 사례로 평가되며, 한국이 이를 그대로 따를 경우 훨씬 더 큰 외교적 부담과 의심을 초래할 가능성이 높다. 오히려 AUKUS는 한국에게 '무엇을 모방하지 말아야 하는가'를 보여주는 사례에 가깝다.

제14조를 적용한 한국형 모델의 기본 방향

제14조를 적용한 한국형 모델의 핵심 원칙은 '최소한의 예외, 최대한의 투명성'이다. 군사적 사용 예외를 요구하되, 그 범위를 핵추진 잠수함이라는 단일 목적에 엄격히 한정하고, 핵연료의 비전용성을 기술과 제도를 통해 철저히 입증하겠다는 것이다. 이는 한국이 원자력을 비폭발적 군사적 용도로만 제한적으로 사용하고 투명하게 관리할 것임을 국제사회에 보여주겠다는 분명한 메시지다.

첫째, 연료 선택 단계에서부터 저농축 우라늄 기반을 명확히 해야 한다. 이는 협상의 출발점이자 신뢰의 기초다. 저농축 우라늄 기반 추진체계는 이미 국제사회에서 일정 수준의 수용성을 확보한 선택지다.

둘째, 연료 제조와 관리의 전 주기 관리 체계를 구체적으로 제시해야 한다. 연료는 어디에서 제조되는지, 누가 관리하는지, 어떤 방식으로 봉인되는지, 원자로 장전은 어떤 절차로 이루어지는지, 운용 중 검증은 어떻게 가능한지, 사용 종료 후 연료는 어디로 회수되는지에 대해 사전에 설계된 계획이 필요하다.

셋째, IAEA와의 협의는 사후 통보가 아니라 사전 협의가 원칙이다.

사전 협의 시에는 '허용을 요청한다'는 접근 방식이 아니라, '관리 모델을 제시한다'는 접근 방식을 취해야 한다. 한국은 이미 세계 최고 수준의 민수 원자력 안전·운영 경험을 보유하고 있기 때문이다.

넷째, 한·미 원자력협정과의 정합성 문제다. 한국의 경우는 IAEA 포괄적 안전조치협정 제14조 외에 한·미 원자력협정이라는 추가적인 제약 조건이 존재한다. 따라서 한국형 모델은 이 두 가지를 동시에 충족하는 이중 정합성double compliance을 목표로 설계되어야 한다.

왜 신뢰가 중요한가

결국 핵연료 확보 문제의 핵심은 기술이나 물량이 아니다. 그것보다 더 중요한 것은 국제사회의 신뢰를 확보하고, 이를 제도적으로 유지할 수 있는 준비가 되어 있는가다. 핵추진 잠수함은 한 번 도입하면 수십 년간 운용되는 전략 자산이다. 따라서 초기 사전 협의에서 얻는 '허용'보다 더 중요한 것은, 그 허용을 지속적으로 유지할 수 있는 신뢰 구조다.

국제 비확산 체제에서 신뢰는 선언으로 단번에 확보되는 것이 아니라, 일관된 관리와 검증 이력track record을 통해로 축적된다. 한 번의 관리 실패나 불투명한 결정은 수십 년간 쌓아온 신뢰를 무너뜨릴 수 있다. 반대로 일관된 제도 운영과 투명한 관리 기록은 한국이 비핵무기국으로서 핵추진 잠수함을 안정적으로 운용할 수 있음을 보여주는 가장 강력한 근거가 된다.

핵연료 문제는 장애물이 아니라 한국의 기술적·제도적 성숙도와 투명한 관리 능력을 국제사회에 입증하는 출발점이 되어야 한다. 제14조는 예외 조항이지만, 동시에 한국이 국제 비확산 체제 안에서 한 단계

도약할 수 있는 제도적 통로이기도 하다. 이 관문을 어떻게 설계하고 통과하느냐에 따라, 한국형 핵추진 잠수함은 논쟁적 실험으로 남을 수도 있고, 비핵무기국을 위한 새로운 국제적 표준의 출발점이 될 수도 있다. 핵연료 문제는 우리에게 제약이 아니라, 전략적 기회다.

●

한·미 원자력협정과 외교적 과제

핵연료 확보 문제와 직결되는 두 번째 관문은 한·미 원자력협정이다. 한·미 원자력협정은 미국과 한국 간의 핵기술, 핵연료, 원자로 관련 협력을 규정하는 국제 조약으로, 한국이 미국산 핵연료와 기술을 사용할 때 준수해야 할 조건을 규정하며, 한국의 원자력 활동이 국제사회에서 정당성을 확보하도록 하는 법적·외교적 틀 역할도 한다.

한국형 핵추진 잠수함 사업은 기술적 문제 이전에 외교적·법적 과제를 먼저 해결해야 하는 사업이다. 핵추진 잠수함이 단순히 군사 기술로만 만들 수 있는 무기체계가 아니라, 국제 규범을 준수하고 국제사회의 신뢰를 확보해야만 만들 수 있는 전략 자산이기 때문이다. 따라서 핵추진 잠수함 사업의 추진 여부는 원자로 설계 이전에 외교 문서에 의해 결정된다.

여기서 분명히 짚어야 할 점은 한·미 원자력협정이 단지 '한국을 제한하는 장벽'으로만 존재하지 않는다는 사실이다. 한·미 원자력협정은 동시에 한국의 원자력 활동이 국제사회에서 정당성을 인정받도록 해주는 보호막이기도 하다. 한국형 핵추진 잠수함을 위한 외교 설계는 이 보호막을 훼손하지 않으면서, 그 안에서 합법적이고 관리 가능한 공간을 넓혀가는 방식으로 이루어져야 한다. 즉, 한·미 원자력협정은 우회해야 할 대상이 아니라, 협정을 준수하면서 한국형 핵추진 잠수함을 위한 외교 설계 과정에서 전략적으로 활용해야 하는 대상이다.

한국형 핵추진 잠수함 사업은 한·미 양자 관계에만 국한된 문제가 아니다. IAEA, 비확산 체제, 동북아 핵 질서, 그리고 미국 의회까지 동시에 연결된 사안이다. 따라서 외교부의 협상만으로 해결될 수 없으며, 국방·과학기술·산업·규제 기관·연구기관이 함께 참여하는 국가 차원의 통합 프로세스가 필요하다. 외교 문서의 한 문장은 연료 선택(저농축 우라늄 또는 고농축 우라늄), 연료 주기와 봉인 방식, 예산 구조, PMO 권한, 규제 체계까지 연쇄적으로 영향을 미치기 때문이다.

한·미 원자력협정의 형성 과정

한·미 원자력협정은 단순한 양자 합의가 아니다. 이는 냉전 이후 동북아 핵 질서를 관리해온 미국의 전략적 장치이자, 한국의 원자력 이용 범위를 규정해온 제도적 틀이다. 최초 협정은 한국이 민수 원자력 기술을 도입하던 시기에 체결되었고, 이후 여러 차례의 개정을 거치며 한국의 기술 역량 성장에 맞춰 일정 수준의 자율성이 확대되어왔다.

한·미 원자력협정을 제대로 이해하려면 '권리 부여'와 '통제'라는 두 측면을 함께 봐야 한다. 한·미 원자력협정은 한국이 원자력 기술을 안정적으로 도입하고 운영하며 확장할 수 있는 정당성의 기반을 제공하는 동시에, 농축과 재처리처럼 군사적 전용 가능성이 높은 영역에 대해서는 엄격한 통제 장치로 작동한다. 즉, 한·미 원자력협정은 한국을 제

한국형 핵추진 잠수함

한하는 동시에 한국을 보호하는 협정이다. 한국형 핵추진 잠수함을 둘러싼 외교 설계는 바로 이 양면성을 전제로 출발해야 한다.

2015년 개정된 한·미 원자력협정은 한국의 원자력 자율성을 상당 부분 확대했다. 사용후핵연료 연구, 파이로프로세싱 공동연구, 원전 수출과 관련한 제약 완화 등은 분명한 진전이었다. 그러나 한·미 원자력협정은 여전히 우라늄 농축과 재처리에 대해서는 엄격한 제한을 유지하고 있으며, 특히 군사적 원자력 이용에 대해서는 명시적인 허용 조항을 두고 있지 않다.

여기서 '명시적 허용 조항이 없다'는 표현은 중요하다. 이는 자동적으로 금지된다는 의미라기보다, 정치적 판단과 제도적 설계를 통해 별도의 절차가 필요하다는 뜻에 가깝다. 따라서 핵추진 잠수함을 둘러싼 외교는 '전면 금지의 벽을 허무는 방식'이 아니라, '협정의 틀 안에서 미국이 납득할 수 있는 절차와 관리 모델을 설계해나가는 과정'이 된다.

이러한 태도는 한국에 대한 불신에서 비롯된 것이 아니다. 미국은 한반도를 북한의 핵무기 개발, 중국의 핵전력 증강, 일본의 잠재적 핵 능력이 동시에 교차하는 지역으로 보고 있다. 이 지역에서 한국에게 군사적 원자력 이용을 허용하는 문제는 단순한 양자 현안이 아니라, 동북아 핵 질서 전반에 영향을 미칠 수 있는 사안이다.

특히 미국은 동북아에서 '핵 확산 도미노'를 가장 민감하게 관리해왔다. 한국에 특정 목적의 예외를 허용할 경우, 일본에서도 유사한 요구가 제기될 수 있고, 중국과 러시아는 이를 동맹의 핵 군사화나 핵확산 위험으로 해석할 가능성이 있다. 북한 역시 이를 선전 도구로 활용할 수 있다. 따라서 미국의 핵심 관심은 '한국이 합리적인가'라기보다, '지역 전체의 파급 효과를 관리할 수 있는가'에 놓여 있다.

이 때문에 한·미 원자력협정을 무력화하거나 우회하려는 접근은 현실적이지 않다. 오히려 그러한 시도는 한국에 대한 신뢰를 훼손하고, 핵추진 잠수함 논의를 장기간 봉쇄하는 결과로 이어질 가능성이 크다. 핵추진 잠수함은 동맹과 충돌하면서 확보할 수 있는 자산이 아니라, 동맹의 질서 안에서 제도적으로 마련해야 할 자산이다.

따라서 한국이 취해야 할 기본 태도는 분명하다. '한·미 원자력협정을 깨겠다'가 아니라, '한·미 원자력협정의 비확산 취지를 존중하면서도 억제력 강화라는 공동 목표에 부합하는 관리 가능한 예외를 설계하겠다'는 접근이다. 이 틀이 성립해야만 미국 행정부와 의회가 논의의 문을 열 수 있다.

IAEA와의 협의는 왜 필요한가

핵추진 잠수함 문제에서 가장 중요한 전제는, 한·미 원자력협정과 IAEA 협의가 서로 분리된 사안이 아니라 동시에 진행되어야 하는 과제라는 점이다. 한·미 원자력협정은 양자 간의 법적 틀을 제공하고, IAEA는 국제 비확산 체제 안에서의 정당성과 신뢰를 부여한다. 둘 중 하나만 해결되어서는 핵추진 잠수함 논의가 앞으로 나아가기 어렵다.

따라서 한국은 한·미 원자력협정의 예외 논의를 IAEA 협의와 분리해 추진해서는 안 된다. 오히려 'IAEA 협의 프레임을 전제로 한 한·미 원자력협정의 목적 한정 예외'라는 구조를 제시해야 한다. 이 방식은 미국에도 유리한 방어 논리가 된다. 미국은 자국 의회와 국제사회에 "한국의 핵추진 잠수함은 IAEA 관리·감시 체계 아래에서 추진된다"고 설명할 수 있기 때문이다.

여기서 IAEA 포괄적 안전조치협정 제14조(이하 제14조로 표기)는 핵심 연결고리다. 한·미 원자력협정의 예외 설계는 결국 제14조 적용을 전제로 해야 하며, 이 과정은 자연스럽게 한국·미국·IAEA의 3자 협의 구조로 확장될 수 있다. 핵심은 '예외를 달라'는 요구가 아니라, '예외를 허용해도 되는 관리 모델'을 제시하는 방향으로 협상을 바꾸는 일이다.

외교 설계에서 특히 중요한 것은 '순서'다. 한국이 먼저 한·미 원자력협정 예외를 요구하고, 그 뒤에 IAEA 협의를 추진하려 하면 미국은 "국제 정당성 확보가 선행되어야 한다"는 원칙을 내세워 협상 속도를 늦출 가능성이 크다. 반대로 한국이 초기 단계부터 IAEA와의 기술·절차 협의 틀을 제시하고, 그 틀 위에서 한·미 원자력협정 예외를 요청하면 협상은 '요구'가 아니라 '구체 모델 검토'로 전환된다. 이때부터 협상의 성격이 달라진다.

또 하나의 관건은 '삼각 균형'이다. 한·미 원자력협정은 동맹의 신뢰 문제이고, IAEA 협의는 국제 규범의 신뢰 문제다. 한국은 이 둘을 동시에 만족시키는 이중 신뢰$^{double\ trust}$를 구축해야 한다. 이중 신뢰는 대체로 다음 네 축으로 구조화될 수 있다.

① **비전용성의 기술적 구조화:** 저농축 우라늄 고정, 장수명 노심, 재처리 불요(또는 사전 합의된 경로)

② **검증 가능성의 절차화:** 봉인·기록·회수·감사 프로토콜

③ **규제 독립성의 제도화:** 군사 원자로 안전 규제의 독립 체계, 사고 보고·대응 체계

④ **정책 일관성의 정치화:** 정권 교체에도 흔들리지 않는 국내 법적 기반

(기본법/특별법/국회 결의)

이 네 축은 '한국이 무엇을 원한다'가 아니라 '왜 한국에 허용해도 되는가'를 설명하는 설득 논리로 작동한다.

미국 의회의 역할

미국의 원자력 정책은 행정부만의 판단으로 결정되지 않는다. 특히 농축, 재처리, 군사적 원자력 이용과 같은 민감한 사안은 의회의 승인 없이는 실행이 어렵다. 따라서 외교 로드맵은 백악관 설득에서 끝나지 않고, 미 의회 설득을 핵심 축으로 포함해야 한다.

여기서 미 의회 설득을 단순한 '정치 로비'로 이해하면 실패하기 쉽다. 미 의회는 원자력 사안에서 기술 리스크와 비확산 리스크를 제도적으로 검증하는 기관이다. 따라서 설득은 구호가 아니라, 미 의회가 던질 질문을 예상하고 답을 준비하는 방식으로 진행되어야 한다. 예상 질문은 크게 네 가지 범주로 정리할 수 있다.

① **확산 리스크:** 저농축 우라늄이 맞는가, 농축도 상한은 무엇인가, 연료 제조·이동·회수 과정에서 비전용성이 어떻게 보장되는가, 민수·군사 연료 정책은 분리되는가

② **검증·투명성:** IAEA와 어떤 방식으로 협의·검증할 것인가, 제14조 적용 시 검증 공백은 생기지 않는가

③ **동맹·전략:** 한국 핵추진 잠수함이 미국 전략에 어떤 기여를 하는

가, 중국·북한 억제에 실질적 부담 분담이 되는가, 미 해군 운용 부
담을 줄이는가

④ **정치·선례:** 일본 등 다른 동맹이 유사 요구를 할 때 미국은 어떻게
대응할 것인가, 이 조치가 비확산 체제에 악영향을 주지 않는가

미 의회를 설득할 수 있는 핵심 논리는 세 가지로 정리할 수 있다. 첫
째, 한국의 핵추진 잠수함이 핵무기 확산으로 이어지지 않는다는 점. 둘
째, 이 사업이 한·미 동맹의 해양 억제력을 강화한다는 점. 셋째, 중국
과 북한 억제에서 미국의 부담을 분담한다는 점이다. 특히 '한국의 핵추
진 잠수함은 미국 전략자산을 대체하는 것이 아니라, 보완하는 수단'이
라는 논리는 중요한 설득 포인트가 된다. 이는 미국의 글로벌 해군 부담
을 줄이는 효과로 설명할 수 있다.

또한 설득 방식은 '우리의 입장만 주장하는 방식'이 아니라 '미국의
우려를 먼저 인정하고 제거하는 방식'이어야 한다. 즉, '한국의 핵추진
잠수함이 핵확산으로 이어질 수 있다는 우려가 제기될 수 있다'는 것을
먼저 인정한 뒤, 그 우려를 제도적으로 제거하는 설계를 제시해야 한다.
이때 한국이 제시할 수 있는 핵심 메시지를 정리하면 다음과 같다.

① 한국은 고농축 우라늄을 요구하지 않는다(저농축 우라늄 고정).

② 한국은 민감 연료 주기를 확대하지 않는다(목적 한정, 관리 한정).

③ 한국은 IAEA 절차를 전제로 한다(국제 정당성 동시 확보).

④ 한국은 국내 법·규제로 장기 통제 장치를 만든다(정권 교체 리스크
완화).

미 의회는 '좋은 의도'보다 '지속 가능한 통제 장치'를 요구한다. 행정부의 정치적 약속은 정권 변화에 따라 달라질 수 있지만, 미 의회는 법률과 감독 체계를 통해 장기적으로 관리 가능한 구조를 중시한다. 따라서 미 의회 설득은 동맹의 가치나 선의를 강조하는 정치적 수사가 아니라, 핵확산 우려를 불식시키는 제도적 안전장치를 제시하는 데 달려 있다.

단계별 접근 방식

한국형 핵추진 잠수함을 위한 외교 로드맵은 단기 전략이 아니라, 수년간 지속될 제도 구축과 외교 설득을 전제로 한 중장기 전략으로 접근해야 한다. 여기서 '수년'은 단순히 시간이 오래 걸린다는 의미를 넘어, 성격이 다른 협상을 단계별로 통과해야 한다는 의미도 내포하고 있다. 각 단계는 상대도 다르고, 설득 논리도 다르며, 성과 지표도 다르다.

첫 번째 단계는 개념 합의conceptual alignment다. 이 단계에서 한국은 핵추진 잠수함의 필요성을 단순한 위협 대응이 아니라, 억제와 안정의 관점에서 설명해야 한다. 북한의 SLBM 위협, 중국의 핵추진 잠수함 전력 확대, 해상교통로 보호라는 맥락에서 핵추진 잠수함이 지역 안정에 기여할 수 있음을 강조해야 한다. 이 단계에서 중요한 것은 핵추진 잠수함이 필요하다가 아니라, 한국의 핵추진 잠수함 보유가 왜 비확산 체제와 양립 가능한가다. 한국의 핵추진 잠수함 보유를 단순히 국가 위상 제고나 강대국 모방 맥락에서 설명하는 순간 설득력을 잃게 된다. 한국의 핵추진 잠수함 보유를 설득하려면 동맹의 공동 억제력, 해양 안정, 위기관리 능력 강화라는 공동의 언어로 접근해야 한다. 한국의 핵추진 잠수함 보유를 '한국의 요구'가 아니라, '동맹이 직면한 공동 안보 과제에 대한 해법'으로 프레이밍하는 것이 핵심이다.

두 번째 단계는 기술·안전 프레임 협상이다. 이 단계에서는 연료 관리, 안전 설계, 사고 대응, 검증 메커니즘을 구체적으로 제시해야 한다. 추상적인 의지 표명이 아니라, 실행 가능한 제도 설계가 핵심이다. 이때 한국이 보여줘야 할 것은 '기술적으로 가능하다'가 아니라 '비전용성을 보장하는 통합 관리 체계'다. 저농축 우라늄 기반 원자로 설계와 장수명 노심 적용, 재처리가 불필요하거나 사전 합의된 연료 주기, 봉인·기록·회수 체계(검증 프로토콜), 안전 규제 체계(독립 규제 체계), 사고 대응 체계(보고·공동 대응 체계)를 하나의 통합 관리 패키지로 묶어 제시해야 한다.

세 번째 단계는 법적 승인 및 제도화다. 여기에는 한·미 원자력협정 내 예외 조항 확정, IAEA와의 절차 합의, 국내 법·제도 정비가 포함된다. 이 단계가 완료되어야 한국형 핵추진 잠수함 사업은 되돌리기 어려운 궤도에 오른다. 특히 국내 제도 정비는 외교와 분리된 사안이 아니다. 미국과 IAEA는 한국이 정권 교체에도 흔들리지 않는 제도적 통제 장치를 갖췄는지를 본다. 따라서 핵추진 잠수함 특별법 수준의 법제화, PMO 체계의 법적 고정, 안전 규제 권한 배분의 명문화, 다년도 예산의 안정적 확보를 위한 장치를 제도화해야 한다. 이러한 국내 제도적 기반이 곧 외교 협상의 신뢰 기반이 된다.

마지막 단계는 국제적 모범사례화다. 기술과 제도를 결합해 비전용성을 구조적으로 보장하는 통합 관리 체계를 안정적으로 제도화한다면, 이는 비핵무기국의 책임 있는 핵추진 잠수함 운영에 관한 새로운 기준을 제시할 수 있다. 이 단계에서 한국은 단순히 '예외적 허용을 받은 국가'가 아니라, '비확산 체제를 강화한 국가'로 자리매김해야 한다. 그렇게 될 때 한국의 사례는 오히려 비확산 체제의 취약성을 보완한 선례가 될 수 있다.

외교 전략의 핵심

이 모든 과정을 관통하는 핵심은 하나다. 핵추진 잠수함 외교는 '허가를 받아내는 과정'이 아니라 '신뢰를 축적하는 과정'이라는 점이다. 한 번의 문서 합의로 끝나는 일이 아니라, 수십 년간 유지되어야 할 신뢰 구조를 설계하는 일이다.

한국형 핵추진 잠수함의 성패는 외교 문서 한 줄이 아니라, 한국이 국제사회에서 어떤 국가로 인식되는가에 달려 있다. 책임 있는 비핵무기국, 규범을 존중하는 중견국, 동맹과 질서를 강화하는 파트너라는 인식이 굳어질 때, 핵추진 잠수함은 현실이 된다.

따라서 외교 로드맵의 최종 목표는 단순히 '예외적 허용'을 획득하는데 있지 않다. 그 예외적 허용이 정치적 논쟁의 대상이 되지 않도록 법적·제도적 기반 위에서 안정적으로 관리할 수 있는 통합 관리 체계를 마련하는 데 있다.

이 외교 로드맵을 실제 정책으로 구현하려면, 외교·제도 설계를 위한 실무 단계의 준비 항목을 구체적으로 제시해야 한다. 이를 단순히 표로 나열하기보다, '무엇을 먼저 준비해야 하는지를 서술형으로 명확히 적시하는 것이 효과적이다. 한국형 외교·제도 로드맵이 작동하기 위한 핵심 준비 항목은 다음과 같다.

첫째, '국내 단일 창구single voice'를 만드는 일이다. 미국과 IAEA가 가장 우려하는 것은 한국 내부 메시지의 불일치다. 국방부는 작전 필요를, 외교부는 부담을, 과기부는 기술 가능을, 규제 기관은 안전 우려를 각각 말하면 협상은 초반에 신뢰를 잃는다. 대통령 직속 PMO 또는 국가급 협상 체계를 통해 대외 메시지를 단일화해야 한다.

둘째, 저농축 우라늄 기반 원자로 채택을 국가 정책으로 공식 확정하고 법·제도로 명문화하는 것이다. 저농축 우라늄은 기술적 선택인 동시에 외교적 선택이기도 하다. 우리가 고농축 우라늄 가능성을 열어두는 순간, 국제사회는 한국의 의도를 의심할 것이다. 협상에서 가장 큰 리스크는 우리의 모호한 태도로 인해 상대가 의심하는 것이다. 의심은 신뢰를 무너뜨린다. 따라서 '저농축 기반·목적 한정·비전용성 설계' 원칙을 국가 정책으로 분명히 선언하고, 법·제도로 명문화해야 한다.

셋째, 검증 가능성의 설계다. 검증은 감시를 무조건 수용하겠다는 뜻이 아니라, '검증 가능한 구조로 스스로 관리하겠다'는 뜻이다. 봉인, 기록, 회수, 감사, 안전 보고의 프로토콜을 사전에 설계하고, IAEA와의 협의 틀을 조기에 마련해야 한다.

넷째, 미 의회 설득 자료의 사전 구축이다. 미 의회는 원칙보다 문서와 설계를 요구한다. 예상 질문에 대한 답변 자료, 위험 평가, 안전 규제 구조, 연료 주기 도식, 국내 법제화 계획까지 포함한 '의회용 패키지'를 미리 준비해야 한다.

다섯째, 국내 정치의 안정 장치다. 미국이 우려하는 것 중 하나는 정권 교체 시 정책이 흔들리는 문제다. 따라서 한국은 법률 제정이나 국회 결의와 같은 제도적 장치를 통해 정책의 지속성을 담보할 장기적 제도 틀을 확립해야 한다. 정책의 지속성은 곧 외교적 신뢰의 기반이 된다.

한국형 핵추진 잠수함 어떻게 설계할 것인가: 시스템 간 상호작용을 고려한 최적화 설계

한국형 핵추진 잠수함 사업을 추진하는 데 있어 본질적인 난제는 개별 기술의 확보가 아니라, 서로 다른 성격의 기술들을 하나의 폐쇄된 플랫폼 안에서 완벽하게 통합해야 한다는 데 있다. 원자로, 선체, 추진체계, 소음저감장치, 전투체계, 무장, 그리고 장기 잠항을 전제로 한 자율 운용 기술은 각각 독립된 영역이지만, 핵추진 잠수함에서는 어느 하나도 따로 분리되어 존재할 수 없다. 제6장에서 다루는 기술 과제의 핵심은 '개별 기술을 확보했는가'가 아니라, '그 기술들이 하나의 전력 체계로 작동할 만큼 통합 완성도를 확보했는가'에 있다.

핵추진 잠수함은 단순히 첨단 장비를 많이 탑재한 '기술 집합체'가 아니다. 설계 초기부터 시스템 간 상호작용^{system interaction}을 전제로 전체 구조를 최적화해야 하는 전형적인 복합체계^{SOS, System of Systems}이다. 어느 한 요소의 성능을 극대화하면 다른 요소는 필연적으로 제약을 받는다. 따라서 출력, 소음, 안전, 생존성, 정비성, 작전 효율성은 서로 상충관계에 놓여 있다. 그렇기 때문에 핵추진 잠수함 설계의 성패는 이 상충 요소들을 어떤 기준과 우선순위로 균형 있게 조율하느냐에 달려 있다.

이러한 상충 요소들을 어떻게 조율하느냐는 단순한 '엔지니어링 최적화'의 문제가 아니라, 작전 개념^{CONOPS}과 직결되는 전략적 선택이다. 예를 들어, 더 높은 출력과 속도를 추구하면 회전 부품과 고유체 유동이 증가해 진동·소음 관리 부담이 커진다. 반대로 절대 정숙성을 최우선으로 두면 최고 속도·기동 성능·출력 여유가 제한되거나, 설계가 과도하게 복잡해질 수 있다. 차폐를 강화하면 승조원 안전은 높아지지만 중량이 늘어 부력·항속·무장 탑재 여력이 줄어들 수 있다. 정비성을 높이려 접근 공간을 넓히면 격실 배치가 커지고 선체가 비대해져 유체저항과 소음이 증가하는 문제를 피하기 어렵다.

이처럼 핵추진 잠수함은 '좋은 것을 다 넣는다'고 해서 최고의 성능을 발휘할 수 있는 것이 아니다. 핵추진 잠수함은 만능 플랫폼이 아니라, 특정 전략 환경과 목표 임무에 최적화된 복합체계다. 이러한 최적화는 설계 단계에서 단번에 완성되지 않는다. 도면 위에서 설정된 설계는 실제 건조, 체계 통합, 시험평가, 운용, 정비의 전 과정을 거치며 지속적으로 재검증된다. 핵추진 잠수함 개발 기간이 긴 이유는 단순히 기술이 어려워서만이 아니라, 초기 설계 가정과 성능 목표가 실제 물리적 환경과 운용 조건에서도 유효한지를 확인하기 위해, 반복적인 검증verification과 체계적 인증accreditation이 단계적으로 수행되기 때문이다. 이 재검증 과정은 일회성 시험으로 그치는 것이 아니라, 설계 가정의 타당성을 단계별로 검증하고 그 결과를 운용·안전 기준에 반영하여 재조정하는 순환적 검증·인증 체계를 따른다.

해군용 원자로의 요구 조건

한국형 핵추진 잠수함에 탑재될 해군용 원자로는 민수 원전용 원자로나 육상 SMRSmall Modular Reactor(소형 모듈 원자로)과는 다른 설계 철학을 요구한다. 민수 원전용 원자로가 경제성과 안정적 전력 생산을 중시한다면, 해군용 원자로는 전투 환경에서의 생존성과 기동성을 중시한다. 따라서 해군용 원자로의 핵심 조건은 소형화, 장수명, 그리고 극도의 안전성이다.

해군용 원자로는 잠수함 선체 내부의 제한된 공간에 탑재할 수 있어야 하며, 수십 년간 연료 교체 없이 안정적으로 작동해야 한다. 또한 전투 중 폭뢰 충격, 어뢰 피격에 따른 충격파, 급격한 기동에서 생기는 하중 변화, 침수·화재 같은 복합 재난 상황에서도 기능을 유지해야 한다. 이는 원자로가 단순한 에너지원이 아니라, 전투체계의 일부라는 뜻이다.

'싸우는 원자로'라는 표현은 과장이 아니다. 원자로는 전투 중에도 추진력을 제공해야 하고, 전투체계·센서·통신·생존지원 설비에 안정적으로 전원을 공급해야 한다. 특히 핵추진 잠수함은 고속 기동과 은밀 기동을 동시에 요구받는 경우가 많기 때문에 민수 원전보다 원자로의 출력 변화가 훨씬 더 역동적이다. 이 경우, 원자로의 출력 상승과 감소가 자주 반복될 수 있기 때문에 그 과정에서 열수력적 안정성, 제어봉 응답성, 노심 출력 분포의 안정이 유지되어야 한다. 다시 말해, 해군용 원자로는 '정상상태를 오래 유지하는 기계'가 아니라, '전장 환경 변화에 안정적으로 반응하는 기계'다.

특히 한국형 모델이 전제로 하는 저농축 우라늄 기반 원자로는 연료 밀도가 상대적으로 낮기 때문에, 출력 확보와 연료 수명 사이의 균형이 핵심 과제다. 이는 농축도를 높인다고 단순히 해결되는 문제가 아니다. 연료 집합체 형상, 연료 펠렛 조성, 열전달 면적 확대, 냉각재 유속 최적화, 노심 구조 설계, 제어봉 배열 등 원자로 공학 전반에 걸친 고난도 설계가 필요하다.

여기에 더해 핵추진 잠수함 원자로에는 정숙성이 안전성만큼 중요한

한국형 핵추진 잠수함

성능 변수가 된다. 민수 원전에서 펌프 소음은 큰 문제가 아니지만, 핵추진 잠수함에서 펌프의 소음은 곧 탐지 가능성으로 연결된다. 냉각 펌프 설계, 캐비테이션^{cavitation}(유체 속 압력 저하로 발생하는 기포가 터지며 소음과 진동을 유발하는 현상) 억제, 배관 유동 소음 저감, 밸브·열교환기의 진동 특성 등은 모두 원자로 계통 설계의 일부다. 결국 원자로 설계는 핵공학만으로 끝나지 않고, 기계·유체·음향·진동공학이 결합된 종합공학의 영역이다.

안전성 측면에서는 자연순환 냉각과 피동 안전계통이 사실상 필수다. 전투 상황이나 전원 상실 상황에서도 원자로가 자동으로 출력 감소 또는 정지 상태로 전환될 수 있어야 하며, 인간 개입을 최소화하는 방향으로 설계되어야 한다. 이 지점에서 한국이 민수 원전 분야에서 축적해온 피동 안전 설계 경험은 중요한 자산이다. 핵추진 잠수함은 '고위험 군사 장비'가 아니라, 오히려 '가장 보수적인 안전 기준이 적용되는 군사 체계'여야 한다.

다만, 핵추진 잠수함의 안전은 '정지하면 안전하다'로 끝나지 않는다. 잠수함은 바닷속에서 정지하는 것 자체가 위험이 될 수 있고, 전투 상황에서 '정지'는 전술적 패배로 이어질 수 있다. 따라서 핵추진 잠수함의 안전 설계는 '안전한 정지'와 '안전한 지속 운전'을 함께 목표로 해야 한다. 이를 위해 피동 안전계통뿐 아니라 전투 환경을 전제로 한 충격·침수·화재 복합사고 시나리오, 계통 분리와 차단 밸브 신뢰성, 전기 계통 이중화, 배터리·비상전원의 지속력, 승조원 절차의 표준화까지 포함한 체계 설계가 요구된다.

또한 해군용 원자로 개발에는 '검증과 인증 절차'가 필수다. 설계가 완성되었다고 곧바로 함정에 탑재할 수 없다. 육상 시험 설비에서 계통을 검증하고, 소재·용접·부품 신뢰성을 장기간 시험하며, 노심 거동과 제어 계통을 반복 검증해야 한다. 이러한 반복적인 검증을 통해 공식적으로 인증을 받아야 한다. 많은 비용과 시간이 들지만, 핵추진 잠수함에서 이것은 선택이 아니라 생존 조건이다. 핵추진 잠수함 사고는 장비 사고를 넘어 국가전략 자산의 손실과 국민 신뢰의 붕괴로 직결되기 때문이다.

원자로와 선체의 결합 문제

원자로 설계가 아무리 완벽해도, 이를 잠수함선체와 어떻게 통합하느냐에 따라 잠수함의 성능은 근본적으로 달라진다. 원자로 격실은 잠수함 내부에서 가장 높은 안전 요구를 받는 구역이면서, 동시에 소음·진동의 주요 발생원이기도 하다.

선체 설계에서 가장 중요한 문제는 생존성이다. 원자로 격실은 어뢰 피격이나 폭뢰 충격에도 치명적 손상을 피할 수 있도록 다중 격벽 구조, 충격 흡수 구조, 격실 독립성을 갖춰야 한다. 이는 고강도 강철을 사용하는 문제를 넘어, 충격 에너지를 분산시키는 구조 설계의 문제다.

여기에는 핵추진 잠수함 특유의 충격 기준shock criteria이 존재한다. 일반 함정에서도 충격 기준은 중요하지만, 핵추진 잠수함은 원자로 계통이 포함되므로 더 보수적으로 설정된다. 배관 지지대, 펌프 베이스, 터빈·감속기 장착 구조, 계기·제어 패널의 내충격성까지 모두 설계 변수다. 잠수함은 제한된 공간에 장비가 밀집되어 있어 충격 시 장비 간 간섭과 2차 손상이 발생하기 쉽다. 따라서 선체 통합 설계는 '원자로를 넣는

한국형 핵추진 잠수함

것'이 아니라, 원자로를 중심으로 장비 배치, 구조 강성stiffness, 충격 경로를 설계하는 과정이다.

방사선 차폐도 핵심 요소다. 승조원은 수개월 동안 같은 공간에서 근무하므로 피폭 관리는 극도로 엄격해야 한다. 그러나 차폐재를 늘리면 중량이 증가하고, 이는 부력·항속·기동 성능에 직접 영향을 준다. 따라서 차폐 설계 시 안전과 성능의 절충점을 정밀하게 계산해서 설계하는 것이 중요하다.

차폐 설계는 단순히 '두껍게 하면 된다'는 단순 논리로 접근해서는 안 된다. 차폐재 종류(고밀도 금속, 복합재), 배치 위치, 격실 구획, 승조원 동선, 정비 동선까지 포함한 공간·중량 통합 설계가 필요하다. 차폐는 원자로 주변만의 문제가 아니라 장기 운용에서 승조원의 피폭을 최소화하기 위한 생활·작전 공간 배치로 이어진다. 이때 설계는 방사선 안전, 인체공학, 작전 효율을 동시에 만족해야 한다.

또 하나의 관건은 정비성과 접근성이다. 핵추진 잠수함은 디젤 잠수함보다 정비 주기는 길지만, 한 번 정비에 들어가면 작업 강도와 복잡성은 훨씬 높다. 원자로 관련 장비는 평시에는 철저히 격리되어야 하지만, 정기 수리·점검 시에는 효율적으로 접근할 수 있어야 한다. 이 상충 요구를 어떻게 조화시키느냐가 선체 통합 설계의 핵심이다.

정비성은 단순히 '정비가 쉬운가'의 문제가 아니라, 실제 운용에서 정비에 소요되는 기간을 좌우하는 핵심 요소다. 핵추진 잠수함은 작전 가용성이 곧 전략적 억제력이다. 한 척이 장기간 정비에 묶이면 전체 전력 가용성은 급격히 떨어진다. 따라서 초기 설계부터 '정비를 설계한다'는 철학이 들어가야 한다. 장비 모듈화, 접근 패널, 케이블·배관 정비 동선, 예비부품 교환성, 정비 중 방사선 안전 확보는 모두 설계 요구 조건이다.

나아가 선체 통합은 수중 성능과 직결된다. 원자로 격실이 커지면 선체 길이와 직경이 변하고, 이는 유체저항과 기동 특성에 영향을 준다. 선체 형상은 소음에도 영향을 준다. 선체 표면 유동 소음은 고속뿐 아니라 중속에서도 탐지에 영향을 주며, 선체 형상과 부가 구조물 설계는 전체 수중음향 특성을 결정한다. 즉, 원자로와 선체 통합은 출력과 안전을 넘어, 궁극적으로 은밀성과 생존성을 좌우한다.

소음 저감 기술

핵추진 잠수함을 둘러싼 가장 흔한 오해 중 하나는 "원자로는 조용하다"는 인식이다. 실제로 원자로 자체에는 회전 부품이 거의 없지만, 원자로를 둘러싼 냉각 펌프, 터빈, 감속기, 발전기, 배관 계통은 모두 잠재적인 소음원이다. 따라서 핵추진 잠수함의 소음 저감은 원자로만의 문제가 아니라, 추진체계 전반을 함께 설계해야 하는 통합 과제다.

특히 냉각계통에서 발생하는 유체 소음과 기계 진동은 저주파 대역에서 두드러지는데, 저주파 대역은 현대 소나 체계가 가장 잘 탐지하는 영역이기도 하다. 이를 억제하려면 저소음 펌프 설계, 유동 최적화, 진동 절연 마운트, 능동·수동 소음 저감 기술이 결합되어야 한다. 핵추진 잠수함의 소음 저감은 단일 기술로 해결되는 문제가 아니라, 수백 개 설계 선택이 누적되어 만들어지는 결과다.

핵추진 잠수함 소음은 보통 기계 소음(회전·진동), 유체 소음(배관·펌프·유동), 추진 소음(프로펠러/펌프젯), 구조 전달 소음(선체 전파), 보조

한국형 핵추진 잠수함

장비 소음(가열·환기·공조, 유압, 전동기)으로 나뉜다. 이 중 어느 하나만 잡아서는 전체 소음이 의미 있게 줄지 않는다. 예컨대, 추진기 소음을 줄여도 감속기 진동이 선체로 전달되면 저주파 소음은 남는다. 펌프 소음을 낮춰도 배관 공진이 발생하면 특정 대역이 튀어 오른다. 결국 핵추진 잠수함 소음 저감의 본질은 '각 소음원을 줄이는 것'만이 아니라, 소음이 구조를 통해 전달되는 경로를 끊는 것에 가깝다.

이 때문에 핵추진 잠수함에는 래프팅rafting(주요 기계장비를 하나의 부유 구조물 위에 올리고, 이를 방진장치로 선체와 분리하는 방식)이 널리 적용된다. 래프팅은 단순한 고무 마운트 수준이 아니다. 주파수 대역별 최적 방진 설계와 구조 강성 설계가 결합되어야 하며, 구조물 공진, 배관 유연성, 케이블 트레이의 진동 전달까지 함께 고려해야 한다. 즉, 래프팅은 '장비 하나의 방진'이 아니라, 잠수함 전체의 진동 전달망을 다시 설계하는 작업이다.

추진기 측면에서는 펌프젯 추진체계가 핵추진 잠수함의 표준으로 자리 잡고 있다. 펌프젯은 고속 운항 시 캐비테이션을 줄이고 광대역 소음을 낮추는 데 유리하다. 그러나 설계·제작 난이도가 매우 높고, 고도의 유동 해석 역량과 정밀 가공 기술이 요구된다. 한국형 핵추진 잠수함이 대양 작전 능력과 고속 은밀성을 함께 확보하려면, 이 영역에서의 기술 축적은 사실상 필수다.

다만, 펌프젯은 '원래 조용한 추진기'라기보다, 조용하게 만들기 위한 문턱이 매우 높은 체계라고 보는 편이 정확하다. 디퓨저diffuser·로터rotor·스테이터stator 형상 최적화, 블레이드blade 표면 조도, 팁 간극tip clearance 관리, 고속 유동에서의 압력 분포 제어가 모두 설계 변수로 들어간다.

더구나 펌프젯 성능은 선체 후류wake와 강하게 연동된다. 결국 펌프젯은 단독으로 개발할 수 없고, 선체 형상과 함께 최적화해야 한다. 이 때문에 펌프젯은 '개별 부품 개발'이 아니라, 핵추진 잠수함 통합 설계가 요구하는 상징적 과제가 된다.

또 하나의 핵심 축은 시험평가Test & Evaluation다. 소음은 설계 단계에서 예측할 수 있지만, 실물에서는 예기치 못한 공진과 결합 현상이 발생할 수 있다. 그래서 핵추진 잠수함 개발은 해상 시험에서 '소음을 측정하고 수정하는 과정'이 반복된다. 이때 필요한 것은 정밀한 계측과 데이터 분석 역량이며, 소음 원인을 역추적해 설계를 조정하는 피드백 루프가 핵심이다. 한국형 핵추진 잠수함이 성공하려면 조선 기술 못지않게, 소음 계측·해석·개선 체계를 제도적으로 구축해야 한다.

장기 잠항을 위한 운용 기술

핵추진 잠수함의 최대 장점은 장기 잠항 능력이지만, 이는 동시에 새로운 기술적 부담을 수반한다. 수주에서 수개월에 이르는 잠항 기간 동안 잠수함은 외부 보정 없이 항법 정확도를 유지해야 하고, 함정 상태를 스스로 관리해야 한다.

관성항법체계는 시간이 지날수록 오차가 누적되는 구조적 한계를 가진다. 이를 보완하기 위해 천문항법, 지형 참조 항법, 수중 음향 항법이 결합되며, 최근에는 AI 기반 보정 알고리즘도 주목받고 있다. 이러한 기술은 단순한 위치 계산을 넘어, 은밀성과 생존성을 좌우하는 핵심 요소다.

핵추진 잠수함의 항법 문제는 정확도만의 문제가 아니다. 이는 곧 은밀성의 문제다. 위성 신호GNSS, Global Navigation Satellite System를 받기 위해 마스트를 올리는 순간, 적에게 탐지될 가능성이 생긴다. 따라서 핵추진 잠수함은 마스트 사용을 최소화하고, 내부 센서와 환경 정보를 결합해 위치를 추정해야 한다. 지형 참조 항법은 해저 지형 데이터의 품질과 센서 정밀도에 좌우되고, 수중 음향 항법은 해역의 음향 환경과 적의 감청 위험까지 고려해야 한다. 결국 장기 잠항 항법은 단일 장치가 아니라, 여러 센서와 알고리즘을 결합한 다중 센서 융합sensor fusion 체계다.

장기 잠항은 또한 '정비 없이 장기간 운용이 가능함'을 의미한다. 육상에서는 고장 난 장비를 교체하면 되지만, 잠수함은 바닷속에서 고장을 예측하고 피해를 최소화해야 한다. 그래서 장기 운용의 핵심 기술은 상태 기반 정비CBM, Condition-Based Maintenance와 예지 정비PHM, Prognostics and Health Management다. 진동·온도·전류·압력 데이터를 상시 모니터링하고 이상 징후를 조기에 탐지해 고장을 예방해야 한다. 이는 편의 기능이 아니라, 핵추진 잠수함의 작전 지속 능력을 결정하는 필수 체계다.

더 나아가 장기 잠항은 승조원의 피로와 심리적 부담을 극대화한다. 핵추진 잠수함의 발전 방향은 단순히 더 강한 무기가 아니라, 인간과 기계의 협업을 통해 승조원의 부담을 줄이는 방향으로 이동하고 있다. 자동화된 상태 감시, 고장 예측, 에너지 관리 시스템은 선택이 아니라 필수다. 핵추진 잠수함은 '사람이 모든 것을 통제하는 배'가 아니라, 사람과 시스템이 공동으로 운용하는 플랫폼이 되어야 한다.

여기서 자동화는 인원을 줄이기 위한 수단만이 아니다. 장기 잠항에서 누적되는 인지 부하를 줄이는 것이 핵심 목적이다. 제한된 공간에서 장시간 고도의 집중을 유지해야 하는 잠수함 환경에서는 작은 실수가 치명적 사고로 이어질 수 있다. 따라서 핵추진 잠수함은 정보가 많아질

수록 승조원이 이를 이해하고 의사결정할 수 있도록 표시·경보·절차 Interface & Procedure가 정교해야 한다. 결국 자율 운용 기술의 핵심은 알고리즘 자체가 아니라, 인간과 기계가 신뢰를 형성하는 운용 체계다.

전투체계와 무장의 통합

핵추진 잠수함은 단순한 플랫폼이 아니라 전략 자산이다. 따라서 전투 체계 역시 디젤 잠수함의 단순 확장판이 아니라, 핵추진 잠수함 운용에 최적화된 구조를 가져야 한다. 장기 작전, 고속 기동, 광범위한 작전반 경을 전제로 한 정보 처리와 지휘통제 능력이 요구된다.

핵추진 잠수함 전투체계는 '탐지 – 식별 – 추적 – 공격'이라는 전통적 킬체인Kill Chain만으로 정의되지 않는다. 핵추진 잠수함은 장기간 은밀하게 존재하며 정보 수집과 감시 임무를 수행하고, 필요시 즉각 타격 또는 차단 임무로 전환한다. 이를 위해 전투체계는 다중 임무 전환을 지원하는 개방형 아키텍처open architecture, 빠른 소프트웨어 업데이트, 센서·무장·UUVUnmanned Underwater Vehicle(무인잠수정) 연동을 전제로 해야 한다. 현대전에서 소프트웨어가 무기체계 성능을 좌우하듯, 잠수함도 예외가 아니다.

무장 측면에서는 장거리 정밀타격 능력은 핵추진 잠수함의 전략적 가치를 크게 높인다. 순항미사일 등 장거리 타격 수단은 핵추진 잠수함을 단순한 잠수함이 아니라 억제 수단으로 격상시키며, 유·무인 수중체계와의 연동은 미래 수중전의 핵심이 된다. 핵추진 잠수함은 단독으로 싸우는 플랫폼이 아니라, 수중 네트워크의 중심 노드로 기능해야 한다.

여기서 '노드'는 단지 데이터 링크를 의미하지 않는다. 핵추진 잠수함은 수중에서 생존성이 높은 플랫폼이며, 그 생존성을 바탕으로 지속적 정보 생산자가 될 수 있다. 따라서 핵추진 잠수함은 공격 플랫폼이면서 동시에 해양 감시·정찰ISR의 핵심 플랫폼이 된다. 이를 위해 소나(함수·측면·예인·기뢰탐지), 전자전, 통신(저주파·초저주파), 대용량 신호처리 능력이 함께 통합되어야 한다.

또한 타격 능력은 무장 자체만으로 결정되지 않는다. 장거리 타격은 표적 정보의 신뢰성, 통신 보안, 작전 통제 절차, 교전 규칙ROE과 결합되어야 한다. 즉, 무장 통합은 기계적 통합을 넘어, 교전 개념과 지휘통제 체계의 통합이다. 장기 은밀 작전에서는 통신을 최소화해야 하므로, 전투체계는 제한된 통신 환경에서도 자율적 판단과 임무 수행이 가능해야 한다. 이 점에서 전투체계는 단지 컴퓨터가 아니라, 핵추진 잠수함의 '두뇌'다.

성공적인
핵추진 잠수함 운용을 위한
국가관리체계

- 핵추진 잠수함 사업은 무기체계 획득을 넘어,
제도·규제·외교·산업을 국가가 수십 년 동안
함께 조율해야 하는 장기 복합 사업이다 -

핵추진 잠수함을 단순히 하나의 무기체계로 이해하는 순간, 이 사업은 구조적으로 실패의 길로 들어서게 된다. 전차나 전투기, 수상함처럼 성능·일정·예산만 맞추면 완결되는 사업이 아니기 때문이다. 핵추진 잠수함은 군사 기술인 동시에 원자력 기술이며, 외교 사안이자 산업 정책이고, 규제 대상이면서 국가 신뢰를 상징하는 존재다. 다시 말해, 이 전력은 '무엇을 만들 것인가'보다 먼저 '국가가 어떻게 작동해야 하는가'를 묻는다.

핵추진 잠수함의 성능은 바다에서 드러나지만, 그 성패는 육상에서 결정된다. 어떤 선체 형상을 선택하느냐보다 더 중요한 것은, 그 잠수함을 뒷받침할 관리 체계를 어떻게 설계하느냐다. 핵추진 잠수함은 단순한 무기체계가 아니라, 국가 차원의 운영체계Operation System를 요구하는 전략 자산이다. 제7장이 말하려는 결론은 분명하다. 국가 관리체계 자체가 곧 전력이며, PMO는 그 체계를 매일 작동시키는 핵심 장치라는 점이다.

●

왜 핵추진 잠수함은 범정부 사업인가

다영역 전력의 성격

핵추진 잠수함 사업은 어느 한 부처가 단독으로 '주관한다'고 해결되는 사업이 아니다. 오히려 특정 부처에 책임을 집중시키려 할수록 구조적 한계가 드러난다. 핵추진 잠수함은 태생적으로 단일 조직이 완성할 수 없는 성격을 지니고 있다.

CHAPTER 7 성공적인 핵추진 잠수함 운용을 위한 국가관리체계

국방부와 해군은 작전 개념과 운용, 임무 수행을 책임질 수 있지만, 원자력 안전과 규제, 국제 협의와 비확산 신뢰까지 군이 홀로 감당할 수는 없다. 방위사업청은 획득과 계약, 일정 관리에 전문성을 갖고 있지만, IAEA 협의나 한·미 원자력협정과 같은 국제 규범 조정의 주체가 되기는 어렵다. 외교부는 협상과 대외 설명에 강점이 있지만, 기술 설계나 실제 운용의 현실을 지휘할 수는 없다. 규제 기관 또한 독립성을 유지해야 하므로, 개발이 끝난 뒤 '사후 승인자'로만 역할이 제한되면 설계 변경과 일정 지연이 반복되는 악순환에 빠질 가능성이 크다.

이처럼 핵추진 잠수함 사업은 '어느 부처가 주관하느냐'의 문제가 아니라, 서로 다른 영역을 하나의 체계로 통합 관리할 수 있느냐의 문제다. 이 통합이 실패하면 기술이 아무리 성숙해도 사업은 멈춘다. 따라서 핵추진 잠수함 사업을 성공적으로 추진하려면, 범정부 차원의 통합 관리가 필수적이다. 바로 이것이 핵추진 잠수함 사업이 범정부 사업이어야 하는 이유다.

여기서 말하는 다영역이란 단순히 여러 부처가 참여한다는 의미가 아니다. 각기 다른 기준과 시간표, 책임 구조를 가진 영역들이 하나의 결론으로 수렴되도록 설계된 체계를 의미한다. 군사 영역은 작전 효율과 임무 완수를, 규제 영역은 안전과 책임을, 외교 영역은 국제적 신뢰와 설명 가능성을, 산업 영역은 지속성과 기술 축적을 기준으로 판단한다. 이 서로 다른 기준이 충돌하지 않고 동시에 충족되도록 만드는 것, 이것이 핵추진 잠수함 관리의 본질이다. 따라서 범정부·다영역이라는 규정은 선택이 아니라 전제 조건이다.

한국형 핵추진 잠수함

장기 운용 전력의 특성

핵추진 잠수함은 건조가 끝나는 순간 사업이 종료되는 무기체계가 아니다. 오히려 그때부터 진정한 관리가 시작된다. 정비 주기와 연료 관리, 원자로 안전, 사고 대응 체계, 인력의 자격과 교육, 규제 감사, 대외 설명 등 모든 요소를 하나의 운용 체계로 통합해 관리해야 한다. 이 통합 운용·관리 체계가 갖춰지지 않으면, 어렵게 완성한 핵추진 잠수함을 제대로 운용할 수 없다.

따라서 핵추진 잠수함을 먼저 만들고 제도와 절차는 나중에 보완하겠다는 접근은 매우 위험하다. 국제사회에서도 설득력이 없고, 국내적으로도 신뢰를 얻기 어렵다. 핵추진 잠수함은 성능 이전에 통합 운용·관리 체계가 제대로 갖춰졌는지 먼저 평가받는 전력이다. 결국 핵추진 잠수함은 통합 운용·관리 체계가 부실하면 전력으로서 제 기능을 수행하기 어렵다.

핵추진 잠수함 운용 기간이 길어질수록 통합 운용·관리 체계를 갖춘 경우와 그렇지 않은 경우의 격차는 극명하게 드러난다. 초기에는 둘 다 별다른 차이가 없는 것처럼 보이지만, 10년, 20년이 지나면 정비 안정성, 인력 숙련도, 규제 대응 능력 면에서 분명한 격차가 나타난다. 이 격차는 단순한 효율의 문제가 아니라, 실제 작전 가용성과 국제적 신뢰의 차이로 이어진다. 따라서 핵추진 잠수함은 '어떻게 빨리 만들 것인가'가 아니라, '어떻게 오래, 안정적으로 유지할 것인가'를 기준으로 설계되고 관리되어야 한다.

기존 방위사업과의 차이

일반적인 방위사업은 군이 소요를 제기하고, 방위사업청이 획득을 주관하며, 기업이 개발과 생산을 맡는 구조로 진행된다. 규제는 사후적으로 충족하면 되는 조건으로 여기고, 외교는 필요할 때만 동원되는 보조적 기능으로 인식하는 경향이 있다. 일반적인 무기체계 사업에서는 이러한 방식이 큰 문제가 없었다.

그러나 이 방식을 핵추진 잠수함 사업에 그대로 적용하는 순간부터 충돌이 발생한다. 원자력 규제는 사후 승인 절차가 아니라 설계 단계부터 반영되어야 할 요소이며, 국제 협의 역시 사업 마지막 단계가 아니라 초기 단계에서 이루어져야 한다. 기업 또한 단기 계약자가 아니라, 전력의 전 수명 주기를 함께 책임지는 동반자가 되어야 한다.

더 근본적인 문제는 각 영역의 진행 속도가 일치하지 않는다는 점이다. 기술 개발은 앞서 나갈 수 있고, 예산은 연차별로 변동될 수 있지만, 외교와 규제는 일정표로 통제할 수 있는 영역이 아니다. 기존 방위 사업의 직선형 관리 방식으로는 기술·규제·외교·산업이 서로 영향을 주고받으며 반복되는 순환형 문제를 감당하기 어렵다.

이 차이를 인식하지 못하면 핵추진 잠수함 사업은 기존 방산 체계 안에서 '특이한 예외 사업'으로 취급되기 쉽다. 그러나 핵추진 잠수함 사업은 예외 사업이 아니라, 시작 단계부터 다른 무기체계 사업과는 본질적으로 성격이 다른 사업이다. 이처럼 성격이 다른 핵추진 잠수함 사업을 기존 방위사업의 직선형 관리 방식에 억지로 끼워 맞추는 순간, 문제가 발생한다.

단일 부처 체계의 한계

핵추진 잠수함 사업에서 가장 치명적인 병목은 부처 경계에서 발생한다. 예산은 기획재정부의 심사를 거쳐야 하고, 규제는 원자력안전위원회의 판단이 필요하며, 국제 협상은 외교부의 틀 안에서 진행되어야 한다. 개발과 시험, 인프라 구축, 인력 양성, 산업 기반 조성은 과학기술·산업·국방·방위사업청과 연구기관·조선소가 긴밀히 연동되어야 성과를 낼 수 있는 영역이다.

이처럼 복잡하게 얽힌 교차점에서 필요한 것은 회의의 반복이 아니라 명확한 결론이며, 조정이 아니라 결정이다. 핵추진 잠수함 사업에서 결정 지연은 단순히 일정 차질에 그치지 않고, 인력 단절과 공급망 붕괴, 설계 변경 누적을 초래하고, 국제 협상력 약화와 국내 신뢰 하락으로 이어진다. 핵추진 잠수함 사업은 한 번 멈추면 다시 추진하기 어려운 사업이기 때문에, 시작 단계부터 결정을 모을 수 있는 단일 통로가 필요하다.

이 때문에 핵추진 잠수함 사업을 범정부 사업으로 추진하겠다는 선언은 단순한 행정적 수사가 아니라 사업의 구조상 반드시 그렇게 할 수밖에 없음을 인식하고 이를 공식적으로 밝히는 것이다. 범정부 사업 선언이 지닌 의미는 다음과 같다. 첫째, 책임의 최상위를 명확히 설정해 의사결정의 공백을 없애겠다는 것이다. 둘째, 외교와 규제를 설계 초기 단계에서부터 제도적으로 통합해 '사후 설득'이 아니라 '선제적 설계'로 전환하겠다는 것이다. 셋째, 산업과 연구, 인력을 개별 사업이 아니라 프로그램 자산으로 관리해 중단과 재개의 악순환을 차단하겠다는 것이다. 결국 범정부 사업이란 단순히 여러 부처가 참여한다는 뜻이 아니라,

여러 부처를 하나의 운영체계로 묶어 국가 통합 운영 체계를 상시적으로 작동시키는 것을 의미한다.

●

기존 방산 획득 체계의 구조적 한계: '닫힌 문제'에 최적화된 기존 방산 획득 체계로는 핵추진 잠수함 사업의 '열린 문제'를 해결할 수 없다

기존 개발 절차의 부적합성

현재의 방산 획득 체계는 단계가 명확히 구분되어 있고, 책임의 경계도 비교적 분명하며, 규제는 대체로 개발 후반 단계에서 충족시키면 된다는 인식이 관행화되어 있다. 요구 성능을 설정하고, 개발과 시험평가를 거쳐, 양산과 배치로 마무리하는 기존 방산 획득 체계는 정답이 거의 고정된 문제를 다룰 때 효율적으로 작동해왔다. 대부분의 재래식 무기체계 사업은 목표가 명확하고 외부 변수도 제한적이어서, 승인 절차와 규정 준수를 개발 후반 단계에서 충족하더라도 일정 부분 조정이 가능하다는 전제에 기반하고 있다. 이런 의미에서 기존 방산 획득 체계는 정답이 거의 고정된 '닫힌 문제'에 최적화된 체계라고 할 수 있다.

그러나 핵추진 잠수함 사업은 기존 재래식 무기체계 사업과는 출발선부터 다르다. 핵추진 잠수함 사업은 처음부터 정답이 정해져 있지 않은 '열린 문제'를 다뤄야 한다. '열린 문제'는 설계가 진행될수록 새로운 질문이 생기고, 그 질문이 다시 설계 변경으로 이어지는 순환 구조를 가진다. 설계, 규제 해석, 외교 협상, 설계 변경이 반복되는 과정에서 제기되는 질문은 단순한 서류 보완 차원을 넘어, 연료 주기, 안전 기준, 검증 방식, 기밀과 투명성의 경계, 정비와 해체 절차 등과 같은 사업의 핵심 요소들을 재설계하도록 요구한다.

단계가 세분화될수록 정보 전달은 늦어지고, 늦어진 정보는 뒤늦은 변경을 낳는다. 이 변경은 비용과 일정, 그리고 대외 신뢰를 동시에 흔든다. 결국 단계형·분절형 관리 방식은 핵추진 잠수함이 가진 순환적 현실을 제대로 흡수하지 못하고, 그 틈에서 지연과 불확실성이 구조적으로 확대된다.

문제의 핵심은 기존 방산 획득 체계의 단계 자체가 나쁘다는 것이 아니라, 단계가 고정되어 있다는 것이다. 핵추진 잠수함 사업에서는 단계 사이의 경계가 계속해서 재조정되어야 한다. 하나의 규제 해석이 설계를 초기 단계로 되돌려놓고, 하나의 외교 협의 결과가 기술 선택의 우선순위를 바꾸는 상황에서, 기존의 단계형 관리가 유지될수록 현실과 관리 체계 사이의 괴리는 커진다. 이 괴리가 누적되면 문제는 현장에서 해결되지 못하고, 문서와 절차 속에서 표류하게 된다.

예를 들어, 원자로 설계는 연료 농축도와 연료 수명에 대한 규제 해석을 전제로 출발한다. 그런데 사업 진행 중 국제 규제 당국이나 동맹과의 협의 결과, 해당 기준이 더 보수적으로 재해석되는 순간 이미 확정된 것으로 여겨지던 출력 설정, 노심 설계, 연료 교체 주기, 선체 내부 배치까지 다시 검토 대상이 된다. 이는 설계 오류 때문이 아니라, 규제와 외교를 고정된 전제로 취급한 관리 구조에서 비롯된 결과다. 단계별로 '완료'를 선언하는 체계에서는 이러한 조정이 흡수되지 못하고, 설계 변경

CHAPTER 7 성공적인 핵추진 잠수함 운용을 위한 국가관리체계

요구와 문서 검토만 반복되면서 사업 전체가 절차 속에 묶이게 된다.

방사청 중심 무기체계 획득 구조의 한계

핵추진 잠수함 논의가 방사청 중심의 기존 획득 프레임에 머물 경우, 종종 '방사청의 역량이 부족해서'라는 오해로 흐르기 쉽다. 그러나 문제의 본질은 역량이 아니라 역할과 목적의 차이에 있다. 방사청은 계약과 일정, 비용 관리를 중심으로 한 '무기체계의 획득'을 위해 설계된 조직이다. 반면, 핵추진 잠수함 사업은 단순히 핵추진 잠수함이라는 무기체계를 획득하는 것을 넘어, 제도·규제·외교·산업을 수십 년 동안 함께 조율해야 하는 장기 복합 사업이다.

또한 핵추진 잠수함 사업에서는 한 번의 설계 변경이 단일 장비 교체로 끝나지 않는다. 원자로 출력과 차폐, 배관과 냉각 계통, 진동과 정숙 설계, 내부 배치와 공간 구성, 나아가 전투체계 탑재와 운용 개념까지 연쇄적으로 영향을 받는다. 이런 연쇄 변경은 형상 관리, 즉 사양과 변경을 통제하는 작업의 난이도를 급격히 높인다. 기존 방산 획득 체계는 이러한 연쇄 변경을 전제로 설계된 체계가 아니다.

따라서 '열린 문제를 반복적인 조정으로 풀어야 하는 핵추진 잠수함 사업'을 '닫힌 문제를 단계적으로 해결하는 기존 방산 획득 체계의 틀'에 맞추려 해서는 안 된다. 중요한 것은 어느 조직이 더 잘하느냐가 아니라, 그 조직이 무엇을 하도록 설계되었느냐다. '무기체계의 획득'을 위해 설계된 방사청은 핵추진 잠수함 사업을 복잡한 무기체계 획득 사업으로 다루지만, 핵추진 잠수함 사업은 하나의 무기체계 획득 사업을 넘어, 기술·제도·규제·외교·산업이 결합된 장기 범국가 사업임을 잊

어서는 안 된다. 이러한 핵추진 잠수함 사업을 기존 방산 획득 체계의 단계형 획득 틀로 접근하는 것은 바람직하지 않다.

외교를 나중에 시작할 때 생기는 문제

핵추진 잠수함 사업에서 외교를 후순위에 두는 순간, 외교는 처음부터 불리한 위치에 놓이게 된다. 이미 기술과 설계가 모두 정해진 상태에서 "이렇게 만들었다"고 설명해야 하기 때문이다. 이때의 외교는 협상이 아니라 사후 설명에 가깝고, 사후 설명은 언제나 큰 비용을 수반한다.

특히 핵추진 잠수함은 성능이 얼마나 우수한가보다, 그 핵연료를 누가, 어떻게, 얼마나 안전하게 관리하는지가 더 중요하게 평가된다. 그런데 기술 선택이 이미 결정된 상태에서 국제 협의에 들어가면, 한국은 선택지가 거의 없는 상태가 된다. 상대는 이를 알고 더 많은 자료와 더 복잡한 절차, 더 엄격한 검증을 요구하게 되고, 그 과정에서 협상력은 자연스럽게 약화된다.

반대로 외교가 설계 초기부터 함께 움직이면 상황은 달라진다. 연료 관리 방식, 검증과 봉인 구조, 사용 후 연료의 회수와 기록 방식 같은 요소들이 모두 협상의 카드가 된다. 이때 신뢰의 근거는 기술 그 자체가 아니라, 기술을 관리하는 구조가 된다. 외교는 기술을 가로막는 장애물이 아니라, 기술이 나중에 문제가 되지 않도록 미리 길을 닦는 역할을 하게 된다.

외교가 늦게 개입할수록 협상은 방어적인 설명으로 채워진다. "위험하지 않다", "규정을 지켰다", "문제가 없다"는 말이 반복될수록, 그 대가는 기술적 양보나 복잡한 절차로 돌아온다. 이는 외교 부처만의 부담이

CHAPTER 7 성공적인 핵추진 잠수함 운용을 위한 국가관리체계

아니라, 일정 지연과 비용 증가, 전력화 시점 불확실성으로 이어진다.

핵추진 잠수함 사업에서 외교는 뒤따라오는 지원 기능이 아니다. 처음부터 설계와 나란히 가야 하는 필수 경로다. 그렇지 않으면 우리는 '만드는 일'보다 '설명하는 일'에 더 많은 힘을 쓰게 된다.

별도 관리 체계의 필요성

결론은 분명하다. 핵추진 잠수함 사업은 기존 방산 획득 체계를 조금 확장한다고 해서 해결되는 사업이 아니다. 핵추진 잠수함을 원한다면, 그에 걸맞은 새로운 획득 관리 체계를 먼저 설계해야 한다. 핵추진 잠수함 사업에서 획득을 어떻게 관리하느냐가 곧 운용 신뢰를 어떻게 만들어내느냐를 결정하며, 이 신뢰가 확보되지 않으면 어떤 기술도 전력으로 실현될 수 없다.

따라서 핵추진 잠수함은 더 빠른 일정 관리나 더 강한 사업단을 만드는 것으로 해결될 문제가 아니다. 핵심은 구조에 있다. 단계형·분절형으로 설계된 닫힌 문제의 틀을 넘어, 순환형·통합형으로 작동하는 열린 문제의 틀을 제도화해야 한다. 그 제도화가 곧 핵추진 잠수함 사업의 출발선이다. 이 출발선이 정리되지 않으면 기술이 아무리 앞서가도 사업은 뒤에서 멈춘다. 핵추진 잠수함이 요구하는 것은 단순한 획득 능력이 아니라, 국가가 스스로 안정적으로 운영할 수 있다는 관리 능력이다.

해외 핵추진 잠수함 보유국의 관리 사례

미국·영국·프랑스의 공통 원칙

미국·영국·프랑스의 핵추진 잠수함 관리 구조를 살펴보면, 국가 여건과 제도 형태는 달라도 몇 가지 공통 원칙이 반복해서 나타난다. 첫째, 핵추진 잠수함을 단일 부처 사업으로 취급하지 않는다는 점이다. 핵추진 잠수함은 해군의 전력이지만, 동시에 국가 차원의 원자력 관리와 외교적 신뢰, 산업 역량을 함께 요구하는 자산으로 인식된다.

둘째, 최고 수준의 정치적 책임이 구조적으로 명시되어 있다. 이는 정치 지도자가 기술의 세부 사항을 직접 결정한다는 뜻이 아니다. 최종 책임과 결단이 어디에서 이루어지는지가 제도적으로 분명히 설정되어 있다는 의미다. 책임의 종착지가 명확하기 때문에, 갈등이 발생해도 결정이 지연되지 않는다.

셋째, 규제·기술·외교·산업이 분리된 채로 방치되지 않는다. 각 영역은 유기적으로 연계되어 있으며 하나의 축으로 통합 관리된다.

넷째, 핵추진 잠수함 사업을 무기체계 개발 사업을 넘어, 수십 년에 걸친 장기 운용·관리 사업으로 인식한다. 건조 이후의 운용과 정비, 인력과 규제까지를 포함한 운용·관리 체계가 설계 단계부터 함께 작동한다.

이 네 가지 원칙이 결합될 때, 핵추진 잠수함 사업은 정권 교체나 예산 변동 속에서도 지속성을 유지할 수 있었다. 공통 원칙의 핵심은 조직 간 힘의 균형이 아니라, 지속성을 확보하는 구조다. 여기서 '지속성을 확보하는 구조'란, 장기 사업을 진행하면서 기술·규제·외교·산업 등 모든 요소가 안정적으로 맞물려 돌아가도록 제도적·조직적 장치를 마련하는 것을 의미한다. 성공한 국가들은 이러한 사업의 지속성을 확보하는 구조를 먼저 구축하고, 그 위에 기술과 전력을 쌓아 올렸다.

미국의 관리 구조

미국의 사례는 흔히 압도적인 기술력이나 예산 규모로 설명되지만, 그보다 더 근본적인 성공 요인은 거버넌스^{governance}, 즉 핵추진 잠수함 사업 같은 장기적·복합적 사업을 안정적으로 수행할 수 있도록 책임과 권한, 의사결정 구조, 조정 메커니즘을 설계하고 관리하는 체계적 구조에 있다. 미국은 해군의 임무 논리와 원자력 안전 논리를 의도적으로 분리한다. 해군은 작전과 운용, 전력 활용을 책임지고, 원자로 기술과 연료, 안전 기준은 독립된 전문 기관이 담당한다. 이러한 분리는 갈등을 만드는 것이 아니라, 오히려 갈등을 관리하고 사업의 지속성을 확보하도록 설계된 구조적 장치다.

이러한 구조는 군사적 요구가 안전 규제를 침해하지 못하게 하고, 반대로 안전 규제가 작전 현실을 무시하지 않게 함으로써 군사적 요구와 안전 규제 사이의 균형을 유지하게 한다. 두 축이 하나의 국가 체계 안에서 장기적으로 균형을 이룰 때, 정권 교체와 관계없이 핵추진 잠수함 사업의 연속성이 확보된다. 미국의 사례가 주는 핵심 교훈은 분명하다. 핵추진 잠수함 사업의 성공은 '누가 더 많은 권한을 갖느냐'가 아니라, '책임을 적절히 분리하고, 필요할 때 통합하여 균형을 유지함으로써 사업의 지속성을 확보하는 구조를 어떻게 설계할 것인가'에 달려 있다.

이 구조는 단순한 역할 분담이 아니라, 상호 견제가 가능한 신뢰 구조다. 임무 논리와 안전 논리가 서로를 감시하면서도 동일한 국가 목표를 향해 움직이기 때문에, 한쪽의 실패가 전체 체계의 붕괴로 이어지지 않는다. 이러한 설계 원칙은 비핵무기국이 핵추진 잠수함 사업을 추진할 때 더욱 중요하게 고려해야 할 핵심 교훈이다.

영국의 관리 방식

영국은 미국에 비해 자원과 산업 기반이 제한적인 국가다. 그럼에도 불구하고 핵추진 잠수함을 안정적으로 유지하고 발전시켜온 이유는, 핵추진 잠수함 사업을 명확히 국가전략 사업으로 격상해 관리해왔기 때문이다. 영국에서 핵추진 잠수함 사업은 국방부의 하위 전력 사업이 아니라, 총리실과 국방 수뇌부가 직접 통제하는 최상위 국가 프로그램으로, 이는 단순한 전력 증강 사업이 아니라, 영국 핵억제 체계의 연속성을 보장하는 국가전략 사업으로 인식된다.

이러한 구조는 책임을 한곳에 집중시키고, 의사결정 과정을 단순화한다. 무엇보다 '누가 최종 책임자인가'가 분명하기 때문에, 부처 간 조정 지연이나 책임 회피가 구조적으로 제한된다. 영국의 사례가 주는 교훈은 분명하다. 핵추진 잠수함 사업에서는 자원의 많고 적음보다, 책임 구조의 명확성이 훨씬 더 중요하다는 점이다.

영국의 사례는 한국에 중요한 메시지를 던진다. 모든 조건이 완벽하게 갖춰질 때까지 기다리는 접근으로는 핵추진 잠수함을 보유할 수 없다. 국가 중심의 책임 및 통제 체계를 먼저 명확하게 정립하고 국가의 주도 하에 여건을 조성해가면서 사업을 추진해나갈 때 비로소 핵추진 잠수함을 보유할 수 있는 것이다. 핵추진 잠수함 사업에서 우선해야 할 것은 여건의 완비가 아니라, 국가 책임 및통제 체계의 선제적 정립이다.

프랑스의 관리 방식

프랑스에서 핵추진 잠수함은 단순한 군사 자산을 넘어, 국가가 독자적으로 전략을 결정하고 이를 실행할 수 있게 하는 주권 행사 체계의 핵심 요소로 인식된다. 정부와 군, 원자력 기술 조직, 산업체는 하나의 전략 틀 안에서 움직인다. 특히 산업체는 단순한 공급자가 아니라, 전략 수행의 핵심 주체로 기능한다.

이러한 구조는 기술 축적과 인력의 연속성을 가능하게 하고, 전력의 지속성을 담보한다. 단기 계약 중심의 논리가 아니라, 장기적인 국가 과업의 관점에서 산업을 관리하기 때문에 세대 교체와 기술 진화가 끊기지 않고 이어진다. 프랑스 사례는 핵추진 잠수함에서 중요한 것이 '만드는 능력'이 아니라, '유지하고 발전시키는 능력'임을 분명히 보여준다.

프랑스 관리 방식의 핵심은 산업을 통제 대상이 아니라 전략적 동반자로 대한다는 점이다. 이러한 관점이 없으면 핵추진 잠수함 사업은 반복적인 중단과 재시작의 과정을 반복하게 되고, 그 과정에서 기술과 인력, 신뢰가 함께 소진된다.

미국·영국·프랑스의 사례를 종합하면 결론은 분명하다. 성공의 비결은 기술 이전이나 조직 형태에 있지 않다. 핵심은 공통된 관리 원칙에 있다. 핵추진 잠수함은 단일 부처가 관리할 수 없는 전력이며, 최고 수준의 정치적 책임이 구조적으로 명시되어야 한다. 또한 규제와 외교, 기술과 산업이 분리되지 않은 채 통합 관리되어야 하고, 건조 이후 수십 년을 전제로 한 장기 운용 프로그램 체계가 필수적이다.

한국에 필요한 것은 특정 국가의 조직도를 그대로 베끼는 일이 아니다. 비핵무기국이라는 지위, 국제 비확산 규범 환경, 그리고 한국 특유의 행정·예산 구조라는 조건 위에서 이 공통 원칙을 재구성하는 일이다. 해외 사례 비교를 통해 필요한 교훈은 이미 도출되었다. 이제 한국형 국가 책임·통제·관리체계를 설계할 시간이다. 이 설계에서 가장 우선해야 할 것은 기술의 완비가 아니라, 국가 책임과 통제 권한을 명확히 하는 제도적 틀의 확립이다. 핵추진 잠수함은 바다 아래에서 운용되지만, 그 성패는 결국 육상에서 어떤 제도를 선택하느냐에 달려 있다.

●

한국형 국가관리체계의 기본 원칙 : 형태보다 원칙이 먼저다

대통령 책임 원칙

핵추진 잠수함 사업은 단순한 방위사업이 아니라 국가전략 사업이다. 따라서 그 최종 책임은 대통령에게 귀속되어야 한다. 이는 대통령이 모든 기술적·행정적 결정을 전부 직접 내린다는 의미가 아니라, 국가가 핵추진 잠수함 사업을 주도하고 모든 결정의 최종 책임은 대통령에게 있다는 의미다. 책임이 분산되면 결단은 지연되고, 그 사이 시간과 신뢰가 동시에 무너진다. 그렇기 때문에 결정의 최종 책임이 어디에 있는지 명확히 하는 것은 아주 중요하다.

핵추진 잠수함 사업은 외교와 안보, 원자력 기술과 안전 규제, 산업, 예산이 동시에 얽힌 복합 사안이다. 이러한 다층적 교차 영역에서는 '협의는 많지만 결정은 없는 상태'가 가장 큰 위험이 된다. 최종 책임자가 분명하지 않으면 실무자는 위험을 회피하게 되고, 부처는 서로의 판단을 기다리며, 사업은 자연스럽게 정체된다. 대통령 책임 원칙은 권한을 집중하기 위한 장치가 아니라, 국가전략 사업에 걸맞은 책임의 최상위를 고정함으로써 결단의 공백을 제거하기 위한 제도적 장치다.

특히 비핵무기국이 핵추진 잠수함 사업을 추진할 경우, 국제사회는 가장 먼저 "이 사안을 누가 책임지고 있는가"를 묻는다. 대통령 책임 원칙이 제도적으로 명시되지 않으면, 이는 곧 책임 구조가 불명확하다는 신호로 해석될 수 있어 대외 신뢰가 약화된다. 책임의 명확성은 단순한 국내 행정 효율의 문제가 아니라, 국제 협상에서 신뢰를 형성하는 핵심 조건이다.

대통령 책임 원칙은 권위주의적 통제를 의미하지 않는다. 오히려 그 반대다. 최종 책임이 분명할수록 실무 단계에서는 전문성과 자율성이 살아난다. 책임의 종착지가 명확할 때 실무 조직은 '문제가 될까'라는 두려움보다 '최적의 해법은 무엇인가'에 집중할 수 있다. 대통령 책임 원칙은 위에서 누르는 구조가 아니라, 아래가 움직일 수 있도록 보호하는 구조다.

범정부 통합 구조

국방과 외교, 원자력 기술과 안전 규제, 산업은 핵추진 잠수함 사업에서 결코 분리될 수 없다. 따라서 이들 영역을 하나의 전략 목표 아래에서 조정하고 통합하는 것이 필수적이다. 여기서 통합이란 기능을 합치는 것이 아니라, 하나의 전략 목표 아래에서 결정과 책임이 단일한 경로로 수렴되도록 하는 것을 의미한다. 단순한 상설 협의체를 두는 수준을 넘어, 실제로 최종 판단이 이루어지는 의사결정 구조를 제도화해야 한다.

범정부 통합이 실패하는 가장 흔한 이유는 '협업'을 선언적 구호로만 이해하기 때문이다. 협업은 분위기가 아니라 구조의 문제다. 각 부처가 자신의 역할과 책임 범위를 명확히 인식하고, 동시에 그 판단이 최종적으로 어디로 수렴되는지를 알고 있을 때 통합은 작동한다. 반대로 목표와 책임이 불분명하면 회의는 늘어나고, 결정은 계속 미뤄진다.

핵추진 잠수함 사업에서 범정부 통합이 의미하는 바는 단순한 참여 확대가 아니다. 군의 작전 요구, 외교의 협상 논리, 규제의 안전 기준, 산업의 기술 역량 축적 논리가 하나의 전략 방향으로 정렬되는 구조를 만드는 것이다. 이 정렬이 무너지면 각 부처는 합리적으로 움직여도, 전체적으로는 비합리적인 결과가 나타난다.

범정부 통합의 핵심은 동시에 움직이는 것이 아니라, 같은 방향으로 움직이는 것이다. 속도와 순서는 부처마다 다를 수 있다. 그러나 최종 목표와 판단 기준이 공유되지 않으면 통합은 형식에 그친다. 핵추진 잠수함 사업에서 통합이란 하나의 전략 목표 아래 판단과 결정이 단일 경로로 수렴되는 구조를 의미한다.

외교 · 규제의 선제 반영

IAEA 협의, 한 · 미 원자력협정, 비확산 신뢰는 기술 개발이 끝난 뒤 덧붙일 수 있는 부속 절차가 아니다. 이는 설계의 일부이며, 사업의 출발 조건이다. 외교와 규제가 선제적으로 반영되지 않으면 가능한 선택이 불가능한 선택으로 바뀌고, 사후 승인 방식은 설계 변경과 지연, 신뢰 훼손으로 이어진다.

핵추진 잠수함 사업에서 외교와 규제는 종종 속도를 늦추는 제약으로 인식된다. 그러나 실제로는 그 반대다. 외교와 규제가 설계 초기부터 반영될수록 기술 선택의 안정성은 높아지고, 나중에 뒤집힐 가능성은 줄어든다. 사후 승인 방식은 단기적으로는 빠르게 보일 수 있지만, 장기적으로는 재설계와 재협상으로 더 큰 지연을 초래한다.

특히 비핵무기국의 핵추진 잠수함 사업은 '무엇을 만들었는가'보다 '어떻게 통제하는가'가 핵심 평가 대상이다. 외교와 규제는 기술의 외부 조건이 아니라, 기술 설계 자체를 규정하는 내부 조건으로 이해되어야 한다.

이 점에서 외교와 규제는 제약 조건이 아니라 설계 과정에서 적극적으로 고려해야 할 변수다. 이를 변수로 인정하지 않으면 기술은 반복적으로 수정되고, 신뢰는 매번 처음부터 다시 쌓아야 한다. 이 변수를 선제적으로 반영하는 것은 사업을 지체시키는 것이 아니라, 사업을 안정화하는 가장 빠른 길이다.

제도 기반 신뢰 확보

산업은 하청이 아니라 장기적인 공동 책임자다. 단기 계약 논리로 관리하면 인력과 기술은 단절되고, 전력의 연속성은 무너진다. 핵추진 잠수함 사업에서 산업은 단순한 제작 주체가 아니라, 설계 논리와 안전 문화, 기술 역량을 축적하는 핵심 축이다. 산업 기반이 흔들리면 전력은 필연적으로 약화된다.

투명성은 모든 정보를 공개한다는 의미가 아니다. 의도와 절차, 책임 구조가 외부에 설명 가능해야 한다는 뜻이다. 국제사회는 성능 수치를 요구하지 않는다. 대신 누가 책임지는지, 어떤 절차로 관리되는지, 문제가 발생했을 때 어떻게 대응하는지를 묻는다.

아울러 정권 교체와 무관한 정책 연속성과 제도 안정성이 확보되어야 한다. 핵추진 잠수함 사업은 단일 정부 임기 안에 완결될 수 없는 사업이다. 국제사회는 단기 선언이 아니라, 장기적으로 유지 가능한 구조를 본다. 설명 가능한 관리체계와 흔들리지 않는 제도만이 핵추진 잠수함을 '가능한 전력'이 아니라 '신뢰받는 전력'으로 만든다.

여기서 말하는 투명성과 지속성은 홍보의 문제가 아니다. 반복 가능한 제도, 예측 가능한 책임 구조, 설명 가능한 관리 메커니즘이 축적될 때 신뢰는 자연스럽게 형성된다. 핵추진 잠수함 사업에서 신뢰는 일회성 이벤트가 아니라, 지속적인 운용과 관리의 결과로 얻어지는 것이다.

●

청와대 직속 체계와 협업 구조: 조정이 아니라 '결단의 자리'를 제도화해야 한다

직속 체계 도입 배경

핵추진 잠수함 사업의 가장 큰 병목은 기술의 한계보다 부처 간 경계에서 발생한다. 반복되는 부처 간 협의에서 충돌 상황이 발생하는 경우 최종 결정을 누가 내릴 것인지가 분명하지 않으면, 조정 회의가 열려도 최종 결정에 이르기 어렵다. 조정은 본질적으로 타협의 성격을 띠기 때문에 타협만으로는 제대로 된 최종 결정에 도달하기 어렵다. 핵추진 잠수함 사업은 결단이 필요한 사업이기 때문에 최종 결단을 내릴 최종 책임자의 지위가 제도적으로 보장되지 않으면 시간은 흘러가고 책임은 흩어진다.

핵추진 잠수함 사업은 예산과 규제, 외교와 산업, 군사 운용이 동시에 교차하는 복합 사업이다. 이 교차점에서 문제가 발생할 때 단순한 실무 조정이나 부처 간 협의만으로는 돌파하기 어렵다. 최종 책임자가 명확하지 않으면 각 부처는 합리적으로 행동하면서도, '결정을 미루는 것이 가장 안전한 선택'이 된다. 그렇게 되면 사업은 형식적으로는 진행되지만, 실제로는 정체 상태에 빠지게 된다.

따라서 청와대 직속 체계의 필요성은 권한을 집중하는 데 있지 않다. 핵심은 부처 간 경계에서 발생하는 병목을 해결할 수 있는 '최종 결정자의 지위'를 제도적으로 보장하는 데 있다. 핵추진 잠수함은 타협으로 조금씩 전진하는 사업이 아니라, 결정이 내려질 때만 움직이는 사업이다.

직속 구조의 기능

청와대 직속 국가관리체계는 대통령이 모든 세부 사항을 직접 챙기는 것을 의미하지 않는다. 그 핵심은 최종 판단과 부처 간 조정 권한이 대통령에게 있음을 명확히 하는 데 있다. 책임의 정점이 분명해야 실무 조직은 서로에게 책임을 떠넘기지 않고 과감하게 움직일 수 있다. 반대로 책임의 정점이 모호하면, 실무 조직은 보신주의로 흐르고, 사업은 지연된다.

현장에서 실무 조직이 가장 두려워하는 것은 책임 소재가 불분명한 상태에서 실패하는 것이다. 최종 책임자가 명확하지 않으면 실무자는 항상 방어적으로 행동하게 되고, 이는 일정 지연과 과도한 문서화, 형식적인 협의로 이어진다. 청와대 직속 구조는 실무를 지휘하거나 통제하기 위한 장치가 아니라, 정치적·제도적 책임을 대통령이 감당함으로써 실무 조직이 리스크를 관리하며 움직일 수 있게 하는 보호막이다.

청와대 직속 구조가 작동하면, 실무자는 "결정했다가 잘못되어 책임을 지게 되면 어쩌나"가 아니라, "결정하지 않으면, 더 큰 책임이 따른다"는 신호를 받게 된다. 그 순간, 지연은 안전한 선택이 아니라 책임 회피로 간주된다.

부처별 책임과 협업의 명확화

범정부 사업이라고 해서 모든 부처가 모든 사안에 참여하면 책임은 오히려 흐려진다. 핵심은 기능별 참여다.

군은 임무와 운용 개념, 소요를 책임지고, 방위사업청은 획득과 계약, 일정 관리의 전문성을 발휘하되 주관 기관이 아니라 획득 전문 기관으로 역할을 재정의해야 한다. 외교부는 IAEA 협의와 한·미 원자력협정, 대외 설명을 사업 초기부터 상시적으로 담당해야 한다. 규제 기관은 독립성을 유지하되 설계 단계부터 참여해 규제가 예측 가능하게 작동하도록 해야 한다. 산업부와 과기부, 연구기관은 기술과 인력, 시험 인프라와 산업 생태계를 장기 역량 관점에서 관리해야 한다. 기획재정부와 국회는 예산의 안정성과 법제화, 정책 연속성의 장치를 맡는다.

이처럼 각 부처의 책임이 분명할수록 협업은 오히려 단순해진다. 반대로 모든 부처가 모든 사안에 관여하면 책임은 희석되고, 결정은 지연된다. 범정부 협업의 핵심은 많이 모이는 데 있지 않다. 각 부처의 책임 소재와 결정 권한의 경계를 명확히 하는 데 있다. 각 부처의 책임 소재와 결정 권한의 경계가 불분명한 협업은 회의로 끝나지만, 각 부처의 책임 소재와 결정 권한의 경계가 분명한 협업은 결론에 도달한다.

단일 조정 창구의 필요성

각 부처의 책임과 별개로, 최종 조정 권한이 여러 곳으로 분산되는 순간 협업은 실패한다. 조정의 정점은 하나로 일원화되어야 한다. 이는 통제하겠다는 것이 아니라, 부처 간 이견이 발생했을 때 최종 조정 권한이 어디에 있는지를 명확히 하겠다는 것이다. 최종 조정 권한이 여러 곳으로 분산되면 각 부처는 서로를 바라보며 결정을 미루고, 갈등은 누적된다.

핵추진 잠수함 사업은 일회성 태스크포스나 임시 협의체로 관리할 수 있는 사업이 아니다. 설계와 외교, 규제, 건조, 운용까지 수십 년에 걸쳐 작동하는 상설 협업 체계가 필요하다. 이와 동시에 이 사업은 높은 수준의 보안을 요구한다. 그러나 보안을 이유로 정보가 과도하게 차단되어 협업이 마비되는 순간, 그 상설 협업 체계는 실패한다. 해법은 단순한 비공개가 아니라, 정보 접근 등급과 공유 범위를 제도화하는 데 있다. 누가 무엇을 언제 알 수 있는지를 명확히 설계할 때, 보안은 협업의 장애물이 아니라 협업의 조건이 된다.

●

PMO 운용과 국제 신뢰 모델:
국가관리체계는 '실제로 움직이는 마지막 축'이다

외교 · 기술 트랙 연계

핵추진 잠수함 사업에서 외교는 기술이 완성된 뒤 결과를 설명하는 보조 역할이 아니라, 처음부터 기술 개발의 방향을 함께 정하는 역할을 한다. 기술을 먼저 만들고 외교를 나중에 시작하면, 국가는 이미 정해진 선택을 지키기 위해 상대를 설득해야 한다. 이 경우 협상은 방어적으로 흐르고, 추가 비용과 제약, 양보가 크게 늘어난다. 반대로 외교를 설계 단계부터 병행하면 상황은 달라진다. 연료 농축도, 관리 방식, 검증 체계 같은 기술적 선택 자체가 협상 수단이 된다. 사후에 무엇을 포기했는지를 해명하는 방식이 아니라, 설계 단계에서 어떤 기술적 선택을 했는지를 근거로 신뢰를 구축하며 협상을 주도할 수 있다. 핵추진 잠수함 사업에서 외교는 사후 해명이 아니라, 설계 단계부터 미리 기술적 선택을 통해 협상의 범위와 조건을 넓히는 과정이라고 할 수 있다.

기술과 외교는 서로 다른 언어를 쓰지만, 같은 시간축 위에서 움직여야 한다. 기술자는 출력, 안전, 정숙, 내구를 말하고, 외교관은 신뢰, 비확산, 검증, 설명 가능성을 말한다. 이 두 언어가 분리되는 순간, 기술적 합리성은 외교적 부담으로, 외교적 요구는 기술적 제약으로 받아들여진다. 이 괴리가 커질수록 설계 변경과 재협상이 반복되고, 사업은 구조적으로 불안정해진다.

예를 들어 IAEA의 봉인 · 회수 · 검증 절차가 확정되면, 그 내용은 곧

바로 연료 관리, 정비 계획, 운용 개념에 반영되어야 한다. 반대로 육상 시험설비나 시제품 계획이 수립된다면, 그 이전에 국제 협의 프레임이 마련되어 있어야 한다. 기술은 준비되었는데 외교가 따라오지 못하는 순간, 사업은 멈춘다. 이를 막기 위해서는 기술자와 외교관의 언어를 번역하고, 시간축을 정렬하는 상설 관리 장치가 필요하다.

산업·연구 생태계 관리

"한 척을 만들어내는 것"을 목표로 삼는 순간, 핵추진 잠수함 사업은 흔들리기 시작한다. 핵추진 잠수함이 진정한 전력이 되기 위해 필요한 것은 선체 한 척의 완성이 아니라, 설계 역량과 안전 문화, 인력과 조직의 연속성이다. 핵추진 잠수함은 조선 기술만으로 완성되지 않는다. 원자력과 연료, 소재, 계측·제어, 정밀가공, 디지털 제어, 사이버 보안까지 다층 기술이 동시에 축적되어야 한다. 이 가운데 어느 하나라도 단절되면 전력은 구조적으로 취약해진다.

연구기관은 단순한 과제 수행자가 아니다. 설계 논리와 안전 개념, 시행착오와 실패 경험까지 축적하는 국가의 지식저장소다. 핵추진 잠수함 사업에서 가장 치명적인 리스크는 예산 삭감 그 자체가 아니라, 인력 단절이다. 한 번 인력 단절이 발생하면, 경험은 전수되지 않고, 사업은 사실상 초기 단계로 되돌아간다.

따라서 품질·인증 체계를 단일 기준으로 통합하고, 장기 정비·개량·부품 공급까지 포함하는 산업 생태계를 설계해야 한다. 그렇지 않으면 '만들었지만 지속적으로 운용하지 못하는 전력'이 된다. 목표는 완전한 고립이 아니라 통제 가능한 상호의존이다. 무엇을 국내에 남기고, 무엇을 외부와 협력할 것인지를 제도적으로 구분하는 '협력의 경계 sovereign boundary'가 반드시 필요하다.

PMO의 역할

핵추진 잠수함 PMO는 단순한 일정·예산 관리 조직이 아니다. 국가관리체계를 실제로 작동시키는 집행 장치다. 기술 일정뿐 아니라 외교 협상 흐름, 규제 검토 단계, 산업 역량 축적, 핵심 인력의 연속성까지 동시에 관리해야 한다.

PMO의 본질은 사후 조정자가 아니라 선제 통합자다. 기술 설계가 외교적 부담을 키우지 않도록 사전에 점검하고, 규제 기준이 일정과 충돌하지 않도록 초기부터 반영하며, 계약 구조가 장기 운용을 훼손하지 않도록 설계 단계에서 관리해야 한다. 이 선제 통합 기능이 사라지는 순간, PMO는 또 하나의 사업단으로 축소된다.

PMO의 성패는 권한의 크기보다 위치와 관계 설정에 달려 있다. 특정 부처 산하에 놓이면 범정부 통합 기능은 약화된다. PMO가 관리해야 할 가장 중요한 자원은 기술이나 예산이 아니라 시간이다. 외교의 시간, 규제의 시간, 산업 축적의 시간이 서로 어긋나지 않도록 정렬하는 것이 PMO의 핵심 임무다.

한국형 핵추진 잠수함 사업을 위한 PMO 구성안

① 최상위 구조: 대통령 책임 원칙

대통령

  └ 청와대(국가전략·결단 책임)

CHAPTER 7 성공적인 핵추진 잠수함 운용을 위한 국가관리체계

└ 국가 핵추진 잠수함 사업 최고결정기구

최종 책임 귀속 지점을 명확히 함, 충돌 사안 발생 시 '조정'이 아니라 '결단'을 내리는 유일 창구, 국제사회에 '누가 책임지는가'를 설명 가능한 구조.

② 청와대 직속 국가관리체계(상설)

• 청와대

└ 핵추진잠수함사업단(PMO, 상설)

├ 전략·정책 분과

├ 외교·비확산 분과

├ 원자력·안전·규제 분과

├ 군사운용·전력 분과

├ 산업·기술·공급망 분과

└ 예산·법제·연속성 분과

• 기능: 부처 대표가 참여하되, 결론은 이 체계에서만 도출(단순 협의체가 아니라 '결정 경로'), 정권 교체와 무관한 정책 연속성의 제도적 고정 장치

③ PMO의 위치: 집행 중심축

• 청와대 직속 PMO(특정 부처 산하 아님)

• 목적: 범정부 시간·일정·책임 정렬을 위한 독립 집행 장치

④ PMO 내부 조직(기능 중심)

• PMO 사업단장(차관급, 청와대 직보)

├ ① 전략·일정 통합실: 기술·외교·규제·예산 일정 정렬

├ ② 외교·비확산 트랙: IAEA 협의 / 한·미 원자력협정 / 국제 설

명·검증 프레임

├③ 규제·안전 연계 트랙: 설계 단계 사전 규제 반영 / 독립 감사

연계 / 사고 대응 연계

├④ 군사운용·CONOPS 트랙: 작전 개념 / 전력 소요 / 운용·정

비 연계

├⑤ 기술·산업·연구 트랙: 원자로·연료 / 조선·체계통합 / 시

험·인증 인프라 / 인력·지식 연속성

├⑥ 전주기 관리실: 연료주기 / 정비·개량 / 형상·데이터 관리 /

해체·사후관리

└⑦ 예산·법제·연속성 실: 프로그램 예산 / 법제·국회 연계 / 정

권 교체 리스크 관리

⑤ 부처별 역할 분담(PMO 협업 구조)

• 군: 임무·운용·소요

• 방사청: 획득·계약·일정(주관 기관 아님)

• 외교부: IAEA 협의·대외 협상·설명(상시)

• 규제 기관: 독립 규제 + 설계 초기 참여

• 산업부: 산업·공급망·인력

• 과기부/연구기관: 기술·시험·지식 축적

• 기재부: 장기 재정 구조

• 국회: 법제·연속성 고정

• 원칙: 기능별 책임은 분명히 하고, 조정·결론은 PMO 단일 창구로

일원화

→ '모두가 참여하지만 아무도 책임지지 않는 구조'를 원천 차단

⑥ 구조의 핵심 논리 요약

- 청와대 직속: 결단의 자리 제도화

- PMO 독립 위치: 범정부 시간 정렬 장치

- 통합과 분리 병행: 방향·일정은 통합, 판단·집행은 분리

- 외교·규제 선제 반영: 설계 변수로 내재화

- 전주기 관리: 건조가 아니라 지속성 중심

- 국제 신뢰 설계: 투명성은 '공개'가 아니라 '검증 가능성'의 제도화

예산·법제·연속성 확보

핵추진 잠수함 사업은 10~20년 단위의 안정적 재정 투입이 전제되어야 한다. 그런데 예산 구조가 연도·부처 단위로 분절되어 '중단－재개'가 반복되면, 피해는 단순한 지연에 그치지 않는다. 핵심 인력 분산, 공급망 붕괴, 시험·인증 데이터의 연속성 파괴, 국제 신뢰 훼손이 연쇄적으로 확대된다.

따라서 연구개발－시험·인증－기반 인프라－인력 양성－양산－정비·개량을 하나의 연속된 프로그램으로 묶는 프로그램 예산이 필요하다. PMO는 '어디를 줄이면 어디가 멈추는가'를 정량적으로 설명할 수 있어야 하며, 그래야 기획재정부와 국회가 이 사업을 단기 비용이 아니라 장기 투자로 인식할 수 있다. 또한 정권 교체 리스크를 줄이기 위해 법률 또는 국회 결의 형태로 장기 틀을 고정하는 방안이 필요하다. 국내법은 단순한 행정 수단이 아니라 외교의 일부다. 법적 연속성이 확보되지 않으면, 국제사회로부터 지속적인 신뢰를 얻기 어렵다.

제7장의 결론은 분명하다. 핵추진 잠수함 사업의 성패는 기술이 아니

라 관리체계에 있으며, 이 전력은 바다에서 운용되지만 육상에서 결정된다. 원자로 출력이나 연료, 선체 성능 같은 기술적 질문은 중요하지만 필요조건일 뿐, 충분조건은 아니다. 핵추진 잠수함은 '만들 수 있느냐'의 문제가 아니라, '국가가 끝까지 책임지고 운영할 수 있느냐'의 문제다.

핵추진 잠수함은 무기체계이자 원자력 설비이며, 군사 자산이자 외교 의제이고, 방산사업이자 국가 신뢰의 상징이다. 이 복합성 때문에 단일 부처나 단일 제도로 관리될 수 없으며, 성능·예산·일정만 맞추면 끝나는 닫힌 문제가 아니라 규제·외교·산업·신뢰가 지속적으로 상호작용하는 열린 문제다. 따라서 핵추진 잠수함의 경쟁력은 기술 사양이 아니라 이러한 복합성을 일상적으로 관리할 수 있는 국가 운영체계의 성숙도에서 결정된다.

관리체계는 지원 수단이 아니라 전력 그 자체다. 외교와 규제가 사후에 따라붙는 구조에서는 기술적 선택조차 정치·외교적 부담이 되지만, 설계 단계부터 병행되는 체계에서는 기술 선택이 곧 신뢰 자산이 된다. 산업을 단기 계약자로 취급하면 인력과 기술은 단절되지만, 장기 공동 책임자로 참여시키면 경험과 안전 문화가 축적된다.

특히 핵추진 잠수함 사업에서 가장 큰 비용을 초래하는 부분은 장비가 아니라 결정 지연이다. 조정만 있고 결단이 없는 구조에서는 인력과 공급망이 붕괴되고 국제적 신뢰도 소진된다. 청와대 직속 국가관리체계와 PMO는 권한 집중이 아니라 결단과 연속성을 제도화하기 위한 장치다. 국제사회는 성능보다 구조와 통제 방식을 본다. 결국 핵추진 잠수함 사업은 기술 프로젝트가 아니라 국가 시스템 프로젝트이며, 관리체계가 먼저 서지 않으면 어떤 기술도 지속 가능한 전력으로 이어질 수 없다.

CHAPTER 8

핵추진 잠수함은 무엇을 바꾸는가

- 전력 증강을 넘어,
억제·동맹·해양전략·산업 구조를 바꾼다 -

제7장이 핵추진 잠수함을 안정적으로 확보하기 위한 관리 체계를 다뤘다면, 제8장은 핵추진 잠수함 획득 이후의 변화를 다룬다. 핵추진 잠수함 획득은 단순한 전력 증강이 아니라, 북한 핵위협을 억제하는 방식, 동맹 속에서 한국이 맡게 될 역할, 해양을 바라보는 전략적 시각, 그리고 산업·기술 체계 전반을 동시에 변화시키는 국가 운영 방식의 전환점이 된다.

첫째, 핵추진 잠수함은 북한의 핵위협을 다루는 방식 자체를 바꾼다. 북한의 핵무장은 더 이상 '사용 이후의 응징'만으로 억제될 수 있는 단계에 있지 않다. 잠수함발사탄도미사일SLBM을 포함한 북한의 핵 전력은 탐지와 추적, 발사 이전 단계에서의 통제 없이는 구조적 억제가 어렵다. 핵추진 잠수함의 의미는 바로 여기에 있다. 이 전력은 단순한 공격 수단이 아니라, 탐지—추적—차단—응징으로 이어지는 수중 억제 연속체를 상시적으로 유지하는 핵심 요소다. 억제란, 단순히 적이 공격하면 보복을 하겠다는 선언이나 약속이 아니라, 적이 선택할 수 있는 행동을 미리 제한하는 전략적 힘을 의미한다. 핵추진 잠수함은 바로 이러한 전략적 억제를 실현하는 전력으로, 적이 행동을 시도하기 전에 스스로 억제하도록 만드는 역할을 한다.

둘째, 핵추진 잠수함은 동맹의 성격을 바꾼다. 이 전력은 "동맹이 우리를 어떻게 방어해주는가"를 묻는 수단이 아니다. 오히려 "우리가 동맹의 억제 구조에서 어떤 역할을 맡을 수 있는가"를 구체화하는 전력이다. 핵추진 잠수함은 연합 감시·대잠·차단 작전의 핵심 하부 구조로 기능하며, 동맹을 단순한 정치적 약속의 집합이 아니라 실제로 작동하는 억제 시스템으로 전환시킨다. 이는 한국이 동맹의 수혜자로 머무를 것인지, 아니면 억제 책임을 분담하는 기여자로서 역할을 할 것인지 가르는 선택이기도 하다.

셋째, 핵추진 잠수함은 해양전략의 범위를 근본적으로 확장한다. 연안 방어 중심의 해군에서 벗어나, 원양과 해상교통로SLOC를 국가 임무로 관리하는 해군으로의 전환은 단순히 작전반경 확대를 의미하지 않는다. 이는 국가전략 공간을 육지 중심에서 바다로까지 확장하는 것을 의미한다. 핵추진 잠수함은 거리의 제약을 시간의 문제로 전환하고, 더 나아가 '존재 자체'만으로도 억제가 이루어지는 전략 환경을 만든다. 따라서 해양은 전쟁이 발생한 이후에 지켜야 할 공간이 아니라, 전쟁이 발생하지 않도록 평시에 관리해야 할 전략 공간으로 재정의된다.

넷째, 핵추진 잠수함은 산업과 기술, 그리고 국가 시스템의 재편을 요구한다. 핵추진 잠수함 사업은 조선과 원자력, 체계 통합, 안전 규제, 인력 양성을 하나로 묶는 장기적 국가 프로그램이다. 핵추진 잠수함 사업에서 '보류'는 중립적인 선택이 아니다. 유지되지 않는 기술 인력과 제도, 공급망은 빠르게 해체된다. 따라서 핵추진 잠수함 사업에서 핵심은 단순한 도입 여부가 아니라, 이러한 산업·기술·관리 체계를 국가 구조 속에 제도화하는 것이다.

제8장은 이러한 네 가지 전환이 실제로 무엇을 의미하는지를 차례로 살펴본다. 북한 핵위협의 구조적 무력화에서 출발해, 동맹의 역할 재정의, 해양전략의 확장, 그리고 산업·기술·국가 시스템 재편에 이르기까지, 핵추진 잠수함이 한국의 전략 문법을 어떻게 바꾸는지를 검토하는 것이 이 장의 목적이다.

●

북한 핵위협을 구조적으로 무력화한다:
탐지-추적-차단-응징으로 이어지는 수중 억제 연속 체계

북한의 핵위협을 논할 때 우리는 오랫동안 미사일의 사거리, 탄두 수, 발사 각도와 같은 가시적인 지표에 주목해왔다. 이는 재래식 미사일 중심의 위협 환경에서는 합리적인 접근이었다. 그러나 잠수함발사탄도미사일SLBM이 실전화된 이후, 위협의 중심은 미사일 그 자체에서 미사일을 추적 불가능하게 숨겨주는 플랫폼, 즉 잠수함으로 이동했다. 이는 단순한 무기체계의 진화를 넘어, 억제 구조 전체를 뒤흔드는 변화다.

잠수함이 탄도미사일을 수중에서 발사하는 플랫폼으로 활용되면서, 더 이상 미사일 발사 지점을 예측하거나 특정하는 기존의 대응 방식은 한계에 봉착하게되었다. 이제 핵위협 억제는 위치를 특정할 수 없는 잠수함의 전략적 자유를 어떻게 제약할 것인가에 달려 있다. 이러한 변화를 인식하지 못하면 SLBM 위협에 제대로 대응하기 어렵다. 분명히 해야 할 점은, 북한의 SLBM 위협은 요격이나 사후 보복만으로 무력화될 수 없다는 사실이다. SLBM의 진정한 가치는 발사 이전 단계에서 위치를 특정할 수 없다는 불확실성에서 비롯되기 때문이다. 따라서 북한 핵위협의 무력화는 더 이상 미사일 요격 능력의 확충에 달려 있지 않다. 관건은 잠수함이라는 플랫폼의 전략적 자유를 제약하는 구조적 대응체계를 구축하는 데 있다. 핵추진 잠수함은 바로 이 구조적 대응체계의 핵심 수단이다.

SLBM 위협의 본질은 '발사 이전'에 있다

SLBM의 가장 큰 위협은 파괴력 그 자체가 아니다. 핵심은 발사 이전 단계에서의 탐지 불가능성, 다시 말해 위협의 존재를 사전에 식별할 수 없다는 점이다. 지상발사 미사일은 고정 발사장이나 이동식 발사대, 보급과 훈련, 배치 과정에서 일정 수준의 사전 징후를 남긴다. 정찰위성, 신호정보, 인적 정보 등을 통해 발사 가능성을 사전에 포착할 여지가 존재한다.

그러나 잠수함은 전혀 다른 차원의 플랫폼이다. 바닷속에서 은밀하게 이동하며, 출항 이후에는 발사 이전의 징후를 거의 남기지 않는다. 특히 연안 수역이나 복잡한 수중 지형을 활용할 경우 탐지와 추적은 급격히 어려워진다. 이로 인해 대응체계는 구조적으로 항상 한 박자 늦어질 수

〈지상발사 미사일 대 SLBM 위협 구조 비교〉

구분	지상발사 미사일 (ICBM·IRBM 등)	SLBM(잠수함발사탄도미사일)
발사 플랫폼	고정식·이동식 지상 발사대	디젤·핵추진 잠수함
사전 징후	많음, 위성·정찰·통신·연료 주입 등	매우 적음, 수중 은밀 기동, 탐지 제한
탐지 시점	발사 수시간~수일 전 가능	발사 직전 또는 발사 후
발사 위치	비교적 특정 가능	광범위·불확정
발사 전 억제	가능(선제타격·외교·경보 강화)	매우 어려움
의사결정 여유	존재	거의 없음
억제 구조	징후 기반 억제	존재 기반 억제
전략적 성격	가시적·단계적	은밀·즉각적

한국형 핵추진 잠수함

밖에 없는 조건에 놓인다.

이 환경에서 억제는 발사 이후의 요격이나 응징으로 완성되지 않는다. 억제는 발사 이전 단계에서 이미 작동해야 한다. 즉, 잠수함이 출항하는 순간부터 그 잠수함이 전략적으로 자유롭게 움직일 수 없도록 상시적으로 압박을 가해야 한다. 그렇지 않으면 상대는 '이번 한 번쯤은 가능하지 않을까'라는 일회적 성공 가능성에 기대어 SLBM 발사를 감행하는 오판을 할 수도 있다. 북한이 제한된 기술력과 자원에도 불구하고 SLBM 개발에 집착해온 이유도 여기에 있다. SLBM은 군사적 효율성 이전에, 상대 억제 체계의 시간 구조 자체를 흔드는 심리적·구조적 효과를 제공하기 때문이다.

핵추진 잠수함의 지속적 억제 능력

북한의 SLBM 위협에 대한 대응은 단일 전력이나 단일 수단으로 해결될 수 없다. 필요한 것은 탐지-추적-차단-응징으로 이어지는 수중 억제 연속 체계다. 이 체계는 어느 한 고리라도 끊기면 전체가 무력화된다.

탐지는 출발점이지만 충분조건은 아니다. 추적이 이어지지 않으면 탐지는 단발성 정보에 그친다. 차단 수단이 없다면 추적은 감시에 머문다. 응징 가능성이 없다면 차단은 일시적 조치에 불과하다. 억제는 이 모든 단계가 끊김 없이 연동될 때 비로소 작동한다.

문제는 이 연속 체계에서 가장 취약한 고리가 언제나 지속성이라는 점이다. 항공 자산은 탐지에 강점이 있지만 체공시간이 제한된다. 수상함은 차단에 유리하지만 은밀성이 떨어진다. 디젤 잠수함은 은밀하지만 장기 추적에는 구조적 한계를 가진다. 바로 이러한 구조적 한계를 극복

〈수중 억제 연속 체계 단계별 역할 구조〉

단계	핵심 의미	주요 수단	지속성 요구
탐지 (Detect)	적 잠수함·SLBM 위협 존재 인지	SOSUS, 해상초계기, 수상함, 잠수함	장기 대기 필수
추적 (Track)	접촉 유지, 위치 불확정성 제거	SSN 추적, 연속 음향 감시	고속·무제한 추적
차단 (Deny)	발사 위치·기동 자유 제한	SSN 은밀 접근, 접근로 봉쇄	지속·압박 능력
응징 (Punish)	발사 시 즉각적 보복·무력화	어뢰·미사일·연합타격	즉응성

할 수 있는 수단이 핵추진 잠수함이다.

핵추진 잠수함은 연속 체계의 모든 단계를 대신하지 않는다. 대신 각 단계를 끊김 없이 이어주는 연결고리로 기능한다. 장기간 특정 해역에 머물며 탐지된 목표를 지속적으로 추적하고, 필요할 경우 차단(요격·봉쇄)이나 응징(보복 타격)으로 즉각 전환할 수 있는 상태를 유지한다. 억제는 바로 이러한 끊기지 않는 전환 능력이 유지되는 상태에서 성립한다. 이 지속성이 확보될 때에만, SLBM의 은밀성이 제공하는 오판 가능성을 구조적으로 차단할 수 있다.

핵추진 잠수함이 만드는 구조적 압박

핵추진 잠수함의 가장 큰 효과는 격침 능력 그 자체에 있지 않다. 진정한 효과는 북한의 SLBM 전략이 제대로 작동하지 못하도록 전제 조건 자체를 흔드는 데 있다. SLBM 전략이 효과를 발휘하려면 잠수함이 은

한국형 핵추진 잠수함

〈핵추진 잠수함 보유 시 단계별 의미와 비용 상승 메커니즘〉

단계	구조적 변화	북한의 추가 부담
핵추진 잠수함 압박 증가	발사 전·후 추적 가능성 상승	SSBN 기동 제약
보호 필요 증가	호위함·잠수함 기지 방어 강화 요구	해군 전력 분산
위험 증가	노출·추적·차단 확률 상승	실패 비용 급증
전략 효용 감소	확실한 2차 타격 신뢰 약화	억제 신뢰 저하
추가 투입	보호·기만·은폐 수단 증강	비용의 기하급수적 증가

밀하게 출항하고, 출항 이후 자유롭게 기동하며, 발사 이후에도 안전하게 복귀할 수 있어야 한다.

핵추진 잠수함은 출항-기동-작전 전 단계에 걸쳐 감시·추적·차단 압박을 상시적으로 가한다. 이러한 압박은 단발적이지 않고 지속되기 때문에 북한은 SLBM을 전략 자산으로 운용할수록 더 많은 호위 전력을 투입하고 보호 조치를 취해야 하는 부담을 안게 된다.

이는 단순한 군사적 대응이 아니라 전략 비용을 전가하는 억제다. 전략적 선택을 유지할수록 비용과 위험이 함께 증가하는 구조를 만드는 것이다. 억제는 상대를 물리적으로 압도할 때 완성되는 것이 아니라, 상대의 선택지를 점점 더 비싸고 위험하게 만들 때 완성된다.

중요한 점은 이러한 억제가 반드시 교전으로 이어질 필요는 없다는 사실이다. 오히려 가장 효과적인 억제는 상대에게 출항 자체를 주저하게 만드는 것이다. 핵추진 잠수함은 바로 이 심리적·구조적 압박을 지속적으로 가능하게 하는 전력이다.

미 해군의 장기 추적 개념

미 해군은 냉전 시기부터 적의 잠수함을 '격침해야 할 목표'로만 보지 않고 그 움직임을 통제해야 할 대상으로 관리해왔다. 그 핵심 개념은 특정 해역을 설정하고, 그 안에서 적의 잠수함이 벗어나지 못하도록 지속적으로 따라붙으며 감시하는 것이었다.

이 개념에서 중요한 것은 싸워서 이기는 것이 아니다. 어디로 가는지, 무엇을 하려는지를 상시적으로 식별·추적 가능한 상태를 유지하는 것이다. 잠수함이 마음대로 이동하지 못하고 임무 수행이 제한된다면, 격침되지 않았더라도 이미 전략적으로는 실패한 것이다.

핵추진 잠수함의 역할은 파괴가 아니라 통제에 있다. 상대의 자유를 묶어두는 능력 자체가 억제력이다. 이러한 장기 추적 개념은 에너지와

〈그림 출처: 저자 제공〉

보급의 제약을 받지 않는 핵추진 잠수함이 아니면 구현하기 어렵다. 미 해군이 오늘날까지도 공격핵잠[SSN]을 억제의 핵심 수단으로 유지하는 이유가 여기에 있다. 억제의 성공은 전쟁이 발생하지 않았다는 사실로 증명된다.

북한 SLBM 전략의 전제를 무력화하다

한국형 핵추진 잠수함의 목적은 북한 잠수함을 모두 격침하는 데 있지 않다. 목표는 북한이 SLBM을 전략적으로 사용하기 어려운 환경을 조성하는 것이다.

한국이 핵추진 잠수함을 통해 확보해야 할 것은 수적 우위가 아니라 지속성의 우위다. 단 한 척이라도 장기간 특정 해역에 존재할 수 있다면, 북한의 전략 계산은 근본적으로 달라진다. 여러 척이 순환 배치되는 구조가 갖춰진다면, SLBM은 더 이상 기습 수단이 아니라 관리 대상이 된다.

억제는 상대의 전략 전제를 무너뜨릴 때 가장 강력해진다. 이 절의 결론은 분명하다. 북한의 핵위협은 미사일의 문제가 아니라 잠수함이라는 플랫폼의 문제다. 그리고 이 플랫폼을 구조적으로 압박할 수 있는 거의 유일한 수단이 핵추진 잠수함이다. 핵추진 잠수함은 북한 핵위협을 '사후 대응 대상'이 아니라, '사전 관리 대상'으로 전환시킨다. 억제는 바로 그 지점에서 완성된다.

●

동맹의 성격을 바꾼다:
'수혜자 동맹'에서 '기여자 동맹'으로,
연합 억제의 하부 구조

동맹은 선언만으로 유지되지 않는다. 동맹의 실질은 누가 위험을 떠안고, 누가 공백을 메우며, 누가 억제의 비용을 실제로 분담하는가로 평가된다. 냉전기의 동맹은 대체로 강대국이 억제력을 제공하고, 동맹국은 그 보호 아래에서 안전을 보장받는 '보호 제공자-보호 수혜자' 구조에 기반했다. 그러나 수중 공간이 전략 경쟁의 핵심 무대로 부상한 오늘날, 동맹의 문법 역시 바뀌고 있다. 이제 동맹은 '무엇을 더 요구하느냐'보다 '무엇을 더 떠맡을 수 있느냐'로 재정의된다.

이 지점에서 핵추진 잠수함은 단순한 전력 증강 수단을 넘어, 동맹의 역할 분담 구조를 재편하는 요소가 된다. 핵추진 잠수함은 연합 억제 체계를 실질적으로 떠받치는 작전적 '인프라'로 기능한다. 그 결과, 동맹은 '요청하는 관계'에서 '기여하는 관계'로 전환된다.

동맹 억제의 실질은 부담 분담

확장억제는 약속에 불과하다. 그러나 그것이 위기 상황에서 실제로 작동하려면, 받기만 하는 수혜자가 아니라 기여자로서 위험과 부담을 분담해야 할 필요가 있다. 위기 상황에서 시험대에 오르는 것은 과연 그것을 실행할 의지가 있느냐다. 동맹의 억제력이 지속될 수 있는지는 결국 위험과 부담이 어떻게 분담되고 있느냐에 달려 있다.

오늘날 연합 억제에서 가장 부담이 큰 영역은 수중 공간이다. 탐지가 어렵고, 위기가 시작되면 전략적 불확실성이 가장 먼저 증폭되는 곳이기 때문이다. 수중 공간은 전장의 '그림자'가 아니라 전장의 '시계'다. 이 시계를 읽지 못하면 결심은 흔들리고, 결심이 흔들리면 억제의 신뢰도 함께 흔들린다. 따라서 수중 공간의 부담을 누가 떠안느냐는 동맹 내 위상과 발언권을 좌우하는 핵심 요소가 된다.

여기서 말하는 부담은 단순한 예산 부담이 아니다. 더 본질적인 부담은 지속성의 부담이다. 동맹이 가장 어려워하는 것은 전력을 한 번 투입하는 일이 아니라, 전력을 끊김 없이 유지하는 일이다. 대잠 항공초계는 강력하지만 항상 머물 수 없고, 수상함은 차단 능력이 있지만 은밀성에 한계가 있다. 해저 감시망은 효과적이지만 완성까지 많은 시간과 자원이 든다. 이 서로 다른 수단들을 연결해 '항상 작동하는 상태'를 유지하는 것, 곧 연합 억제의 하부 구조를 상시 가동하는 것이 진짜 부담이다.

핵추진 잠수함은 이 부담을 실제로 분담할 수 있는 거의 유일한 수단이다. 핵추진 잠수함이 제공하는 핵심은 화력이나 속도가 아니라, 연합 억제가 중단되지 않도록 버티게 하는 지속성이다. 결국 동맹은 이렇게 묻는다. '무엇을 원하느냐'가 아니라 '무엇을 맡을 수 있느냐'. 수중 공간은 그 질문이 가장 냉정하게 드러나는 무대다.

핵추진 잠수함은 '요구 전력'이 아니라 '제공 전력'

핵추진 잠수함을 보유한 국가는 동맹에 보호를 요청하는 위치에 머물지 않는다. 오히려 연합 작전에 필요한 필수 요소를 제공하는 위치가 된다. 핵추진 잠수함은 항공 전력이나 미사일 방어처럼 '지원을 받아야 작동하는 전력'이 아니다. 다른 전력들이 제 기능을 발휘할 수 있도록 전제를 만들어주는 기반 전력에 가깝다.

연합 억제에서는 눈에 보이는 전력이 기여도가 큰 것처럼 평가되기 쉽다. 항공모함, 전략폭격기, 미사일 방어체계는 상징성이 크고 설명하기도 쉽다. 그러나 억제는 단순히 상징만으로 작동하지 않는다. 억제의 신뢰성은 오히려 보이지 않는 영역, 즉 수중 공간을 지탱하는 전력에서 결정된다. 핵추진 잠수함이 그 대표적 사례다. 여기서 핵추진 잠수함은 '지원이 필요한 전력'이 아니라, 눈에 보이지 않는 수중에서 적의 움직임을 억제해 다른 전력들이 자유롭게 작전할 수 있는 환경을 만들어주는 전력으로서 기능한다.

연합 대잠 작전에서 핵추진 잠수함은 감시와 추적의 지속성을 제공하고, 연합 전력의 작전반경과 선택지를 실질적으로 확장한다. 이는 단순히 전력이 하나 더 늘어나는 차원이 아니다. 연합 억제의 작동 방식 자체가 달라진다. 핵추진 잠수함이 없는 억제 구조는 위기 때마다 자산을 모아 대응하는 간헐적 체계로 흐르기 쉽다. 반면, 핵추진 잠수함이 결합된 구조는 평시부터 작동하는 상시 억제 체계로 전환된다. 즉, 위기 발생 후에 대응하는 방식이 아니라, 위기 발생 자체를 사전에 억제하는 방식으로 바뀌는 것이다.

이러한 변화는 외교의 언어까지 바꾼다. "지원해달라"는 말은 "이 구간은 우리가 맡겠다"로, "보호해달라"는 요청은 "공백을 메우겠다"는 선언으로 바뀐다. 핵추진 잠수함은 군사적 플랫폼이면서 동시에 동맹의 언어를 바꾸는 정치적 플랫폼이다. 핵추진 잠수함 보유 그 자체가 요구가 아니라 기여로 읽히기 때문이다.

연합 대잠·감시 구조에서의 핵추진 잠수함 역할

연합 억제에서 핵추진 잠수함의 진정한 가치는 단독 전투 능력보다 여러 전력을 끊임 없이 연결해 연합 작전이 원활하게 돌아가도록 이어주는 '연결고리' 역할에 있다. 항공 초계, 수상함, 해저 센서, 정보 자산은 각각 뛰어난 능력을 갖지만, 이들을 끊김 없이 연결하는 일은 쉽지 않다. 플랫폼마다 운용 시간과 제약 조건이 다르고, 작전 리듬도 서로 다르다. 연합 억제의 실패는 종종 능력이 부족해서가 아니라 연결이 끊어지는 순간 발생한다.

핵추진 잠수함은 이 연결을 가능하게 하는 전력이다. 연합 자산이 포착한 단서를 장기간 추적 임무로 이어가고, 필요하면 차단이나 응징으로 전환할 수 있는 지속적 작전 능력을 제공한다. 그 결과, 연합 억제는 '사건이 발생한 뒤 대응하는 구조'에서 '항상 작동하는 구조'로 전환된다. 동맹은 위기 발생 후에 모이는 조직이 아니라, 평시부터 함께 작동하는 상시 억제 체계로 진화하게 된다.

작전의 관점에서 보면 구조는 명확하다. 탐지 단계에서는 해상초계기, 해저 센서, 수상함 소나, 위성·신호 정보가 위협의 단서를 제공한다. 그러나 단서는 추적 단계로 이어질 때 비로소 의미를 갖는다. 추적이 지속되지 않으면 위협은 관리되지 않는다. 차단 단계에서는 기동로를 제한하거나 특정 해역에서 상대의 행동의 자유를 제약해야 한다. 그럼에도 불구하고 상대가 공격을 감행할 경우, 최종적으로는 응징 단계에 돌입해 상대가 되돌릴 수 없는 비용을 치르게 해야 한다.

문제는 각 단계 사이에서 연결이 자주 끊긴다는 점이다. 항공 초계는 체공시간이 제한되고, 수상함은 은밀성에서 제약을 받는다. 디젤 잠수

CHAPTER 8 핵추진 잠수함은 무엇을 바꾸는가

함은 은밀하지만 장기 체류에는 한계가 있다. 이때 핵추진 잠수함은 연합 대잠전의 시간적 공백을 메우는 '시간 축'이 된다. 연합 감시·추적 체계가 멈추지 않도록 지탱하는 작전 인프라가 되는 것이다.

이 지점에서 핵추진 잠수함의 가치는 단독 전투력으로 환산하기 어렵다는 사실이 분명해진다. 핵추진 잠수함은 '무엇을 더 파괴할 수 있느냐'보다, '연합 억제가 끊기지 않도록 유지할 수 있느냐'를 결정한다. 동맹이 기억하는 것도 결국 이 부분이다. 연합 억제의 신뢰는 전력 목록이 아니라, 전력이 어떻게 연결되어 작동하는가에서 형성된다.

영국의 핵추진 잠수함과 동맹 내 위상

영국은 핵추진 잠수함의 수적 규모 면에서 미국이나 러시아에 비해 열세다. 그럼에도 아스튜트급 공격핵잠을 중심으로 한 영국 해군의 위상은 동맹 내에서 결코 작지 않다. 영국은 핵추진 잠수함을 통해 특정 해역의 지속 감시와 연합 대잠 작전의 핵심 임무를 맡아왔고, 이를 통해 동맹 내 전략적 가치를 꾸준히 유지해왔다.

이 사례가 주는 교훈은 분명하다. 핵추진 잠수함의 가치는 숫자보다 역할의 성격에서 나온다. 핵추진 잠수함을 보유한 국가는 연합 억제의 보조자가 아니라, 억제가 실제로 작동하도록 만드는 필수 구성원으로 인식된다. 이는 외교적 발언권과 전략적 신뢰로 이어진다.

영국의 경험은 특히 규모가 제한된 국가가 핵추진 잠수함을 통해 동맹 내 전략적 무게를 어떻게 유지하는지를 보여준다. 영국은 모든 영역을 다 맡아서 중요한 국가가 된 것이 아니다. 오히려 선택과 집중을 통해 동맹이 가장 필요로 하는 영역, 즉 수중 지속 감시와 연합 대잠전의

〈그림 출처: 저자 제공〉

핵심 구간을 책임지며 동맹의 한 축으로서 자리 잡게 된 것이었다.

여기서 핵추진 잠수함은 단순한 상징이 아니다. 그것은 동맹의 문법을 바꾸는 수단이다. 핵추진 잠수함을 가진 국가는 위기 때마다 "더 보내달라"고 요구하지 않는다. 대신 "이 구간은 우리가 유지하겠다"고 말한다. 이 문장은 협상의 언어가 아니라 책임의 언어로 읽힌다. 책임은 신뢰로, 신뢰는 발언권으로 전환된다.

이 구조는 미·영 관계에만 국한되지 않는다. 다자 연합에서도 동일하게 작동한다. 중요한 해역을 맡아주는 국가는 자연스럽게 의사결정 구조 속으로 편입된다. 동맹은 언제나 '함께 싸울 국가'를 찾지만, 그보다 먼저 '함께 억제를 유지할 국가'를 찾는다. 핵추진 잠수함은 그것을 가능하게 한다.

더 요구하는 동맹에서 더 떠맡는 동맹으로

한국형 핵추진 잠수함이 갖는 동맹적 의미는 분명하다. 그것은 동맹에 더 많은 보호를 요구하는 것에서 벗어나 동맹의 부담을 분담하겠다는 의지의 표현이다. 수중 감시와 대잠 억제라는 가장 어렵고 지속적인 임무를 자발적으로 분담하는 국가는, 동맹 내에서 자연스럽게 전략적 신뢰를 얻게 된다.

한국이 핵추진 잠수함을 보유하게 되면 동맹으로서 한국의 위상은 근본적으로 달라지게 된다. 한국은 일방적 보호 요청자가 아니라, 억제의 설계자이자 실행자로 자리매김할 수 있게 된다. 이는 한·미 동맹을 넘어 다자 해양 안보 네트워크에서도 마찬가지다. 핵추진 잠수함을 보유하는 순간, 한국은 동맹 내에서 보호 요청자의 지위에서 벗어나, 연합 억제에 기여하는 국가가 될 수 있다.

오늘날 동맹 기여는 파병 규모나 비용 분담만으로 평가되지 않는다. 이제 핵심은 연합 억제가 실제로 작동하도록 만드는 인프라를 누가 제공하느냐다. 한국형 핵추진 잠수함은 이 기여를 가장 직접적이고 구조적으로 수행할 수 있는 수단이다.

한국이 핵추진 잠수함을 통해 맡을 수 있는 역할은 구체적으로 다음과 같이 정리할 수 있다. 특정 해역에서 수중 감시의 지속성을 제공해 '빈 시간'을 줄이고, 연합 대잠 작전에서 탐지-추적-차단의 연결고리를 유지한다. 위기 시 가장 먼저 증폭되는 수중 불확실성을 관리하고, 연합 작전 계획을 '올 수 있다'가 아니라 '이미 있다'를 전제로 설계하도록 만든다. 그 결과 연합 억제의 신뢰는 구조적으로 강화된다.

앞에서 설명된 다섯 가지는 군사 기술의 문제가 아니라, 동맹의 심리와 정치의 문제다. 동맹의 신뢰는 결국 누가 가장 어려운 구간을 맡는 가에서 나온다. 핵추진 잠수함은 한국이 그 어려운 구간을 함께, 그리고 주도적으로 떠안겠다는 선언이다.

핵추진 잠수함은 군사적 성능을 과시하기 위한 자산이 아니다. 그것은 동맹의 구조를 재편하고, 연합 억제를 실제로 작동하게 만드는 인프라다. 동맹은 언제나 누가 더 많은 위험을 감수하는지를 기억한다. 핵추진 잠수함은 한국이 그 위험을 함께, 책임 있게 떠안겠다는 전략적 선언이다. 동맹은 더 이상 "보호해달라"는 관계로 유지되지 않는다. "이 구간은 우리가 맡겠다"는 관계여야 동맹은 강화된다. 그리고 그 전환의 중심에 핵추진 잠수함이 있다.

●

해양전략의 좌표를 바꾼다: 연안 해군에서 대양 해군으로, SLOC 보호를 '국가 임무'로 전환하다

한국의 해양전략은 오랫동안 '한반도 주변 바다를 지키는 전력'이라는 연안 방어 논리에 기반해 있었다. 좁은 해역, 높은 위협 빈도, 지상전 중심의 전쟁 가능성을 고려하면 이는 한 시대에 합리적인 선택이었다. 그러나 한국이 세계 10위권 경제대국으로 성장하고, 무역·에너지·원자재·공급망이 국가 생존의 핵심이 된 지금, 연안 방어만으로 국가의 생존을 담보하기 어렵다.

이제 바다는 '전쟁이 나면 지켜야 할 공간'이 아니라, '전쟁이 나지 않

CHAPTER 8 핵추진 잠수함은 무엇을 바꾸는가

도록 평시에 관리해야 하는 국가 인프라'가 되었다. 그 인프라의 핵심이 SLOC(해상교통로)다. SLOC는 지도 위의 선이 아니라 에너지의 혈관이고 제조업의 동맥이며, 국민의 일상과 바로 연결된 생명선이다. 연안 해군이 위기 때 출동하는 전력이라면, 대양 해군은 평시에 '이미 그 자리에 상시적으로 존재하는 전력'이다. 핵추진 잠수함은 바로 이 상시성을 통해 한국 해양전략의 좌표를 연안에서 대양으로 이동시키는 촉발장치가 된다.

한국은 바다 없이는 살 수 없는 나라

한국은 바다 없이는 국가 생존이 불가능한 나라다. 에너지·원자재·부품·완제품의 대부분이 선박을 통해 들어오고 나가며, 바다가 흔들리면 경제와 산업이 흔들린다. 수출입에 의존하는 한국은 '들어오는 것'이 끊기면 생산이 멈추고, '나가는 것'이 막히면 성장 자체가 멈춘다. 바다는 단지 수송로가 아니라 국가 기능이 작동하는 핵심 경로다.

특히 에너지 문제는 해양전략을 단순한 군사전략이 아니라 국가 생존 전략의 핵심 요소로 전환시킨다. 한국은 석유, 가스 등 1차 에너지 자원의 상당 부분을 수입에 의존하며, 그 흐름은 특정 해역과 초크포인트(병목 해협)에 집중된다. 이런 구조에서 '해상교통로가 위협받는 상황'은 전쟁 선포가 없어도 현실적인 국가 위기다. 국제 분쟁은 점점 더 자주 전면전이 아니라, 봉쇄·간접 압박·보험료 폭등·항로 변경·항만 혼잡처럼 경제를 먼저 타격하는 방식으로 전개된다. 따라서 한국의 해양전략은 군사전략이기 이전에 생존과 번영을 지키는 전략이어야 한다.

예를 들어, 호르무즈 해협은 중동발 에너지 공급의 '파이프'로, 이 지

〈한국 SLOC(해상교통로)의 '핵심 병목' 구조〉

구간/병목	의미(개념)	위기시 파급(개념)
호르무즈 해협	중동발 에너지 흐름의 파문	유가·해상운임·보험료 급증 → 산업 전반 원가 상승
말라카 해협	동·서 물류의 대표적 병목	항로 우회 시 시간·비용 증가 → 공급망 지연
수에즈·바브엘만데브	유럽·지중해·홍해 연결	컨테이너·원자재 운송 불확실성 증대

역에 위기가 발생하면 유가·해상운임·보험료가 동시에 급등해 산업 전반의 원가 상승을 초래한다. 말라카 해협은 동·서 물류의 대표적 병목으로, 우회 시 시간과 비용이 크게 증가해 공급망 지연을 유발한다. 수에즈와 바브엘만데브는 유럽·지중해·홍해를 잇는 연결축으로, 불확실성이 커질수록 컨테이너와 원자재 운송의 신뢰도가 급격히 떨어진다. 이처럼 한국의 SLOC는 몇 개의 병목에 의해 좌우되며, 위기는 총성이 아니라 비용 폭발과 지연 누적으로 먼저 나타난다.

연안 해군의 구조적 한계

연안 중심 전력은 방어 효율이 높고 비용 대비 효과도 크다. 그러나 연안 해군은 설계 자체가 원해에서의 상시 존재를 전제로 하지 않는다. 여기서 말하는 상시성이란 단지 멀리 나갈 수 있다는 뜻이 아니다. 위기가 시작되기 이전에 그 공간에 존재하며 상황을 관리할 수 있는 능력을 뜻한다. 연안 해군은 평시에 대부분 기지에 머물러 있으며, 위기 상황에서만 출동한다. 위기 상황에서 출동하면 목적지에 도달하기까지 시간이

325

걸리고, 그 사이 상대는 그 시간을 이용해 유리한 상황을 만들어버린다. 이런 구조적 한계 때문에 연안 해군만으로는 위기 대응의 신속성과 안정성을 확보하기 어렵다.

더 큰 문제는 현대 해양 분쟁에서 결정적 국면이 점점 더 짧은 시간에 만들어진다는 점이다. 위기 초기에 상대가 항로 주변에서 위험을 조성하고 특정 해역의 불확실성을 키우면, 한국은 전력의 성능과 무관하게 도착하기 전부터 경제적 손실을 겪는다. 즉, 연안 해군은 '싸우는 능력'을 갖추기는 쉬워도, 싸움이 발생하지 않도록 억제하는 능력은 구조적으로 취약하다.

바로 이 지점에서 핵추진 잠수함의 상시성이 의미를 갖는다. 핵추진 잠수함은 연안에서 원해로 '이동하는 전력'이 아니라, 원해에서 이미 '존재하는 전력'이기 때문이다. 그 차이는 단순히 작전반경의 문제가 아니라, 국가가 평시에도 바다를 관리하고 통제하는 방식에서 비롯된다.

핵추진 잠수함과 '원해 상시성'의 의미

핵추진 잠수함의 가치는 속도나 무장 목록이 아니라, 단 하나의 능력으로 요약된다. 바로 원해에서 오래 머물 수 있는 능력, 즉 상시성[presence]이다. 상시성은 전쟁의 기술이 아니라 평시의 전략이다. 원해 상시성이 작동하는 방식은 단순하다. 전력은 '필요할 때 도착'하는 것이 아니라, 상대가 움직이기 전에 이미 존재해야 한다. 그러면 상대의 계산은 위기를 만들기 전부터 달라진다. 무엇을 하든 누군가 보고 있을 가능성, 추적당할 가능성, 차단될 가능성이 항상 존재하기 때문이다. 이때 전쟁 직전의 경고가 아니라, 평시의 환경 자체가 억제로 작용한다.

〈전력별 '원해 상시성' 비교(개념 정리)〉

전력	장점	원해 상시성의 한계
항공(초계/정찰)	탐지·신속성	체공·기상·기지 의존, 지속성 제한
수상함(구축함/호위함)	가시적 존재·호위	피탐·피격 위험, 장기 은밀 감시 한계
디젤 잠수함	은밀성·연안 우수	정기 추적·원해 지속성에 구조적 제약
핵추진 잠수함	장기 체류·은밀 추적·신속 기동	고비용·고난도 운용/체계 요구

전력별로 보면 항공(초계·정찰)은 탐지와 신속성이 강점이지만 체공 시간, 기상, 기지 의존 때문에 지속성에 한계가 있다. 수상함(구축함·호위함)은 가시적 존재와 호위 능력이 있지만 피탐·피격 위험이 높고 장기 은밀 감시에는 제약이 따른다. 디젤 잠수함은 은밀성과 연안 운용에 강하지만, 원해에서 장기간 추적·상시 운용을 하기에는 구조적 한계가 있다. 반면, 핵추진 잠수함은 장기 체류, 은밀 추적, 신속 기동이 가능하지만 고비용·고난도 운용과 체계(정비·인력·규제)가 필수다. 이 비교가 보여주는 결론은 명확하다. 원해 상시성이라는 기준에서 핵추진 잠수함은 대체재가 거의 없다.

핵추진 잠수함이 제공하는 원해 상시성은 해군의 임무 정의 자체를 바꾼다. 해군은 전쟁이 나면 출동하는 전력이 아니라, 평시부터 국가 생존을 관리하는 전략군으로 진화한다. 그 핵심 임무는 '연안을 방어한다'에서 'SLOC를 관리한다'로 격상된다. 대양 해군에게 중요한 것은 더 큰 배가 아니라, 원해에서 시간을 지배하는 능력이다. 핵추진 잠수함은 그 시간을 제공하는 거의 유일한 수단이다.

327

프랑스의 해양 전략과 핵추진 잠수함 운용

프랑스는 유럽의 대륙 국가이면서도 해양전략을 국가 정체성의 한 축으로 유지해왔다. 해외 영토, 인도양·태평양의 활동 공간, 유럽 안보를 넘어서는 글로벌 이해관계가 그 배경이다. 프랑스는 해군력을 통해 특정 해역에서 지속적 존재감을 유지하며 위기를 사전에 관리하려 한다. 이때 핵추진 잠수함은 '대규모 함대가 없어도' 전략적 존재를 가능하게 하는 카드가 된다.

프랑스 사례가 주는 교훈은 단순하다. 핵추진 잠수함의 수보다 운용 개념이 중요하다. 핵추진 잠수함은 '많이 보유'하는 것보다 '필요한 해역에 오래 존재'할 때 효과가 커진다. 대양 해군은 함정의 크기나 화력보다, 바다 위와 바다 아래에서 끊임 업이 관리를 가능하게 하는 전력의 조합으로 결정된다. 그리고 핵추진 잠수함은 그 '관리의 공백'을 메우는 핵심 축이 된다.

한국, SLOC 보호를 '국가 임무'로

결국 한국형 핵추진 잠수함은 해군의 임무를 연안 방어에서 원해 관리로 확장한다. 이는 해군의 선택이 아니라, 한국 경제 구조가 요구하는 국가 기능의 재설계에 따른 필연적인 결정이다.

한국형 해양전략의 재정의는 다음 다섯 가지로 정리할 수 있다.

첫째, SLOC를 '전시 보호'에서 '평시 관리'로 격상해야 한다. SLOC는 위기 때만 지키는 대상이 아니다. 평시부터 위협 징후를 낮추고 불확실성을 관리하며 항로 안정성을 유지해야 한다. 위기가 터진 다음 호위만으로 대응하면, 그에 따른 막대한 비용을 치러야 한다.

둘째, 원해 상시성 기반의 '억제형 존재presence'를 구축해야 한다. 여기서 존재는 과시가 아니라 그 자체가 억제의 수단이다. 목표는 상대가 '해상교통로 위협'이라는 옵션을 계산표에서 지우도록 만드는 것이다. 그 억제형 존재가 바로 핵추진 잠수함이다.

셋째, 초크포인트 중심의 '시간-거리' 전략으로 전환해야 한다. 한국의 SLOC는 특정 병목을 통과한다. 따라서 전력 설계는 '어디든 갈 수 있다'가 아니라 '결정적 병목을 공백 없이 관리한다'로 바뀌어야 한다. 핵추진 잠수함의 상시성은 병목과 원해 구간에서 특히 전략적 의미가 크다.

넷째, 항공·수상·수중·정보의 다층 구조를 '연결'하는 전력 설계를 전제로 해야 한다. 핵추진 잠수함은 모든 것을 혼자 해결하는 전력이 아니라 다층 구조를 연결하는 연결고리다. 항공이 포착한 정보를 장기 추적으로 이어주고, 수상함의 차단 능력을 수중에서 뒷받침하며, 정보 자산의 공백을 메운다. 핵추진 잠수함이 투입되면 다층 구조는 점에서 선으로, 선에서 끊김 없는 연속체로 바뀐다.

다섯째, 해군을 '전시 전력'에서 '국가 생존 관리 전력'으로 재정의해야 한다. 해군의 가치는 전쟁에서만 드러나는 것이 아니다. 오히려 전쟁이 발생하지 않도록 바다를 관리한 기간이 길수록, 그 해군은 진정으로 성공한 것이다. 핵추진 잠수함은 한국 해군이 '전시 전력'에서 '국가 생존 관리 전력'이 되도록 만드는 핵심 플랫폼이다.

●

산업·기술·국가 시스템을 재편한다:
핵추진 잠수함 사업은 '개발 사업'이 아니라
'국가 시스템 유지 사업'이다

핵추진 잠수함을 말할 때 사람들은 흔히 '만들 수 있느냐'부터 묻는다. 조선 능력은 충분한가, 원자로는 가능한가, 예산과 일정은 감당할 수 있는가? 질문 자체는 당연하다. 그러나 그 질문만으로는 핵추진 잠수함의 본질에 닿기 어렵다. 핵추진 잠수함은 한 번 만들고 끝나는 무기체계가 아니라, 한 번 시작하면 멈추기 어려운 국가 시스템이기 때문이다.

그래서 한국형 핵추진 잠수함K-SSN의 핵심 쟁점은 결국 하나로 수렴한다. 그것은 바로 '유지할 수 있는가'다. 핵추진 잠수함 사업에 중요한 것은 그것을 단순히 만드는 것이 아니라, 하나의 전력으로서 유지하는 것이다. 그것을 만들어놓고 유지하지 못하면 진정한 전력으로서 기능할 수 없다.

핵추진 잠수함은 통상 30~40년에 걸쳐 운용된다. 이는 함정 한 척의 수명이 길다는 뜻만이 아니다. 그 함정을 둘러싼 정비·성능개량·연료·안전·인력·규제·국제 신뢰의 수명도 함께 길어진다는 의미다. 결국 함정 한 척을 건조하는 일이 아니라, 국가가 장기간 운영해야 할 '운영체제OS'를 깔아두는 일에 가깝다. 이 절은 바로 그 운영체제를 어떤 논리로 설계해야 하는지를 다룬다.

핵추진 잠수함은 기술집약 '지속 체계'

개별 기술만 놓고 보면 한국은 이미 상당한 수준에 와 있다. 조선, 체계 통합, 소음 저감, 정밀 가공, 원자력 안전·제어 기술 등은 더 이상 미지의 영역이 아니다. 그러나 핵추진 잠수함 사업에서 핵심은 그 기술들을 집약해 핵추진 잠수함을 건조하는 것을 넘어, 30년 동안 그것이 지속적으로 유지되도록 하는 데 있다.

핵추진 잠수함의 성능은 속도·무장·센서만으로 결정되지 않는다. 가동률, 정비 일정의 준수, 안전 지표, 안정적인 승조원 운용 등도 한몫한다. 핵추진 잠수함은 관련 기술들의 집약체이기는 하지만, 그것을 지속적으로 유지할 수 있는 통합 관리·운용 체계에 의해 비로소 하나의 전력으로 완성되기 때문이다.

그래서 한국형 핵추진 잠수함K-SSN은 개발의 문법으로만 접근하면 흔들리기 쉽다. 진수식이 목표가 되는 순간, 진수식 이후의 세계가 공백으로 남는다. 핵추진 잠수함은 진수식으로 끝나지 않는다. 오히려 그때부터 본게임이 시작된다. 정비와 개량, 연료 관리, 안전과 규제, 데이터의 축적과 환류가 끊김 없이 이어져야 한다. 그 흐름이 곧 전력의 실체다.

이 지점에서 관점이 바뀌어야 한다. 핵추진 잠수함은 개발하고 나면 끝인 개발형 무기체계가 아니라, 건조 이후에도 지속적으로 통합 관리·운용되어야 할 '지속 체계'라는 것이다. 성공은 납품으로 증명되지 않는다. 운용의 지속성으로 증명된다.

원리를 정리하면 다음과 같다. 개발형 사업은 완성·인도·초도 전력화를 성공 기준으로 삼지만, 유지형 시스템은 가동률과 신뢰, 반복 가능성이 성공의 기준이 된다. 개발형 사업은 개발하고 나면 끝나지만, 유지

〈개발형 사업과 유지형 시스템의 차이〉

질문	개발형 사업(흔한 착각)	유지형 시스템(K–SSN의 본질)
성공 기준	완성 · 인도 · 초도전력화	가동률 · 신뢰 · 반복 가능성
끝나는가	끝난다	끝나지 않는다
핵심 자원	예산 · 일정	사람 · 절차 · 데이터
실패 형태	일정 지연	장기 붕괴(조용한 해체)
관리 주체	단일 기관 가능	범정부 결합 필수

형 시스템은 끝나지 않는다. 개발형 사업의 핵심 자원이 예산과 일정이라면, 유지 시스템의 핵심 자원은 사람 · 절차 · 데이터다. 개발형 사업의 실패는 일정 지연으로 드러나지만, 유지형 시스템의 실패는 소리 없이 진행되는 장기 붕괴(조용한 해체)로 나타난다. 그리고 관리 주체도 단일 기관만으로는 부족하고, 범정부 결합이 필수다.

인력은 기술보다 먼저 흩어진다

핵추진 잠수함 논의에서 가장 취약한 요소는 종종 간과된다. 그것은 바로 사람이다. 기술은 문서로 남지만 숙련은 문서로 남지 않는다. 핵추진 잠수함은 시간이 갈수록 '사람이 무기'인 분야라는 사실이 더 분명해진다. 원자로 설계자, 열수력 · 제어 전문가, 안전해석 인력, 품질보증과 비파괴검사 기술자, 소음 · 진동과 정밀가공 숙련공, 장기 잠항을 전제로 하는 승조원 운용 인력까지, 이들은 단기간에 만들어지지 않는다.

문제는 결단이 늦어질수록 이 인력들이 먼저 흩어진다는 점이다. 프로젝트가 불확실해지면 우수 인력은 다른 산업으로 이동하고, 일부는 해외로 빠져나간다. 그렇게 한 번 흩어진 인력은 단순히 예산을 투입한다고 되돌아오지 않는다. 인력을 복원하는 데는 비용보다 시간이 훨씬 더 많이 들며, 그 시간은 곧 국가 전략 공간의 상실로 이어진다.

그래서 핵추진 잠수함 사업에서 '보류'는 단순한 지연이 아니다. 보류는 해체의 시작이다. "아직 결정하지 않았다"는 말은 현장에서는 "언제든 사업을 접을 수 있다"는 신호로 해석된다. 그 신호가 반복되면 인력은 다른 미래를 선택한다. 그렇게 되면 핵추진 잠수함 사업은 좌초되기 쉽다.

인력은 '양성하면 끝'이 아니다. 인력 양성만큼이나 어려운 것이 인력 유지다. 훈련·자격·경력 경로가 함께 설계되지 않으면 핵심 인력은 남지 않는다. 즉, 이는 '사람을 뽑는 문제'가 아니라 사람이 평생 머물 수 있는 구조를 만드는 문제다.

한국형 핵추진 잠수함의 핵심 인력은 대략 다섯 축으로 정리할 수 있다.

① 원자로·열수력·제어 설계 인력

② 조선·체계 통합·소음·진동 인력

③ 품질보증QA·비파괴검사·특수용접 인력

④ 운용 승조원(핵추진 운용)·정비 장교 인력

⑤ 규제·안전평가·감독(독립성) 인력

신뢰 기반 공급망과 규제의 지속성

핵추진 잠수함의 공급망은 일반 방산 조달과 성격이 다르다. 부품을 사오는 것으로 끝나지 않는다. 핵심은 '특수부품' 자체보다, 추적 가능한

CHAPTER 8 핵추진 잠수함은 무엇을 바꾸는가

품질 체계다. 어떤 소재가 어디서 왔는지, 어떤 공정을 거쳤는지, 누가 검사했고 어떤 데이터가 남았는지, 그 기록이 정비 이력과 어떻게 연결되는지, 이 모든 흐름이 이어져야 한다. 공급망은 물건의 흐름이 아니라 신뢰의 흐름이다.

하지만 이 신뢰의 흐름은 시장 논리만으로 유지되기 어렵다. 연속 주문이 끊기면 협력업체는 인력과 설비를 유지할 이유가 없다. 수요가 끊기면 공정이 끊기고, 공정이 끊기면 숙련이 끊긴다. 그리고 끊긴 숙련은 '다시 사오는 방식'으로 복원되지 않는다. 지연은 단순히 비용을 늘리는 문제가 아니라, 국가의 제작 능력 자체를 약화시킨다.

규제도 마찬가지다. 핵추진 잠수함 규제 체계는 민수 원자력 규제의 단순 복사본이 될 수 없다. 군사적 특성과 안전 요구를 동시에 반영하는 별도의 설계가 필요하다. 더 중요한 것은 규제를 한 번 만들어놓으면 그것으로 끝이 아니라는 점이다. 실제 운용 경험이 쌓일수록 규정과 절차는 보완되고 진화해야 한다. 규제는 장애물이 아니라 신뢰의 인프라다.

핵추진 잠수함 사업은 작전 측면에서는 기밀을 유지해야 하지만, 연료·안전·규제·책임 측면에서는 투명해야 한다. 작전 기밀은 지키면서도 연료와 안전 관리는 투명하게 설명 가능한 구조로 설계해야 한다. 그래야만 한국형 핵추진 잠수함이 외교적 부담이 아니라 정당한 국가 자산으로 자리 잡을 수 있다.

국가 플랫폼 프로젝트로서 한국형 핵추진 잠수함 사업

따라서 한국형 핵추진 잠수함 사업은 방위산업의 틀로만 접근해서는 완주하기 어렵다. 개발-양산-전력화라는 익숙한 문법은 핵추진 잠수함의 절반만 설명한다. 한국형 핵추진 잠수함 사업은 '프로젝트'이면서 동시에 '운영체제'다. 그래서 통합 관리 구조가 필요하다. 이때 PMO는 단순히 일정표를 관리하는 조직이 아니다. 범정부 시스템을 가동시키는 장치여야 한다.

한국형 핵추진 잠수함의 관리 구조는 민·군·규제·외교가 따로 움직이는 순간 곧바로 균열이 생긴다. 연료 전주기의 책임, 안전과 규제의 독립성, 대외 협의 창구, 작전 기밀과 안전 투명성의 분리, 이 모든 요소가 하나의 체계로 묶여야 한다. 한국이 국제 규범과 신뢰의 장에서 '책임 모델'을 제시하려면, 그것은 선언이 아니라 조직과 절차로 증명해야 한다.

결국 제8장의 논의는 하나의 결론으로 수렴한다. 핵추진 잠수함 사업은 새로운 무기체계를 만들어내는 개발 사업이 아니라, 이미 성숙한 기술과 산업, 인력과 제도가 해체되지 않도록 지켜내는 국가 시스템 사업이다. 핵추진 잠수함은 국방 전력의 일부이면서 동시에 국가 운영 능력의 일부다. 국가가 그 능력을 장기간 유지하겠다고 결심할 때에만, 한국형 핵추진 잠수함은 단순한 계획이 아니라 실제 전력이 된다.

이를 가능하게 하는 핵심 조건은 결단을 제도로 고정하는 구조다. 전력 규모와 가동률을 기준으로 한 일관된 로드맵, 교육·자격·배치가 끊기지 않는 인력 파이프라인, 추적 가능한 공급망과 품질보증 체계, 안전과 규제를 국제적으로 설명 가능한 방식으로 관리하는 신뢰 구조, 그리고 정비-결함-개량으로 이어지는 데이터 환류 체계가 하나로 결합될 때, 핵추진 잠수함은 비로소 지속 가능한 전력이 된다.

이 점에서 가장 비싼 선택은 결단을 미루는 것이다. 핵추진 잠수함 사업은 결단을 늦출수록 비용이 더 많이 드는 사업이다. 결단을 늦추면 기술은 남아 있어도 인력은 흩어지고, 문서는 남아 있어도 공급망은 해체된다. 한 번 무너진 체계는 예산 투입만으로 같은 속도로 복원되지 않는다. 그 사이 국가는 전략적 시간을 잃게 된다.

지금 한국은 조선 능력, 원자력 안전 역량, 산업 공급 기반, 규제 전문성, 운용 경험이 동시에 축적된 흔치 않은 시점에 서 있다. 우리는 모든 조건이 성숙한 이 절호의 기회를 놓치지 않고 결단을 내려 밀고 나아가야만 핵추진 잠수함을 획득할 수 있다. 지금 행동하지 않는다면, 다시는 이런 기회가 주어지지 않을 수도 있다. 이 기회를 활용하려면 지금 바로 결단을 내려 행동해야 한다.

| 부록 |

부록 1: 세계 각국의 잠수함 보유 현황

① 잠수함 운용 국가: 총 41개국 / 526척
② 디젤 잠수함 운용 국가: 총 38개국 / 380척
③ 핵추진 잠수함 운용 국가: 총 6개국 / 146척(SSBN 44척, SSGN 16척, SSN 86척)
- 표에서 괄호 안 숫자는 건조 중인 잠수함 수
- SS(G)N(Guided Missile Nuclear Powered Submarine): 유도미사일 탑재 핵추진 잠수함
- SSN(Nuclear Powered Attack Submarine): 공격핵잠
- SS(Ship Submersible): 디젤 잠수함

국가명	SSBN	SS(G)N	SSN	SS	계	국가명	SS	계
미국	14(2)	4	47(16)	–	65(18)	이란	25(2)	25(2)
러시아	14(2)	12(4)	16	20(2)	62(8)	싱가포르	4(4)	4(4)
중국	6	–	12(4)	56	74(4)	캐나다	4	4
인도	2(2)	–	(1)	16(1)	18(4)	칠레	4	4
영국	4(4)	–	6(1)	–	10(5)	알제리	6	6
프랑스	4(4)	–	5(3)	–	9(7)	콜롬비아	4	4
북한				77	77	스웨덴	4(2)	4(2)
브라질			(1)	4(2)	4(3)	이집트	8(2)	8(2)
일본				25(6)	25(6)	네덜란드	3	3
한국				21(3)	21(3)	대만	4(2)	4(2)
터키				13(5)	13(5)	아르헨티나	2	2
그리스				9	9	남아공	3	3
파키스탄				5(8)	5(8)	스페인	2(5)	2(5)
이탈리아				8(4)	8(4)	에콰도르	2	2
베트남				6	6	인도네시아	4(2)	4(2)
노르웨이				6(4)	6(4)	말레이시아	2	2
호주				6	6	포르투갈	2	2
페루				6	6	베네수엘라	2	2
독일				6(6)	6(6)	방글라데시	2	2
이스라엘				6(3)	6(3)	미얀마	2	2
폴란드				1	1		–	

※ 미국 잠수함 운용(건조) 현황

1. SSBN: 오하이오(Ohio)급 14척, 콜럼비아(Columbia)급 2척 건조 중
2. SS(G)N: 오하이오(Ohio)급 4척
3. SSN: 로스앤젤레스(LA)급 20척, 버지니아(Virginia)급 24척(16척 건조 중), 시울프(Seawolf)급 3척

〈출처: Jane's Fighting Ships 2025~2026〉

부록 2: 세계 각국의 핵추진 잠수함 제원 및 특성

오하이오(OHIO)급(SSBN) 14척	미국
	전장 * 폭: 170.7m * 12.8m
	승조원: 155명
	배수 톤수: 19,000톤
	무장: 533mm 4문 어뢰, SLBM 20기
	최대속력: 24노트
	주기: 원자로/ 60,000마력
	최대잠항심도: 244m(800ft)
	취역 연도: 1984~1997년
로스앤젤레스(LOS ANGELES)급(SSN) 20척	미국
	전장 * 폭: 109.7m * 10.1m
	배수 톤수: 7,124톤
	승조원: 143명
	무장: 533mm 4문 어뢰, 기뢰, 잠대지유도탄
	최대속력: 33노트
	주기: 원자로/ 35,000마력
	최대잠항심도: 450m
	취역 연도: 1986~1996년

오하이오(OHIO)급(SSGN) 4척	미국
	전장 * 폭: 170.7m *12.8m
	승조원: 159명
	배수 톤수: 19,000톤
	무장: 533mm 4문 어뢰, 토마호크 154기
	최대속력: 25노트
	주기: 원자로/ 60,000마력
	최대잠항심도: 244m(800ft)
	취역 연도: 1981~1984년

버지니아(VIRGINIA)급(SSN) 24척	미국
	전장 * 폭: 114~140.5m * 10.06m
	승조원: 132명
	배수 톤수: 7,925~10,337톤
	무장: 533mm 4문 어뢰, 기뢰, 잠대지유도탄
	최대속력: 34노트
	주기: 원자로/ 40,000마력
* Block 1~4에 따라 제원 상이	최대잠항심도: 488m
	취역 연도: 2004~2025년

시울프(SEA WOLF)급(SSN) 3척	미국
	전장 * 폭: 107.8(1, 2번함) 138m(3번함) * 12.2m
	승조원: 140명
	배수톤수: 9,283(1,2번함) 12,158톤(3번함)
	무장: 660mm 8문 어뢰, 기뢰, 잠대지유도탄
	최대속력: 39노트
	주기: 원자로/ 45,000마력
	최대잠항심도: 594m
	취역 연도: 1997~2005년

보레이(BOREY)급(SSBN) 8척	러시아
	전장 * 폭 170m * 13.5m
	승조원: 102명
	배수 톤수: 19,400톤
	무장: 533mm 4문 어뢰, 기뢰, SLBM 16기
	최대속력: 25노트
	주기: 원자로/ 190MW
	최대잠항심도: 450m
	취역 연도: 2012~2025년

칼마르(KALMAR)(DELTA-Ⅲ)급(SSBN) 1척	러시아
	전장 * 폭: 158m * 12m
	승조원: 130명
	배수 톤수: 13,700톤
	무장: 533mm 4문 어뢰, SLBM 16기
	최대속력: 24노트
	주기: 원자로/ 180MW
	최대잠항심도: 320m
	취역 연도: 1982년

델핀(DELFIN)(DELTA-Ⅳ)급(SSBN) 5척	러시아
	전장 * 폭: 160m * 12m
	승조원: 130명
	배수 톤수: 18,200톤
	무장: 533mm 4문 어뢰, SLBM 16기
	최대속력: 24노트
	주기: 원자로/ 180MW
	최대잠항심도: 400m
	취역 연도:1984~1990년

한국형 핵추진 잠수함

오스카(OSCAR)급(SSGN) 7척	러시아
	전장 * 폭 154m * 18.2m
	승조원: 107명
	배수 톤수: 18,594톤
	무장: 533mm 4문 어뢰, 기뢰, 잠대함유도탄 24기
	최대속력: 28노트
	주기: 원자로/ 380MW
	최대잠항심도: 300m
	취역 연도: 1988~1996년

세베로드빈스크(SEVERODVINSK)(YASEN)급(SSGN) 5척	러시아
	전장 * 폭 146.5m * 13m(840) 137m * 13m(830 ~)
	승조원: 85명(840)/ 64명(830 ~)
	배수 톤수: 11,800톤 (840 기준)
	무장: 533mm 10문 어뢰, 잠대함유도탄 VLS 8문
	최대속력: 28노트
	주기: 원자로/ 200MW
	최대잠항심도: −
	취역 연도: 2014~2024년

아쿨라(AKULA)급(SSN) 10척	러시아
	전장 * 폭: 110m * 13.6m
	승조원: 62명
	배수 톤수: 9,500톤
	무장: 533mm 4문 어뢰, 잠대함/지유도탄
	최대속력: 28노트
	주기: 원자로/ 190MW
	최대잠항심도: 450m
	취역 연도: 1987~2001년

시에라(SIERRA)-Ⅰ급(SSN) 2척	러시아
	전장 * 폭: 107m * 12.5m
	승조원: 61명
	배수 톤수: 8,200톤
	무장: 533mm 4문 어뢰, 기뢰, 잠대지유도탄
	최대속력: 34노트
	주기: 원자로/ 190MW
	최대잠항심도: 750m
	취역 연도: 1984/7년

시에라(SIERRA)-Ⅱ급(SSN) 2척	러시아
	전장 * 폭: 111m * 14.2m
	승조원: 61명
	배수 톤수: 8,500톤
	무장: 533mm 4문 어뢰, 기뢰, 잠대지유도탄
	최대속력: 32노트
	주기: 원자로/ 190MW
	최대잠항심도: 750m
	취역 연도: 1990/3년

빅터(VICTOR)-Ⅲ급(SSN) 2척	러시아
	전장 * 폭: 107m * 10.6m
	승조원: 98명
	배수 톤수: 5,890톤
	무장: 533mm 4문 어뢰, 기뢰, 잠대지유도탄
	최대속력: 30노트
	주기: 원자로/ 150MW
	최대잠항심도: 400m
	취역 연도: 1990/2년

한국형 핵추진 잠수함

한(HAN)급(SSN) 3척	중국
	전장 * 폭: 96m * 10.6m
	승조원: 75명
	배수 톤수: 5,550톤
	무장: 533mm 6문 어뢰, 기뢰, 잠대함 유도탄
	최대속력: 25노트
	주기: 원자로/ 90MW
	최대잠항심도: 300m
	취역 연도: 1984~1990년
샹(SHANG)급(SSN) 9척	중국
	전장 * 폭: 106m * 11.5m
	승조원: 100명
	배수 톤수: 6,000톤
	무장: 533mm 6문 어뢰, 잠대함 유도탄
	최대속력: 30노트
	주기: 원자로/ 150MW
	최대잠항심도:
	취역 연도: 2006년~
진(JIN)급(SSBN) 6척	중국
	전장 * 폭 137m * 11.8m
	승조원: 140명
	배수 톤수: 10,000톤
	무장: 533mm 6문 어뢰, SLBM 12기
	최대속력: 30노트
	주기: 원자로/ 150MW
	최대잠항심도:
	취역 연도: 2007 ~ 2021년

<table>
<tr><td>아리한트(ARIHANT)급(SSBN) 2척</td><td>인도</td></tr>
<tr><td rowspan="8">INS Arihant</td><td>전장 * 폭:
111.6m * 11m</td></tr>
<tr><td>승조원: 95명</td></tr>
<tr><td>배수 톤수: 6,000톤</td></tr>
<tr><td>무장: 533mm
어뢰, SLBM 4기</td></tr>
<tr><td>최대속력: 24노트</td></tr>
<tr><td>주기: 원자로/
82.5MW</td></tr>
<tr><td>최대잠항심도: 300m</td></tr>
<tr><td>취역 연도: 2018년 ~</td></tr>
</table>

한국형 핵추진 잠수함

뱅가드(VANGUARD)급(SSBN) 4척	영국
	전장 * 폭: 149.9m * 12.8m
	승조원: 132명
	배수 톤수: 15,900톤
	무장: 533mm 4문 어뢰, SLBM 16기
	최대속력: 25노트
	주기: 원자로/ 27,500마력
	최대잠항심도: 300m
	취역 연도: 1993~1999년

아스튜트(ASTUTE)급(SSN) 5척	영국
	전장 * 폭: 97m * 11.27m
	승조원: 98명
	배수 톤수: 7,400톤
	무장: 533mm 6문 어뢰, 기뢰, 잠대지유도탄
	최대속력: 30노트
	주기: 원자로/ 27,500마력
	최대잠항심도: -
	취역 연도: 2010~2025년

트라팔가(TRAFALGAR)급(SSN) 1척	영국
	전장 * 폭: 85.4m * 9.8m
	승조원: 130명
	배수 톤수: 5,292톤
	무장: 533mm 5문 어뢰, 기뢰, 잠대지유도탄
	최대속력: 32노트
	주기: 원자로/ 15,000마력
	최대잠항심도: 300m
	취역 연도: 1991년

르트리옹팡(LE TRIOMPHANT)급(SSBN) 4척	프랑스
	전장 * 폭: 138m * 17m
	승조원: 111명
	배수 톤수: 14,565톤
	무장: 533mm 4문 어뢰, 잠대함유도탄 SLBM 16기
	최대속력: 25노트
	주기: 원자로/ 150MW
	최대잠항심도: 500m
	취역 연도: 1997~2010년

수프렌(SUFFREN)(BARRACUDA)급(SSN) 3척	프랑스
	전장 * 폭: 99.5m * 8.8m
	승조원: 70명
	배수 톤수: 5,200톤
	무장: 533mm 4문 어뢰, 기뢰, 잠대함/지유도탄
	최대속력: 25노트
	주기: 원자로/ 150MW
	최대잠항심도: 400m
	취역 연도: 2022년~

루비(RUBIS)급(SSN) 2척	프랑스
	전장 * 폭: 73.6m * 7.6m
	승조원: 68명
	배수 톤수: 2,670톤
	무장: 533mm 4문 어뢰, 기뢰, 잠대함유도탄
	최대속력: 25노트
	주기: 원자로/ 48MW
	최대잠항심도: 300m
	취역 연도: 1983~1993년

한국형 핵추진 잠수함

| 참고문헌 |

1. 국내 문헌

김시환, 『알기 쉬운 핵 연료관리』(서울: 형설출판사, 2010).

김석곤 외, 『해군 무기의 세계』(서울: 한티미디어, 2016).

김종민, "포클랜드 전쟁 교훈"(서울: 해양전략, 26호, 1983).

김중태, 『잠수함에 대한 이해 100문 100답』(대전: 국군인쇄창, 2015).

김홍래 역, 『니미츠』(서울: 플래닛 미디어, 2012).

김혁수, 『수중의 비밀병기 잠수함탐방』(서울: 을유문화사, 1999).

국방과학기술 용어사전(국방부: 국방기술품질원, 2011).

국방대학원, 『방위학개론Ⅱ』(서울: 국방대학원, 1992).

국방대학교, 『안보관계용어집』(서울: 국방대, 2005).

국방부, 『2022국방백서』(서울: 국방부, 2022).

대한민국 해군 잠수함전단 역, 『미·소 냉전 수중첩보전(Blind Man's Bluff: Christopher Drew & Sherry Sontag)』(창원, 잠수함전단, 2006).

문근식, 『문근식의 잠수함 세계』(서울: 플래닛 미디어, 2013).

———, 『왜 핵추진 잠수함인가』(서울: 플래닛 미디어, 2016).

———, 『잠수함의 전략적 유용성과 북한 위협대응방안』(서울:경기대학교,2019).

문근식 역, 『U-보트 비밀 일기』(서울: 들녘출판사, 2002).

스티브 크로포드, 『현대 해군의 수중전력 잠수함』(서울: 북스힐, 2005).

안병구, 『잠수함 그 하고 싶은 이야기들』(서울, 집문당, 2008).

안병구 역, 『10년 20일』(삼신각, 1995).

양용모, 『원자력 잠수함의 재난과 교훈』(창원: 해군 잠수함사령부, 2004).

이석희, 『바다의 왕자 잠수함』(서울: 아카데미아, 1988).

이용권, "한국의 해양 전략과 잠수함 전력의 발전방향"(국방대 안보과정논문, 2005).

이정모, "억제전략 구현을 위한 잠수함 전력 운용과 발전방향에 관한 연구"(국방대학교 합동참모대학 논문, 2004).

이진규 역, 『호주 콜린즈급 잠수함 건조사업전모』(창원: 해군인쇄창, 2013).

———, 『제2차 세계대전, 미·일 잠수함전』(잠수함교육훈련전대, 1999).

장준섭, 『원자력 추진 잠수함에 대한 이해 100문 100답』(대전:군인쇄창, 2017).

———, "한국형 원자력 추진 잠수함 도입 방안"(해양 전략연구소 논문, 2017).

정의승, 『한국형 잠수함 KSX』(서울: 고려원 북스, 2006).

최일·김문수 역, 『리코버 제독』(해양전략연구소, 2012).

최일 역, 『U-333』(서울: 문학관, 2004).

허홍범 역, 『군함의 역사』(서울: 해양 전략연구소, 2004)

황일도, 『북한 군사전략의DNA』(서울: 플래닛 미디어, 2013).

황재연, 『한국해군 잠수함』(서울: 밀리터리 리뷰, 2007).

2. 해외 문헌

A. T. Mahan, The Influence of Sea Power Upon History 1660~1783, Boston: Little Brown and Co, (1890).

Geoffrey Till, Maritime Strategy and Nuclear Age, New York: St.Martin'Prsess, (1982).

Norman Friedman, Submarine Design and Development, Naval Institute, (1986).

Submarine Warfare Division, Why We Need Submarine, Washington D.C.: Chief of Naval Operations in U.S.N, (2002).

S. W. Roskill, The Strategy of Maritime Strategy, 이윤희(역), 「해양전략」(서울: 연경 문화사, 1979).

Stephen Saunders, Jane's Fighting Ships 2021-2022(Janes Information Group)

Thomas Domonic Ippolito Jr, "Effect of Variation of Uranium Enrichment on Nuclear Submarine Reactor Design," Thesis, (1990).

U.S. Naval Institute, Submarines of World War Ⅱ, Annapolis Mary land, (1985).

ThyssenKrupp Marine Systems GmbH, 『SILENT FLEET』(Germany: 2015).

무궁화포럼총서 ❶

한국형 핵추진 잠수함

초판 1쇄 인쇄 | 2026년 3월 9일
초판 1쇄 발행 | 2026년 3월 13일

지은이 | 문근식
펴낸이 | 김세영

펴낸곳 | 도서출판 플래닛미디어
주소 | 04013 서울시 마포구 월드컵로15길 67, 2층
전화 | 02-3143-3366
팩스 | 02-3143-3360
블로그 | http://blog.naver.com/planetmedia7
이메일 | webmaster@planetmedia.co.kr
출판등록 | 2005년 9월 12일 제313-2005-000197호

ISBN | 979-11-24129-01-2 93390